Alles Gute!
und viel Spaß!

LG Andreas Mann

Digital ProLine

Das Profi-Handbuch zur
Nikon
System-Blitztechnik

Andreas Jorns

DATA BECKER

Copyright	© DATA BECKER GmbH & Co. KG Merowingerstr. 30 40223 Düsseldorf
E-Mail	buch@databecker.de
Produktmanagement	Lothar Schlömer
Textmanagement	Jutta Brunemann
Layout	Jana Scheve
Umschlaggestaltung	Inhouse-Agentur DATA BECKER
Textbearbeitung und Gestaltung	Thorsten Schlosser, Kreuztal (www.buchsetzer.de)
Produktionsleitung	Claudia Lötschert
Druck	Media-Print, Paderborn

ISBN 978-3-8158-2679-9

Wichtige Hinweise

Die in diesem Buch wiedergegebenen Verfahren und Programme werden ohne Rücksicht auf die Patentlage mitgeteilt. Sie sind für Amateur- und Lehrzwecke bestimmt.

Alle technischen Angaben und Programme in diesem Buch wurden vom Autor mit größter Sorgfalt erarbeitet bzw. zusammengestellt und unter Einschaltung wirksamer Kontrollmaßnahmen reproduziert. Trotzdem sind Fehler nicht ganz auszuschließen. DATA BECKER sieht sich deshalb gezwungen, darauf hinzuweisen, dass weder eine Garantie noch die juristische Verantwortung oder irgendeine Haftung für Folgen, die auf fehlerhafte Angaben zurückgehen, übernommen werden kann. Für die Mitteilung eventueller Fehler ist der Autor jederzeit dankbar.

Wir weisen darauf hin, dass die im Buch verwendeten Soft- und Hardwarebezeichnungen und Markennamen der jeweiligen Firmen im Allgemeinen warenzeichen-, marken- oder patentrechtlichem Schutz unterliegen.

Alle Fotos und Abbildungen in diesem Buch sind urheberrechtlich geschützt und dürfen ohne schriftliche Zustimmung des Verlags in keiner Weise gewerblich genutzt werden.

Nikon Creative Lighting System

Einleitung

Sie haben dieses Buch zum Nikon-Blitzsystem erworben, um detaillierte Informationen zur weltbesten Blitztechnik für digitale Nikon-Spiegelreflexkameras zu erhalten?

Oder Sie planen vielleicht schon konkret die Anschaffung von Produkten aus dem Nikon Creative Lighting System (CLS) und erwarten in und mit diesem Buch eine fachlich kompetente Hilfestellung für Ihre blitztechnischen fotografischen Aufgaben und Ziele?

Vielleicht nutzen Sie auch schon aktiv Komponenten aus dem CLS und sind mit den bisher erzielten Ergebnissen nicht zufrieden bzw. erhoffen sich durch die Lektüre dieses Buches eine weitere Qualitätssteigerung Ihrer geblitzten Bilder?

Nun, in jedem Fall ist Ihre ausgezeichnete Wahl auf das zukünftige Standardwerk zum Nikon Creative Lighting System gefallen.

Der Autor und Fotograf, Andreas Jorns, ist seit vielen Jahren speziell in diesem Metier zu Hause und vermittelt zudem seit geraumer Zeit seine ausgezeichneten Kenntnisse der Nikon-Blitztechnik erfolgreich und praxisnah in Seminaren und Workshops an Einsteiger und fortgeschrittene Fotografen.

Und ebenso praxisbezogen ist der Inhalt dieses Buches aufgebaut. Praxisbezogen, weil zum einen im Rahmen dieses Buchkonzepts der potenzielle Leser und die potenzielle Leserin mit einbezogen wurden.

So befragte der Autor Mitglieder des Nikon-Fotografie-Forums, Europas größter Community zu Nikon-Produkten und Nikon-Imaging, während seiner Arbeit an diesem Buch dazu, welche speziellen Anforderungen und Wünsche sie an ein derartiges Standardwerk stellen.

Zum anderen geht dieses Buch in zahlreichen praktischen Beispielen auf immer wiederkehrende Aufgabenstellungen in Bezug auf die Anwendung und Verwendung der Nikon-Systemblitztechnik anschaulich und verständlich ein.

Und auch wenn ich mit Superlativen immer ein wenig vorsichtig agiere, übertreibe ich keineswegs, wenn ich meiner Überzeugung Ausdruck verleihe, dass dieses Buch zum Nikon-Blitzsystem in kürzester Zeit zur Bibel der Nikon-Blitztechnik avancieren wird.

Wir empfehlen allen Nutzern des Nikon CLS die Lektüre dieses inhaltlich fundierten und komplexen Wissens um Nikon-Blitze und Nikon-Systemblitztechnik.

Klaus Harms (*www.nikon-fotografie.de*)

1.
Grundlagen der Blitzfotografie

In diesem Kapitel werden zur Vorbereitung auf das Thema Blitzlicht ein paar elementare Aspekte der Fotografie, insbesondere zum Thema Licht, behandelt. Blitzlicht zu beherrschen, setzt voraus, dass man Licht „versteht".

1.1 Licht – Grundlage der Fotografie

Bevor ich auf Blitzlicht im Allgemeinen und die Nikon-Blitztechnik im Speziellen eingehe, möchte ich Ihnen ein paar grundlegende Aspekte zu dem wichtigsten Werkzeug des Fotografen vor Augen führen: zum Licht.

Der Begriff Fotografie hat seinen Ursprung in der griechischen Sprache („photos" = Licht, Helligkeit; „graphein" = zeichnen, malen, schreiben) und bedeutet somit frei übersetzt „mit Licht malen".

Das Licht ist ein wichtiger Faktor bei der Bildgestaltung, da es den Charakter des Dargestellten vollständig verändern kann.

Auch wenn dieses Kapitel wie eine theoretische Einführung daherkommt: Die Wirkung des Lichts (übergreifend für alle Arten von Licht) gehört zu den wichtigsten Aspekten der (Blitz-)Fotografie. Wenn Sie wissen, welche Aspekte die Lichtwirkung definieren, haben Sie bereits einen großen Schritt zur Beherrschung des Themas gemacht.

Welche Aspekte sind dies aber? Was macht das eine Licht so besonders, das andere eher fad und langweilig? Ausschlaggebend sind drei Dinge:

- die Richtung, aus der das Licht kommt,
- die „Farbe" des Lichts und
- die Art der Lichtführung oder die Lichtcharakteristik.

Die Lichtrichtung – entscheidend für das Spiel mit Licht und Schatten

Die Lichtrichtungen kann man grob wie nebenstehend einteilen:

Die nachfolgenden Beispielfotos sollen die unterschiedliche Bildwirkung der verschiedenen Lichtrichtungen aufzeigen. Zu diesem Zweck habe ich mir ein genügsames Model ausgewählt, das die ganze Zeit stillgehalten hat, während ich es mit einem Blitzlicht aus unterschiedlichen Richtungen angestrahlt habe.

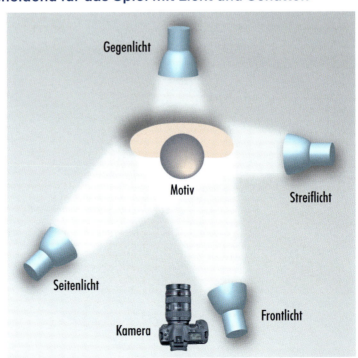

- Als **Frontallicht** bezeichnet man Licht, das aus derselben Richtung wie die Kamera auf das Motiv fällt. Der Effekt ist einerseits hell und gleichmäßig, andererseits führt das Fehlen von Schatten zu einer flächigen und meist langweiligen Ausleuchtung. Im Ergebnis ist das Motiv praktisch zweidimensional dargestellt, was in den meisten Fällen nicht gewünscht sein dürfte. Es gibt einen bekannten amerikanischen Fotografen, der in diesem Zusammenhang von „Kopieren statt Fotografieren" spricht.

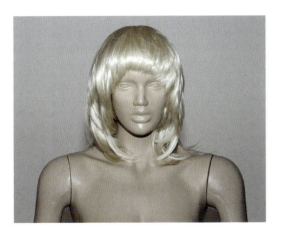

- Das **Seitenlicht** oder $^3/_4$-Licht trifft aus einem Winkel von ca. 20–70° auf das Objekt, modelliert es und lässt seine Form leben, da die Schatten die Räumlichkeit des Objekts betonen.

Das 45°-Seitenlicht hat sich als Standard nicht nur in der People-Fotografie bewährt, da es in der Regel den besten Kompromiss aus Erreichung einer Dreidimensionalität (Plastizität) bei gleichzeitiger Vermeidung zu langer (meist störender) Schatten darstellt.

- **Streiflicht** ist ein Seitenlicht, das aus einem Winkel von 80–100° auf das Motiv fällt. Durch die daraus entstehende Schattenbildung werden Oberflächenstrukturen betont – das Motiv erscheint sehr plastisch. Die Strukturen flacher Objekte werden praktisch „zum Leben erweckt".

- Von **Gegenlicht** spricht man, wenn das Licht in einem Winkel von mehr als 100° in Richtung Kamera fällt. An den Motivkonturen bilden sich Lichtsäume, Transparentes wird durchleuchtet, Schatten laufen auf die Kamera zu.

Entgegen der tradierten Lehrmeinung bieten Gegenlichtaufnahmen eine Fülle von interessanten Gestaltungsmöglichkeiten, manches Motiv wird erst auf diese Weise so richtig in Szene gesetzt. Detaillierte Ausführungen mit zahlreichen Bildbeispielen finden Sie in Kapitel 2.

■ **Unterlicht** beleuchtet das Objekt von unten. Das führt zu einer für uns irritierenden Lichtwirkung, da wir es gewohnt sind, dass das Licht von oben kommt (Sonne). Die Schatten laufen scheinbar in die „falsche" Richtung. Dies führt beim Betrachter oftmals zur Verunsicherung und „Ablehnung", weshalb dieses Licht sparsam eingesetzt werden sollte (Effektlicht).

■ **Oberlicht** wird von einer Lichtquelle oberhalb der Kamera erzeugt. Die größte Lichtquelle, die wir in diesem Zusammenhang kennen, ist die Sonne. Je höher sie am Himmel steht, umso weniger Schatten wirft das Motiv. Dies ist einer der Gründe, warum viele Fotografen während der Mittagszeit (wenn die Sonne am höchsten steht) die Kamera in der Tasche lassen, da die Bildergebnisse eher langweilig sein werden.

Insgesamt gibt es drei Gründe, die dagegensprechen, bei hoch stehender Sonne zu fotografieren, wenn man „schöne" Ergebnisse erzielen will:

1. Nahezu schattenlose und damit flache Ausleuchtung des Motivs.
2. Die Mittagssonne wirft ein relativ hartes Licht, das für sehr starke Kontraste sorgt, die als Fotograf nur sehr schwer in den Griff zu bekommen sind (zum Thema „hartes und weiches Licht" komme ich im übernächsten Abschnitt).
3. Mittags hat das Tageslicht eine relativ kalte Lichtfarbe, die wir Menschen meist als nicht besonders angenehm empfinden.

Die Lichtfarbe – wichtig für die Bildwirkung

Damit komme ich bereits zum zweiten Aspekt nach der Lichtrichtung, der die Lichtwirkung definiert. Die Lichtfarbe bezeichnet wissenschaftlich betrachtet die spektrale Zusammensetzung des Lichts. Da Licht je nach Lichtfarbe (= Farbtemperatur) unterschiedliche Reize auf den Menschen ausüben kann, wird der Lichtfarbe zu Recht eine emotionale Wirkung zugeschrieben.

Gemessen wird die Farbtemperatur mit der Einheit Kelvin (K) mit Werten zwischen ca. 1.000 und 10.000 K. Eine niedrige Farbtemperatur entspricht dabei einer wärmeren Lichtfarbe (Gelb/Rot), eine

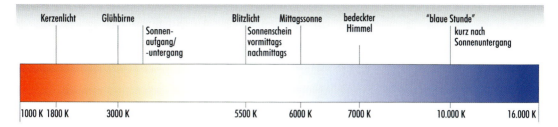

| Kerzenlicht | Glühbirne | Sonnen-aufgang/-untergang | Blitzlicht | Sonnenschein vormittags nachmittags | Mittagssonne | bedeckter Himmel | "blaue Stunde" kurz nach Sonnenuntergang |

| 1000 K | 1800 K | 3000 K | 5500 K | 6000 K | 7000 K | 10.000 K | 16.000 K |

▲ *Schematische Darstellung der unterschiedlichen Farbtemperaturen.*

hohe Farbtemperatur dagegen einer kühleren Farbe (Blau). Die obige Abbildung soll die unterschiedlichen Farbtemperaturen einzelner Lichtquellen veranschaulichen.

Was sofort auffällt: Obwohl die Sonne (unsere einzige „natürliche" Lichtquelle) immer die gleiche ist, ändert sich die Farbtemperatur im Tagesverlauf erheblich. Während das Tageslicht frühmorgens und spätabends zum Zeitpunkt von Sonnenauf- bzw. -untergang eine eher niedrige Farbtemperatur hat (was die warme Lichtstimmung ausmacht), gilt für die Mittagszeit das Gegenteil – ein weiterer Grund, warum Bilder, die in der Mittagszeit entstanden sind, meist nicht besonders harmonisch wirken.

Wir Menschen nehmen das zumindest in dieser Ausprägung nicht wahr, da unser Auge die Fähigkeit zur sogenannten chromatischen Anpassung hat: Änderungen der Farbtemperatur werden somit „automatisch" ausgeglichen – anders als beim Kamerasensor, der auf ausgeprägte Schwankungen der Farbtemperatur oft mit Farbstichen reagiert, wenn wir als Fotografen nicht eingreifen.

Anders als früher in der analogen Fotografie, als man sich als Fotograf vor dem Einlegen des Films in die Kamera überlegen musste, ob man mit Tages- oder Kunstlicht fotografieren will/muss, können wir heutzutage über den Weißabgleich blitzschnell auf Veränderungen reagieren (siehe Kapitel 1.5). Alternativ stellt man an der DSLR den automatischen Weißabgleich ein. Auch wenn die-

ser noch immer nicht so zuverlässig funktioniert wie das menschliche Auge, ist er dennoch eine sehr große Hilfe für den gestressten Fotografen, der sich laufend wechselnden Farbtemperaturen ausgesetzt sieht.

Weiches Licht oder hartes Licht – die Lichtcharakteristik

Die Lichtcharakteristik beschreibt die Art des Lichts nach „weich" und „hart". Am besten können Sie dies anhand des Schattens beurteilen, dr von der verwendeten Lichtquelle erzeugt wird. Ausgeprägte, harte Schattenverläufe sind das Ergebnis von hartem Licht, diffuse Schatten mit weichen Kanten werden dagegen von weichem Licht verursacht. Wichtig: Maßgeblich für die Lichtcharakteristik einer Lichtquelle ist allein ihre relative Größe zum fotografierten Objekt, nicht aber ihre Helligkeit, wie oft fälschlicherweise vermutet wird.

Grundsätzlich erzeugt jedes Licht auch Schatten. Dabei gibt es jedoch zwei Gesetzmäßigkeiten, die entscheidenden Einfluss auf die Ausprägung des Schattens haben:

■ Je gerichteter das Licht und je kleiner die Lichtquelle, desto ausgeprägter und härter umrissen sind die Schatten. Je weiter die Lichtquelle vom Motiv entfernt ist, desto ausgeprägter und härter umrissen sind die Schatten (desto „härter" ist das Licht). Die Größe und Entfernung der Lichtquelle stehen dabei in einem direkten Zusammenhang; denn mit wachsendem Abstand zum Motiv wird die Lichtquelle – relativ betrachtet – immer kleiner. Das ist im Übrigen auch der Grund, warum das Sonnenlicht per se ein sehr hartes Licht abgibt (obwohl die Sonne die größte Lichtquelle ist, die es im Universum gibt): Aufgrund ihrer Entfernung zur Erde mutiert sie zu einer punktförmigen Lichtquelle! Beachten Sie bei den nebenstehenden Bildbeispielen die Schattenpartie auf der rechten Seite.

- Umgekehrt gilt: Je größer die Lichtquelle (relativ gesehen), desto weicheres Licht produziert sie. Um das Beispiel mit dem Sonnenlicht aufzugreifen: An bedeckten Tagen ist das Sonnenlicht deutlich weicher, da die Wolken als überdimensionale Softboxen fungieren – die Lichtquelle ist deutlich vergrößert.

Genau diesen Effekt können wir uns auch in der Blitzfotografie zu eigen machen, wenn wir passende „Lichtformer" einsetzen, die unsere Lichtquelle „vergrößern" und somit weicher machen. Die simpelste Methode, die Lichtquelle zu „vergrößern", ist das indirekte Blitzen oder auch Bouncing (aus dem Englischen: hüpfen, springen).

Gemeint ist damit ganz allgemein das Blitzen gegen eine helle reflektierende Fläche, was in der Regel zu einer wesentlich gleichmäßigeren und weicheren Ausleuchtung führt und Schlagschatten abmildert. Zudem werden unerwünschte Reflexionen und Spitzlichter etwa auf Brillengläsern vermieden.

Geeignet als reflektierende Fläche ist die Zimmerdecke oder -wand (sofern nicht farbig gestrichen, ansonsten drohen Farbstiche). Alternativ (weil beispielsweise keine geeignete Wand- oder Deckenfläche zur Verfügung steht) ist für die Aufsteckblitze eine große Anzahl an Zubehörartikeln zum Bouncen erhältlich (mehr zu diesem Thema erfahren Sie in Kapitel 7).

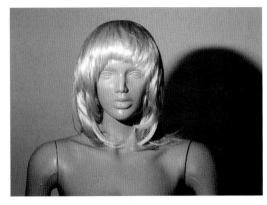

▲ Abstand Blitz – Puppe = 1 m.

▲ Abstand Blitz – Puppe = 3 m.

▲ Abstand Blitz – Puppe = 5 m.

Beachten Sie bei den Bildbeispielen insbesondere die Schattenpartie auf der rechten Seite. Je weiter die Entfernung zwischen Blitz und Motiv ist, desto härter ist das Licht – desto härter sind die Schatten.

Allerdings ist eine gewisse Grundleistungsfähigkeit des Blitzgerätes unbedingte Voraussetzung für das indirekte Blitzen (hinreichend hohe Leitzahl, siehe Kapitel 1.3), da durch den verlängerten Weg des Lichts und dessen Streuung an der gegebenenfalls recht weit entfernten Reflexionsfläche ein erheblicher Teil der Lichtmenge verloren gehen kann.

Kombinationen des direkten und indirekten Blitzens

Es gibt einige (leider nur noch wenige) Blitzgeräte, mit denen direktes und indirektes Blitzen gleichzeitig möglich ist, da sie neben dem schwenkbaren Blitzreflektor zusätzlich über einen meist starr eingebauten Aufhellblitz verfügen. Beispielhaft sei hier der Metz mecablitz 58 AF-1N digital genannt (derzeit gibt es leider keine CLS-kompatiblen Nikon-Blitzgeräte mit diesem Feature). Der integrierte Aufhellblitz sollte in verschiedenen Leistungsstufen (unabhängig vom Hauptblitz) einstellbar und bei Bedarf auch abzuschalten sein (beim 58 AF-1 ist dies der Fall).

▲ *Direktes Blitzen erzeugt ein sehr hartes, gerichtetes Licht. Es kommt zu harten Schlagschatten neben dem Model.*

▼ *Der Blitzreflektor wurde nach oben geschwenkt. Als Ergebnis erhalten wir deutlich weicheres, diffuseres Licht. Die Schlagschatten sind verschwunden.*

▲ *Gut zu erkennen: der zusätzliche Aufhellblitz unterhalb des großen Blitzreflektors.*

Durch die Kombination beider Methoden lassen sich auch schwierige Anforderungen an die Ausleuchtung bewältigen. Durch das zweite Blitzlicht erfolgt eine Ausleuchtung des Vordergrunds, wodurch der Helligkeitsabfall im unteren Bereich der Aufnahme beim indirekten Blitzen kompensiert wird. Je nach Einstellung des Aufhellblitzes kann auch das zentrale Motiv – etwa eine Person im Vordergrund – kontrastreich ausgeleuchtet werden, während der Hintergrund durch den indirekten Hauptblitz an dessen Helligkeit angepasst wird und nicht, wie es häufig zu sehen ist, im Dunkeln „absäuft".

Aber auch ohne einen eingebauten Zweitblitz hat man die Möglichkeit, gleichzeitig direkt und indirekt zu blitzen. Dies funktioniert bei den Nikon-Systemblitzen über die ausziehbare Reflektorkarte (Bounce Card), die einen Teil des nach oben abstrahlenden Blitzlichts nach vorn auf das Motiv reflektiert.

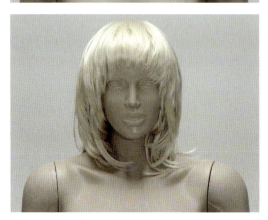

▲ *Die aufhellende Wirkung durch den zweiten Aufhellblitz ist deutlich zu sehen. Oben (ohne Aufhellblitz) gibt es deutliche Schatten unter Augen, Nase und Kinn. In der unteren Aufnahme sind die Schatten durch die Aufhellung deutlich abgemildert.*

▲ *Nikon SB-800 mit ausgezogener Reflektorkarte.*

Available Light (AL) vs. Blitzlicht

Das Fotografieren mit Blitzlicht und somit künstlichem Licht ist das Gegenteil der sogenannten Available-Light-Fotografie, bei der sich der Fotograf mit dem vorhandenen Licht (das sowohl natürliches als auch künstliches Licht sein kann) begnügt und auf jegliches gestelltes Licht verzichtet. Wenngleich die Available-Light-Fotografie durchaus ihre Reize hat und ab und an sogar ohne Alternative ist (man denke an eine kirchliche Trauungszeremonie), gibt es sehr gute Gründe für den Einsatz des Blitzlichts. Diese Gründe werde ich Ihnen im Folgenden erläutern.

1.2 Gründe für den Einsatz von Blitzlicht

Erstaunlicherweise gibt es heute noch immer eine Vielzahl von Fotografen, die gar nicht auf die Idee kommen würden, einen Blitz einzusetzen, und oftmals liegt es an Vorbehalten, die ihren Ursprung in den Zeiten haben, als das Fotografieren mit Blitzlicht für viele noch ein Brief mit sieben Siegeln war.

Ein weiterer Grund ist sicher – man muss das leider so deutlich sagen – der verbreitete gedankenlose Einsatz von Blitzlicht, der selten zu wirklich schönen (weil natürlichen) Bildergebnissen führt. Während man sich früher intensiv mit dem vorhandenen Licht auseinandersetzen musste, um es zu beherrschen, schaltet heute eine „dumme" Automatik auch in unpassenden Momenten den Blitz dazu. (Achten Sie einmal darauf, wenn Sie das nächste Mal im Konzert sind und Ihr Hintermann auf gefühlte 200 m Entfernung die Musiker auf der Bühne anblitzt.)

Daraus reift landläufig die Meinung, dass Blitzgeräte reine Stimmungskiller sind und für die „richtige" Fotografie nichts taugen. Das ist ein wenig
schade, denn die kleinen „Taschensonnen" können viel mehr und – richtig eingesetzt – wird eine
Stimmung nicht nur nicht „gekillt", sondern so manches Mal erst durch den Einsatz des Blitzlichts
geschaffen.

Neben der Faszination für das Thema Blitzlicht aus
technischer Sicht gibt es zumindest vier handfeste
Argumente für den Einsatz von Blitzlicht:

- das vorhandene Licht reicht nicht aus,
- Kontrastreduzierung,
- Effektsetzung,
- Einfrieren schneller Bewegungen.

Was dies im Einzelnen bedeutet, schauen wir uns
in der Folge an.

Blitzlicht mangels Alternativen

Sicher der naheliegendste Grund für den Einsatz
von Blitzlicht: Das vorhandene Licht (Available
Light) reicht für eine korrekte Belichtung des an-
gestrebten Fotos nicht aus. Andere Maßnahmen,
wie die Blende weiter zu öffnen oder die ISO-Zahl
zu erhöhen, wurden bereits ausgereizt oder kommen aus unterschiedlichen Gründen nicht in Be-
tracht. Dann gibt es nur noch zwei Möglichkeiten:
Kamera in die Tasche packen und ohne Bilder
nach Hause gehen oder den Blitz nutzen.

Blitzlicht zur Abschwächung
vorhandener Kontraste

Ein mindestens genauso wichtiger Grund wie die
Aufhellung ist der Einsatz eines Blitzgerätes zur
Kontrastreduzierung. Das klingt zunächst ein wenig skurril, da man häufig bestrebt ist, genau dies
zu erreichen: nämlich kontrastreiche Fotos. Das
eine schließt das andere aber nicht aus, wie das
Beispiel erläutert.

Ohne Aufhellung der Schattenpartien „säuft" das
Gesicht bei einer Gegenlichtaufnahme ab. Hintergrund: Der Sensor der Kamera kann einen derartigen Kontrastumfang, wie er sich gerade bei Sonnenschein draußen ergibt, nicht abbilden.

Durch das Zuschalten eines Blitzgerätes wurde
das Gesicht aufgehellt. Wichtig beim Aufhellen ist
es, die richtige Dosierung zu finden. Schießt man
hier über das Ziel hinaus, ergibt sich schnell eine
unnatürliche Wirkung (mehr zum Thema Aufhellblitz finden Sie in den Kapiteln 6.1 und 6.3).

Blitzlicht zur Effektsetzung

Als ein Beispiel für interessante Effekte, die man durch den Einsatz von Blitzlicht realisieren kann, habe ich das Thema Stroboskopblitzen ausgewählt.

Das menschliche Auge ist zu träge, um Details extrem schneller Bewegungsabläufe wahrzunehmen (denken Sie nur an den berühmten platzenden Luftballon). Hier ist die Kamera unter bestimmten Voraussetzungen eindeutig im Vorteil.

Im Stroboskopbetrieb zündet der Blitz mehrmals während einer einzigen (Langzeit-)Aufnahme und bannt so mithilfe von Teillichtmengen die Bewegung als Abfolge der einzelnen Phasen auf den Sensor. Als Ergebnis erhält man dann eine Aufnahme wie die des springenden Basketballs. Mehr

zum Thema Stroboskopblitzen erfahren Sie in Kapitel 6.3.

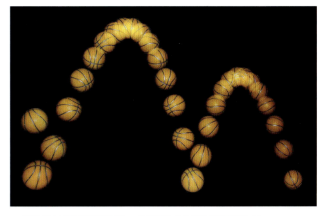

▲ *Springender Basketball – eingefangen mit der Stroboskopblitz-Funktion.*

Einfrieren schneller Bewegungen

Es gibt Situationen, in denen selbst die schnellste Verschlusszeit der Kamera nicht ausreicht, um ein Objekt in Bewegung scharf (d. h. unverwischt) abzubilden.

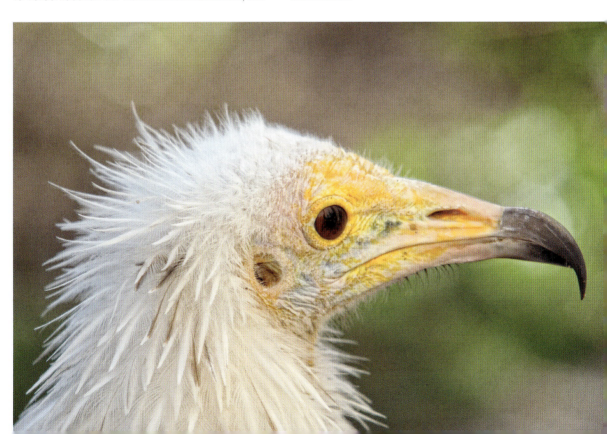

Ein anderes Szenario ist dort zu finden, wo eine schnelle Verschlusszeit zwar ausreichen würde, diese aber nicht gewählt werden kann, da das vorhandene Licht nicht ausreicht. In beiden Fällen ist der Einsatz eines Systemblitzes hilfreich, der mit seiner ultrakurzen Abbrennzeit von $1/_{20.000}$ bis $1/_{50.000}$ Sek. (!) hilft, selbst schnellste Bewegungen einzufrieren.

Der Schmetterling auf der vorherigen Seite schlägt seine Flügel ca. 72-mal pro Sekunde. Solch schnelle Bewegungen kann man nur mit den ultrakurzen Leuchtzeiten von Blitzgeräten einfrieren. Die Belichtungszeit an der Kamera betrug $1/_{200}$ Sek., wodurch das Umgebungslicht noch ausreichend eingefangen wurde.

1.3 Die Beeinflussung der Blitzleistung

Um effektiv mit Blitzlicht umgehen zu können, sollte jeder Fotograf grundlegende Kenntnisse davon haben, wie er die Blitzleistung beeinflussen kann – auch dann, wenn er überwiegend Automatiken wie die i-TTL-Belichtungssteuerung (siehe Kapitel 2.1) einsetzt.

Es gibt fünf Stellschrauben, mit denen der Fotograf Einfluss auf die Leistung und somit auf die Reichweite des Blitzes nehmen kann. Diese möch-

te ich im Weiteren erläutern (übrigens werde ich dabei auch mit einem weitverbreiteten Irrtum aufräumen):

- Leistungsregelung am Blitz
- Blende
- Entfernung Blitzlicht – Objekt
- ISO-Einstellung
- Zoomposition des Blitzreflektors

Leistungsregelung am Blitz

Die trivialste Möglichkeit, die Blitzleistung zu beeinflussen, befindet sich am Blitz selbst.

Wird der Blitz im TTL-Modus betrieben (siehe Abbildung rechts), hat man als Fotograf die Möglichkeit, die Blitzleistung mit einer Plus-/Minuskorrektur zum gemessenen Wert zu beeinflussen (in der Abbildung ist z. B. eine Korrektur von +1,7 eingestellt).

Im manuellen Blitzbetrieb (siehe Abbildung auf Seite 21 oben) funktioniert die Leistungskorrektur über einen Teilwert der vollen Leistung (= $1/_1$). Im Bildbeispiel ist ein Wert von $1/_4$ Blitzleistung eingestellt, was einem Korrekturwert von drei vollen Stufen entspricht ($1/_1$ – $1/_2$ – $1/_4$ – $1/_8$).

▲ *Die Blitzleistung kann im manuellen Blitzbetrieb (M) am Blitzgerät in Teilwerten von $1/1$ eingestellt werden.*

Detaillierte Informationen gibt es in den Kapiteln 2.1 und 2.2, in denen die verschiedenen Blitzmodi ausführlich erläutert werden.

Die Blitzleistung mit der Blende beeinflussen

Mit der Blende steuert der Fotograf die Lichtmenge, die durch das Objektiv auf den Sensor fällt. Bei weit geöffneter Blende (kleiner Blendenwert) fällt mehr Licht durch das Objektiv als bei geschlossener Blende (großer Blendenwert). Die nachfolgende Abbildung soll das veranschaulichen:

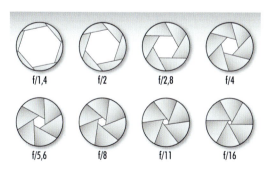

Der Grad der Durchlässigkeit folgt dabei einer mathematischen Zahlenreihe, beginnend bei dem Wert 1, der dann von Blende zu Blende mit dem Faktor 1,4 multipliziert wird (die Ergebnisse sind dabei jeweils gerundet), sodass die folgenden vollen Blendenwerte zur Verfügung stehen (angefangen bei einem Wert von f1.4 bei sehr lichtstarken Objektiven):

1.4 | 2.8 | 4 | 5.6 | 8 | 11 | 16 | 22 | 32

Alle Werte, die dazwischen liegen (z. B. 1.8 oder 4.5), bezeichnen Zwischenwerte, auf die ich der Einfachheit halber nicht eingehe.

Halbierung der Lichtmenge

Wichtig zu beachten ist Folgendes: Von Blendenstufe zu Blendenstufe halbiert sich die durch das Objektiv fallende Lichtmenge.

Oder anders gesagt: Je weiter ich als Fotograf die Blende schließe (abblende), desto mehr Blitzleistung ist für eine korrekt belichtete Aufnahme erforderlich.

Einfluss der Blende

Mit der Veränderung der Blende nimmt man als Fotograf nicht nur Einfluss auf das Blitzlicht, sondern auf jegliches vorhandene Licht. Öffnet man die Blende, fällt nicht nur mehr Blitzlicht auf das Motiv, sondern auch mehr Umgebungslicht.

Daher taugt die Blende nicht als Stellschraube für eine differenzierte Abstimmung zwischen Blitz- und Umgebungslicht.

Angenommen, ich benötige bei Blende 16 (f16) die volle Leistung (= $1/1$) meines Systemblitzes, um ein korrekt belichtetes Foto zu machen, dann kann ich durch Öffnen auf f4 die Blitzleistung auf $1/16$ drosseln. Der Vorteil dabei ist: Der Blitz verbraucht weniger Energie (bei gleich belichtetem Bild) und die Aufladezeit sinkt auf ein Minimum herab.

Erläuterung: Von Blende 16 bis Blende 4 sind es vier Blendenstufen (siehe oben). Wenn man $1/1$ viermal halbiert, ergibt sich $1/16$.

$1/1$ | $1/2$ | $1/4$ | $1/8$ | $1/16$ | $1/32$ | $1/64$

Die Bedeutung der Blende für die Blitzleistung und damit die Reichweite der Ausleuchtung zeigt sich, wenn wir uns das Thema Leitzahl anschauen.

Exkurs: Die Leitzahl

Die Leitzahl eines Blitzgerätes gibt Auskunft über die Blitzleistung eines Gerätes. Mit ihr kann man die Reichweite einer Blitzlichtausleuchtung errechnen, und zwar in Abhängigkeit von der verwendeten Blendeneinstellung. Je größer die Blende (= je kleiner der Blendenwert), desto größer die Blitzreichweite.

Die praktische Formel

Blitzreichweite = Leitzahl / Blendenwert

Die maximale Reichweite ergibt sich also durch die einfache mathematische Teilung der Leitzahl durch die zu verwendende Blende.

Wenn man jetzt die Leitzahlen der Nikon-Blitzgeräte wüsste, könnte man sich schon im Vorfeld überlegen, ob es gelingt, die komplette Kirche beim nächsten Hochzeits-Shooting auszuleuchten. Ich habe mir einmal die Mühe gemacht und die Daten zusammengetragen, und zwar nach der guten alten Methode auf der Basis von ISO 100 und 50 mm Brennweite:

- SB-600   LZ 36
- SB-800   LZ 44
- SB-900   LZ 40
- SB-400   LZ 21*

*Besonderheit: gilt für die feste Brennweite von 27 mm; der SB-400 hat keinen Zoomreflektor.

Unterschiede in der Leitzahlangabe

Die meisten Hersteller halten sich heute nicht mehr an die Vorgabe, die Leitzahl für die Brennweite von 50 mm anzugeben, was einen Vergleich erheblich erschwert.

Viele Anbieter zeigen in ihren Datenblättern den Wert für eine Brennweite von 85 mm oder noch länger, was natürlich eine grobe Verfälschung ist, da durch die Bündelung des Lichts im Telebereich eine größere Reichweite erzielt wird. (Übrigens geht Nikon genau den anderen Weg und untertreibt bei der Leitzahlangabe, da sie aus unerfindlichen Gründen auf eine Brennweite von 35 mm bezogen ist.)

So beträgt die Leitzahl des SB-900 von Nikon laut Datenblatt 34 (bei ISO 100). Dieser Wert gilt aber nur bei einer Brennweite von 35 mm. Bei der Zoomreflektorstellung 105 mm liegt die Leitzahl bei 56.

Versuchen Sie nicht, die unterschiedlichen Leitzahlen bei den verschiedenen Brennweiten mathematisch herzuleiten – das wird nicht funktionieren. Der Grund hierfür ist die Tatsache, dass die meisten Hersteller (mit Ausnahme von Quantum) keine der jeweiligen Brennweite genau angepassten Reflektoren verwenden, sodass der „Schwund" in Richtung Telestellung des Zoomreflektors immer größer wird.

Beim Betrachten der Leitzahlen ist auffällig, dass das Flaggschiff von Nikon, der SB-900, eine geringere Leitzahl als der Vorgänger SB-800 hat. Das ist einerseits richtig, allerdings überkompensiert der SB-900 diese Tatsache damit, dass er bis zu einer Brennweite von 200 mm zoomen kann (der SB-800 endet bei 105 mm). Somit hat er trotz der geringeren Leitzahl eine höhere Reichweite.

▲ Wo man früher noch mühsam mit Schieblehre, Papier und Bleistift rechnen musste, tut es heute der Blick auf das Display: Blende, Brennweite und die daraus abgeleitete Reichweite des Blitzes. Komfortabler geht es nicht mehr.

Um unsere Frage nach der Kirchenausleuchtung zu beantworten: Der SB-900 hat mit Normalbrennweite und Blende 2 eine Reichweite von 20 m (LZ 40 / f2 = Reichweite 20 m). Da man bei dieser Art von Aufnahme jedoch eher im Weitwinkelbereich fotografiert und stärker abblendet, fällt das Ganze deutlich unspektakulärer aus. So beträgt die Leitzahl des SB-900 bei einer Brennweite von 20 mm nur noch kümmerliche 24. Blendet man zwecks Schärfentiefe dann noch auf Blende 8 ab, reduziert sich die Reichweite auf gerade einmal 3 m. Das reicht für eine Ausleuchtung der Kirche natürlich nicht aus.

Bleibt noch die Einflussgröße ISO-Wert, da die hier angegebenen Leitzahlen auf ISO 100 normiert sind. Bei jeder Verdopplung gewinnen wir Reichweite mit dem Faktor 1,4. Bei ISO 200 hätten wir also eine Reichweite von 4,20 m. Bei ISO 3200 sind es immerhin schon 16 m.

Entfernung Blitzlicht zum Objekt

Ein physikalischer Grundsatz besagt: Das Licht fällt im Quadrat zur Distanz ab.

Das bedeutet: Bei einer Verdopplung der Entfernung zwischen Lichtquelle (in unserem Fall dem Blitzgerät) und Objekt kommt nur noch ein Viertel des Lichts beim Objekt an.

Oder in der Fotografensprache ausgedrückt: Eine Verdopplung der Distanz ergibt einen Lichtverlust von zwei Blenden. Wenn bei 1 m Entfernung zwischen Blitzlicht und Objekt Blende 8 zu einem korrekt belichteten Foto geführt hat, benötige ich bei 2 m Entfernung Blende 4 (bei unveränderter Blitzleistung).

Übrigens: Der physikalisch bedingte Lichtabfall über die Entfernung spielt nicht nur für die richtige Belichtung des Objekts eine Rolle, sondern hat auch einen Einfluss auf das, was sich hinter dem Objekt abspielt. Relevant ist hier vor allem die Relation zwischen dem Abstand Blitz/Objekt und Objekt/Hintergrund, was die folgenden Bildbeispiele veranschaulichen sollen.

Im ersten Beispiel ist zu erkennen, dass der enge Abstand des Blitzlichts zur Puppe für einen rapiden Abfall der Ausleuchtung hinter dem Objekt sorgt (das im Schwarz versinkt). Der Blitz konnte aufgrund der geringen Entfernung mit geringer Leistung laufen und diese geringe Leistung fiel dann im Quadrat der Entfernung ab, sodass auf den 4 m bis zum Hintergrund praktisch kaum noch Licht angekommen ist.

▲ f5.6 | ¹/₂₀₀ Sek. | ISO 200 | Blitz von links vorn (TTL). Abstand zwischen Blitz und Puppe = 1 m.

▲ f5.6 | ¹/₂₀₀ Sek. | ISO 200 | Blitz von links vorn (TTL). Abstand zwischen Blitz und Puppe = 3 m.

Anders beim zweiten Beispiel: Der Blitz musste aufgrund der erheblich größeren Entfernung zur Puppe (3 statt 1 m) eine deutlich höhere Leistung abgeben. Diese Blitzleistung fällt zwar ebenfalls über die Entfernung ab, dennoch kommt noch genügend Licht am Hintergrund an, um diesen noch in Maßen aufzuhellen.

ISO-Einstellung

Der ISO-Wert der Kamera kommt immer dann ins Spiel, wenn ich mehr Licht brauche (aber der Blitz bereits mit voller Leistung betrieben wird), die Distanz zum Model nicht verkürzen kann oder einfach mit einer kleinen Blende (für größere Schärfentiefe) fotografieren möchte.

- Verdoppelt man den ISO-Wert, gewinnt man eine Blende.
- Halbiert man den ISO-Wert, verliert man eine Blende.

Dabei ist es aber wichtig, Folgendes zu wissen: Der Blitz wird durch das Hochdrehen der ISO-Zahl nicht stärker, vielmehr wird lediglich der Sensor lichtempfindlicher, das heißt, dass er in die Lage versetzt wird, mehr Licht einzufangen. „Mehr Licht" bedeutet in diesem Fall mehr Blitzlicht und mehr Umgebungslicht. Dies ist der Grund dafür, dass die ISO-Einstellung nicht tauglich ist für eine differenzierte Abstimmung zwischen Blitzlicht und Umgebungslicht.

Akku und Blitz schonen

Um Akkus und Blitze zu schonen und gleichzeitig schnellere Blitzfolgezeiten zu realisieren, habe ich es mir angewöhnt, standardmäßig die ISO-Zahl ein wenig zu erhöhen, wenn ich blitze. Merke: Bei ISO 400 – ein Wert, den man heutzutage bei allen modernen Kameras ohne nennenswerten Qualitätsverlust verwenden kann – gewinne ich gegenüber den standardmäßigen ISO 100 immerhin zwei Blenden. Oder anders gesagt: Der Blitz arbeitet statt unter Volllast nur auf ¹/₄-Leistung.

Zoomposition des Blitzreflektors

Häufig wird sie vergessen, aber auch die Zoomposition des Blitzreflektors hat einen Einfluss auf die Blitzreichweite und damit auf die Blitzleistung.

Während die Blitzenergie, die zur Verfügung steht, bei einem Systemblitz stets die gleiche ist, wird diese bei einer kleinen Brennweite (Weitwinkelstellung des Blitzreflektors) stärker gestreut als bei einer langen Brennweite (Telestellung des Blitzreflektors).

 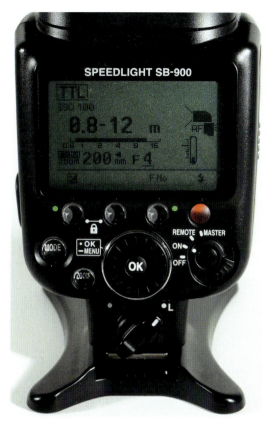

▲ *Rückansichten des SB-900: einmal bei Zoomreflektorstellung auf 24 mm und einmal auf 200 mm.*

Wie Sie erkennen können, ist die Blitzreichweite bei der Zoomposition von 200 mm erheblich größer als bei der Zoomposition von 24 mm (12 m statt 5,5 m).

Standardmäßig wird die Zoomposition des Blitzreflektors automatisch an die verwendete Brennweite an der Kamera angepasst. Das funktioniert im Übrigen selbst dann, wenn der Blitz im entfesselten Betrieb verwendet wird, also gar nicht mit der Kamera verbunden ist. Dadurch ist gewährleistet, dass der Blitz genau den Winkel ausleuchtet, den man mit der gewählten Brennweite fotografiert.

Bei Bedarf hat man als Fotograf aber die Möglichkeit, manuell in die Zoomposition des Blitzreflektors einzugreifen.

Die Gründe hierfür sind vielfältig:

- Beim indirekten Blitzen, wenn also das Blitzlicht an die Decke oder eine Seitenwand gerichtet wird, ist es sinnvoll, am Blitzgerät eine kürzere Brennweite einzustellen. Wer auf Nummer sicher gehen will, fährt den Reflektor etwas zurück.
- Durch Vergrößern des Leuchtwinkels über den benötigten Wert kann zumeist eine bessere (gleichmäßigere) Ausleuchtung erreicht werden.
- Die Televorgabe am Blitzgerät hat dann einen Sinn, wenn sich das Motiv nur im zentralen Teil des Bildes befindet, das mit einem Weitwinkelobjektiv fotografiert wird (eine Weitwinkelstellung am Blitzgerät würde unnötig Energie für Bildbereiche verbrauchen, in denen nichts aufzuhellen ist).

Ohne Streulichtscheibe

Wenn der Zoomreflektor mal wieder beharrlich auf der niedrigsten Zoomposition von 17 mm (14 mm beim SB-900) stehen bleibt: Nehmen Sie die Streulichtscheibe vor dem Reflektor weg – dann klappt es auch wieder mit einer anderen Zoomposition.

Übrigens: Sie können die Zwangsumschaltung des Zoomreflektors bei Verwendung der Streuscheibe im Menü des Blitzes abschalten. Das

Ganze versteckt sich unter der Bezeichnung *WP* und ist ein Work-around für den Fall, dass die integrierte Streuscheibe abbricht. Der Blitzreflektor würde in diesem Fall nämlich immer auf der Weitwinkelposition fest stehen bleiben.

Leider wird die Funktion nicht dauerhaft gespeichert, sondern muss bei jedem Ausfahren der Streulichtscheibe neu aktiviert werden.

Der Vorteil beim letzten Aspekt: Durch die Televorgabe am Blitzgerät erreichen Sie gleichzeitig eine größere Reichweite des Blitzlichts, da die Blitzgeräte bei längeren Brennweiten eine größere Leitzahl haben.

Nachfolgend finden Sie noch einmal kurz und knapp die Einflussfaktoren der Blitzleistung, ausgehend von zwei typischen Szenarien (Objekt ist zu hell oder zu dunkel).

Ist das Objekt auf dem Foto zu dunkel:
- Blende öffnen
- Blitzleistung am Blitz erhöhen
- Distanz Objekt – Blitz verringern
- ISO-Wert erhöhen
- Zoomposition des Blitzreflektors weiter ausfahren (Telestellung)

Ist das Objekt auf dem Foto zu hell:
- Blende schließen
- Blitzleistung am Blitz vermindern
- Distanz Model – Blitz erhöhen
- ISO-Wert verringern
- Zoomposition des Blitzreflektors weiter zurückfahren (Weitwinkelstellung)

Diese Aussagen gelten ausdrücklich nicht für den Betrieb der Blitzgeräte im TTL-Betrieb, sondern für den manuellen Blitzbetrieb. Denn im TTL-Be-

trieb (siehe Kapitel 2.1) übernimmt die intelligente Blitzmessung all das, was ich auf den bisherigen Seiten als Grundlagen der Blitzfotografie beschrieben habe.

Welchen Einfluss hat die Verschlusszeit auf die Blitzleistung?

Kurz und prägnant: gar keine!

Es ist ein weitverbreiteter Irrtum, dass man als Fotograf auch mit der Verschlusszeit die Blitzleistung beeinflussen kann. Das stimmt nicht!

Wichtig ist die Verschlusszeit für die Blitzfotografie trotzdem: Je länger die Verschlusszeit, desto mehr Umgebungslicht wird für die Belichtung des Fotos berücksichtigt. Dies gilt natürlich für den Fall, dass überhaupt nennenswertes Umgebungslicht (Available Light) vorhanden ist. Bei schlechten Lichtverhältnissen müssen Sie gegebenenfalls den ISO-Wert Ihrer Kamera erhöhen, um Umgebungslicht einfangen zu können – sofern sich dies aufgrund der Qualität des Umgebungslichts lohnt. Im typischen Fotostudio zum Beispiel (meist ohne Fenster) gibt es kein derartiges sich lohnendes Umgebungslicht.

Und damit dieser bedeutsame Fakt nicht untergeht zwischen den ganzen Ausführungen, zeige ich nachfolgend ein paar Bildbeispiele, die das illustrieren.

Trotz verschiedener Verschlusszeiten werden Sie keinen Unterschied in der Belichtung des Fotos erkennen können. Der Grund: Es ist praktisch kein Umgebungslicht vorhanden.

▲ *Studio – kein Tageslicht; kaum Beleuchtung; links geblitzt mit Verschlusszeit* $^1/_{250}$ *Sek., rechts mit* $^1/_{30}$ *Sek.*

▲ *Kneipe mit typischer Beleuchtung – oben geblitzt mit der Verschlusszeit $1/250$ Sek., unten mit $1/30$ Sek., alle anderen Parameter an Kamera und Blitz unverändert.*

Eine deutlich natürlichere Bildwirkung findet sich im zweiten Beispiel. Der Grund dafür ist folgender: Wegen der langsameren Verschlusszeit wird das vorhandene Umgebungslicht in die Belichtung einbezogen. Im ersten Beispiel ist das Blitzlicht dominant.

Mehr zum Thema „Verschlusszeit in der Blitzfotografie" erfahren Sie in Kapitel 1.4. Abschließend fasse ich die verschiedenen Stellschrauben in der Blitzfotografie und ihren Einfluss auf das Blitz- und Umgebungslicht noch einmal zusammen:

Stellschrauben	Blitz-licht	Umge-bungslicht
Leistungsregelung am Blitz	x	
Blende	x	x
Entfernung Blitz/ Objekt	x	
ISO-Einstellung	x	x
Zoomposition des Blitzreflektors	x	
Verschlusszeit		x

1.4 Die besondere Rolle der Verschlusszeit beim Blitzen

Obwohl die Verschlüsse moderner Digitalkameras kurze Belichtungszeiten von $1/4000$ oder $1/8000$ Sek. erlauben, liegt die kürzeste Belichtungszeit, die Sie beim Fotografieren mit Blitzlicht einstellen können (die sogenannte Synchronzeit), bei $1/125$ oder $1/250$ Sek.

Die Synchronisationszeit

Die Erklärung dafür liegt in der Funktion des Schlitzverschlusses, der aus zwei Verschlussvorhängen gebildet wird. Beim Beginn der Belichtung öffnet sich der erste Verschlussvorhang und gibt den Weg für das durch das Objektiv einfallende Licht auf den Sensor frei. Entsprechend der eingestellten Belichtungszeit folgt dann ein zweiter Vorhang, der den Strahlengang wieder schließt.

Bei sehr kurzen Belichtungszeiten setzt sich der zweite Vorhang schon in Bewegung, noch bevor der erste Vorhang den Strahlengang völlig freigegeben hat. Beide Vorhänge bewegen sich also parallel und geben zwischen sich einen Schlitz frei, durch den das Licht auf den Sensor fallen kann.

Da das Blitzgerät nur extrem kurz aufleuchtet (etwa für $1/1000$ Sek.), führt dies bei kürzeren Verschlusszeiten dazu, dass das Blitzlicht nur auf den freigegebenen Schlitz wirkt. Für eine korrekte Blitzbelichtung sind daher nur Belichtungszeiten möglich, bei denen der Verschluss vollständig geöffnet ist. Diese kürzestmögliche Zeit wird Synchronzeit genannt und liegt bei den meisten Digitalkameras je nach Modell zwischen den genannten $1/125$ und $1/250$ Sek.

Kurzzeitsynchronisation

Eine Alternative, um kürzere Verschlusszeiten einstellen zu können, bietet die sogenannte Kurzzeitsynchronisation, die manche Blitzgeräte bieten. Dabei wird nicht nur ein Blitz, sondern eine Vielzahl leistungsschwächerer Blitze mit hoher Frequenz abgegeben und so eine längere Leuchtdauer simuliert, die auch kürzere Verschlusszeiten als die echte Synchronzeit erlaubt.

Natürlich kann bei dieser Technik nicht die volle Blitzleistung abgerufen werden und der Einsatz der Kurzzeitsynchronisation bedeutet eine Verminderung der effektiven Leitzahl. Und diese Verminderung der Blitzleistung ist aus nachfolgenden Gründen leider erheblich.

Angenommen, die Kamera hat eine Synchronisationszeit von $1/250$ Sek. Wird jetzt eine Verschlusszeit von $1/500$ Sek. eingestellt, fährt der Verschluss nur zu 50 % geöffnet über den Sensor, die halbe Blitzenergie erreicht den Film nicht, sondern prallt an den Verschlusslamellen ab. Hinzu kommt, dass die Blitzleistung bei der Abgabe vieler kleiner Einzelblitze nicht so stark ist, als wenn die gesamte Energie in einem einzigen Blitz verbraucht wird.

Folgende Tabelle verdeutlicht, welche Leitzahlen bei der Kurzzeitsynchronisation noch zur Verfügung stehen:

▲ Beispiel für eine Studioaufnahme mit einer versehentlich eingestellten Verschlusszeit von $1/640$ Sek.

Synchronisationszeit	Leitzahl
$1/250$ Sek.	LZ 40
$1/500$ Sek.	LZ 14
$1/4000$ Sek.	LZ 5

Während man mit einer „normalen" Synchronisationszeit bei der Verwendung von Blende 4 noch 10 m weit blitzen kann, kommt man bei einer Verschlusszeit von $1/4000$ Sek. gerade mal 1,25 m weit.

Als Haupteinsatzgebiet der Kurzzeitsynchronisation hat sich aus diesem Grund nicht etwa das

Fotografieren von schnell bewegten Objekten etabliert – es sei denn, man hätte die Möglichkeit, schnell vorbeifahrende Formel-1-Wagen aus 1 m Entfernung abzulichten. Vielmehr ist es durch die Nutzung schneller Verschlusszeiten beim Blitzen bei Bedarf möglich, auch bei viel Umgebungslicht mit offener Blende zu fotografieren und somit besser mit selektiver Schärfe zu arbeiten.

Mehr zu diesem Thema erfahren Sie in Kapitel 4.1 „Automatische FP-Kurzzeitsynchronisation".

Die obere Aufnahme ist mit der Blendenautomatik S entstanden. Bei einer vorgegebenen Verschlusszeit von $1/250$ Sek. (maximale Synchronisationszeit der D3) ergab sich aufgrund der Lichtverhältnisse vor Ort (Sonnenschein) bei ISO 200 ein für eine korrekte Belichtung erforderlicher Blendenwert von f16. Der Blitz (SB-800) wurde im TTL-Modus dazugeschaltet. Die aus der kleinen Blende resultierende große Schärfentiefe wirkt sich störend aus.

Bei der unteren Aufnahme wurde die FP-Kurzzeit-synchronisation an der Kamera aktiviert und als Verschlusszeit ein Wert von $1/8000$ Sek. vorgegeben. Der daraus resultierende Blendenwert von f2.8 reduziert die Schärfentiefe deutlich. Der störende Hintergrund versinkt in Unschärfe. Das Bild wirkt deutlich harmonischer.

Langzeitsynchronisation

Im Prinzip spricht man jedes Mal, wenn die verwendete Verschlusszeit länger als die Synchronisationszeit der Kamera (meist $1/250$ Sek.) ist, von Langzeitsynchronisation.

Allgegenwärtig ist dieses Thema vor allem bei der Fotografie am Abend oder nachts, also bei extrem wenig Licht.

Im Allgemeinen wählt die Kamera bei Blitzlichtaufnahmen kurze Verschlusszeiten. Folglich wird bei wenig Licht und großer Raumtiefe – zum Beispiel bei Nachtaufnahmen im Freien – das Vordergrundmotiv durch das Blitzlicht hell abgebildet, während wegen der kurzen Verschlusszeit und der geringen Reichweite des Blitzlichts der Hintergrund dunkel bleibt.

Bei der Langzeitsynchronisation orientiert sich die Verschlusszeit trotz zugeschaltetem Blitz dagegen am Umgebungslicht: je länger die Verschlusszeit, desto mehr Umgebungslicht wird in die Belichtung der Aufnahme einbezogen. Dies sorgt für eine

gute Ausleuchtung des Vordergrundmotivs (durch das Blitzlicht) und eine ausreichend helle Abbildung des Hintergrunds (durch eine angepasste lange Belichtungszeit). Dies kann bei extrem wenig Licht, z. B. nachts, den Einsatz eines Stativs erforderlich machen.

Beide Aufnahmen unterscheiden sich allein durch die Verschlusszeit. Dies zeigt eindrucksvoll, dass die Verschlusszeit ausschließlich für die Belichtung des Hintergrunds, nicht aber für die des Models zuständig ist. Das Model ist in beiden Aufnahmen identisch (und korrekt) belichtet, hat aber durch den stärkeren Einfluss des Umgebungslichts in der zweiten Aufnahme einen etwas wärmeren Hautton. Dies liegt an der Farbtemperatur der Lichtquellen im Hintergrund (wärmer als Blitzlicht – siehe hierzu die Erläuterungen in Kapitel 4.2).

Dies ist aber nur eine Facette der Langzeitsynchronisation. Die andere ergibt sich beim Fotografieren schneller Bewegungsabläufe. Durch die Kombination des Blitzlichts mit einer langen Belichtungszeit

▼ *f8* | *$1/160$ Sek.* | *ISO 1000* | *Blitz im TTL-Modus.*

▼ *f8* | *$1/20$ Sek.* | *ISO 1000* | *Blitz im TTL-Modus.*

entsteht bei Bewegungen im Moment des Blitzens eine eingefrorene und daher scharfe Bewegungsabbildung und während der restlichen Belichtungszeit ein der Bewegung entsprechender unscharfer Wischeffekt. Dadurch vermittelt die Bewegung im Bild einen dynamischen Eindruck.

▼ *D300 | 35 mm | f11 | 1 Sek | ISO 200 | Blitz (SB-800) auf ersten Verschlussvorhang.*

▼ *D300 | 35 mm | f11 | 1 Sek. | ISO 200 | Blitz (SB-800) auf zweiten Verschlussvorhang.*

Synchronisation auf den ersten oder zweiten Verschlussvorhang

Es gibt zwei unterschiedliche Methoden der Langzeitsynchronisation, die sich durch den Zeitpunkt der Blitzabgabe unterscheiden.

Bei der Synchronisation des Blitzes auf den ersten Verschlussvorhang wird der Blitz zu Beginn der Verschlussöffnung ausgelöst.

Dadurch eilt der Wischeffekt dem eingefrorenen Bewegungsmoment voraus, was dem natürlichen Eindruck der Bewegung entgegenwirkt.

Bei einer Langzeitbelichtung mit Synchronisation auf den ersten Vorhang schiebt ein sich bewegendes Motiv die Lichtspur vor sich her, was einen unnatürlichen Eindruck hervorruft. Im Bild wirkt es fast so, als würde die Radfahrerin rückwärtsfahren.

Bei der Synchronisation des Blitzes auf den zweiten Verschlussvorhang wird der Blitz erst am Ende der Verschlussöffnung ausgelöst. Dadurch eilt der Wischeffekt dem eingefrorenen Bewegungsmoment nach. Der natürliche Eindruck der Bewegung wird verstärkt.

Bei der Synchronisation auf den zweiten Verschlussvorhang liegt die Lichtspur also hinter dem sich bewegenden Objekt.

1.5 Der Einfluss des Weißabgleichs auf die Blitzfotografie

Im Abschnitt 1.1 haben Sie bereits Wissenswertes zum Thema Farbtemperatur erfahren, unter anderem, dass die Farbtemperatur des Lichts im Laufe des Tages wechselt und sich zudem von Lichtquelle zu Lichtquelle unterscheidet.

Um diese ständigen Farbtemperaturwechsel in den Griff zu bekommen, haben uns die Kameraingenieure bei den digitalen Kameras den automatischen Weißabgleich (AWB) spendiert. Er hat die Aufgabe, die Farbtemperatur des Lichts zu erkennen und für eine neutrale (farbstichfreie) Aufnahme zu sorgen.

Zusätzlich zum AWB haben wir als Fotografen die Möglichkeit, den Weißabgleich manuell einzustellen, und zwar entweder über Piktogramme, die verschiedene Lichttypen symbolisieren, ...

... oder über die Eingabe von Kelvin-Werten, was dann sinnvoll ist, wenn man die Farbtemperatur der verschiedenen Lichtquellen kennt (siehe hierzu auch die Grafik auf Seite 13).

Was bedeutet dies jetzt aber für die Blitzfotografie? Im Prinzip schaffen wir uns mit dem Einsatz von Blitzlicht ein zusätzliches Problem. Denn: Bei der Blitzfotografie haben wir es stets mit einer Mischlichtsituation zu tun, da zu der Farbtemperatur des Umgebungslichts auch noch die Farbtemperatur des Blitzlichts hinzukommt.

Und diese Farbtemperaturen können zum Teil erheblich voneinander abweichen. So hat als Beispiel Kerzenschein eine Farbtemperatur von ca.

1.500 K, während das Blitzlicht der Nikon-Systemblitze auf ca. 5.400 K kalibriert ist.

▲ *Kameramenü mit Weißabgleich-Einstellungsoptionen.*

Auf welchen Weißabgleich sollten Sie die Kamera einstellen?

Bevor ich diese Frage beantworte, gilt es zunächst zu klären, welchen Anteil das Umgebungslicht an der Gesamtbelichtung hat. Wie Sie mittlerweile wissen, wird dies über die Einstellung der Verschlusszeit beantwortet (siehe hierzu Abschnitt 1.4). Zu diesem Zweck habe ich ein Motiv (siehe Abbildung auf der nächsten Seite) einmal mit einer Verschlusszeit von $1/250$ Sek. (bei ISO 800) belichtet und einmal mit $1/30$ Sek. (bei ISO 200). Alle anderen Parameter blieben unverändert – Blende 2.8 und integrierter Blitz auf TTL-Steuerung.

Die Aufnahme mit $1/30$ Sek. ist gefälliger, da der Blitz nicht die bestimmende Lichtquelle war – allerdings stört der Gelbstich. Ursache hierfür ist, dass ich die Aufnahme mit dem Weißabgleich *Blitz* (= 5.400 K) gemacht habe – das Umgebungslicht hat allerdings eine Farbtemperatur von ca. 3.300 K (Glühlampenlicht).

Da das Umgebungslicht bei der zweiten Aufnahme maßgeblich zur Belichtung beigetragen hat, müsste ich meinen Weißabgleich eigentlich auf die Farbtemperatur der Glühlampe ausrichten.

Das Problem, das sich jetzt daraus ergibt: Wenn ich meinen Weißabgleich auf die Glühlampe abstimme (indem ich das entsprechende Symbol in den Einstellungen wähle), ...

▲ *Aufnahme mit dem Weißabgleich Glühlampe.*

▲ *Gelfolien von Nikon – hier im Bild das Set SJ-900, das mit dem SB-900 ausgeliefert wird.*

... verursacht das Blitzlicht einen deutlich sichtbaren Blaustich (gut sichtbar vor allem im weißen „Kleid"), da es mit 5.500 K deutlich kühler (blauer) abgestimmt ist.

Weder die eine noch die andere Einstellung führt uns also zu einem farbstichfreien Ergebnis. Wie aber kann man die Farbtemperatur des Blitzlichts der Farbtemperatur des Umgebungslichts angleichen?

Die Lösung liegt in den Farbfilterfolien, oft auch Gelfolien genannt, die Nikon seinen Blitzgeräten als Zubehör mitgibt.

Für unsere Aufgabenstellung (bläulicher Blitz soll dem warmen Umgebungslicht angepasst werden), ist der orangefarbene CTO-Filter die richtige Wahl.

▲ *SB-800 mit CTO-Filter.*

Mit diesem Filter erhält das Blitzlicht eine Farbverschiebung in Richtung „warm" (Orange/Gelb). Das Ergebnis ist eine deutlich ausgewogenere Farbstimmung.

▲ *Weißabgleich Glühlampe, CTO-Filter.*

Mehr zum Thema Farbfolien erfahren Sie in Kapitel 7. Dort erläutere ich auch den Umgang mit den Korrekturfolien in der Praxis.

Egal, ob Sie mit dem automatischen Weißabgleich (AWB) oder mit festen Einstellungen arbeiten (z. B. über Piktogramme): Ich empfehle Ihnen, grundsätzlich im Rohdatenformat NEF zu fotografieren, da Sie hierdurch auch nachträglich im RAW-Konverter (z. B. Capture NX 2) noch eine Feinanpassung des Weißabgleichs vornehmen können.

Eine nicht angepasste Mischlichtsituation bekommen Sie nachträglich aber nur noch mit erheblichem Aufwand in den Griff, daher kann die RAW-Methode die korrigierende Funktion der Farbfolien nicht ersetzen.

2.

i-TTL & Co. – die Blitzsteuerungen beim Nikon CLS

Das Creative Lighting System von Nikon beeindruckt mit einer Vielzahl von Features, die das Fotografenleben bedeutend leichter machen. Das Herz des Systems ist die fortschrittliche Blitzsteuerung i-TTL. Mit ihr lassen sich automatisch perfekt belichtete Aufnahmen erstellen. Warum das so ist und wie diese Blitzsteuerung funktioniert, erfahren Sie in diesem Kapitel. Zusätzlich wird auf die alternativen Blitzsteuerungen eingegangen und aufgezeigt, warum diese manchmal die bessere Wahl sind.

2.1 i-TTL – die Grundlagen

In Kapitel 1.3 haben Sie erfahren, welche Parameter die Blitzleistung beeinflussen und dass es z. B. eine große Rolle spielt, welchen Abstand der Blitz zum Fotomotiv hat. Ich habe dabei ganz bewusst den Abstand als Einflussfaktor herausgenommen, um das Dilemma aufzuzeigen, das sich bei der Blitzfotografie ergeben könnte (und in alten Zeiten auch ergeben hat).

Selbst wenn Sie zwischen zwei Aufnahmen keinerlei Veränderungen an den Kameraeinstellungen vornehmen, werden Sie zumindest eine fehlbelichtete Aufnahme haben, wenn Sie sich zwischen den beiden Aufnahmen zum Motiv hin- bzw. von ihm wegbewegen (das gilt auch dann, wenn nicht Sie als Fotograf sich bewegen, sondern das Motiv).

Da die Intensität des Blitzlichts im Quadrat zur Entfernung abnimmt, sind Sie somit theoretisch gezwungen, bei jeder Entfernungsänderung die Blitzleistung nachzuregeln.

Das ist alles andere als bedienerfreundlich und ich bin sicher, dass uns allen sehr schnell die Lust an der Blitzfotografie vergehen würde, wenn wir immer so arbeiten müssten. (Ich komme später zu ein paar Argumenten für diese manuelle Blitzbelichtung, die aber stets recht speziellen Szenarien vorbehalten bleibt.) In mehr als 90 % aller Fälle können Sie bedenkenlos der automatischen Blitzsteuerung vertrauen, die bei Nikon i-TTL genannt wird.

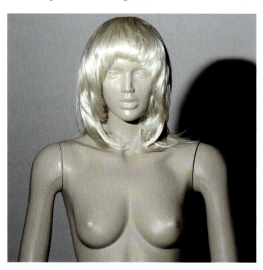

▲ f8 | $^1/_{200}$ Sek | ISO 200 | Abstand 4 m | Blitz ohne TTL-Steuerung (M-Modus).

▲ f8 | $^1/_{200}$ Sek. | ISO 200 | Abstand 2 m | Blitz ohne TTL-Steuerung (M-Modus).

Die Funktionsweise von i-TTL

Die i-TTL-Messung ist die wesentliche Voraussetzung für eine perfekte (Blitz-)Belichtung. Um zu erklären, wie die i-TTL-Messung funktioniert, muss ich etwas weiter ausholen.

Die erste einigermaßen intelligente Blitzbelichtungsmessung war die sogenannte TTL-Messung, die zur Zeit der analogen Fotografie den Standard setzte. Grundlage der TTL-Messung ist das durch das Objektiv (**T**hrough **t**he **L**ens) einfallende Licht, das von der Filmoberfläche reflektiert wird. Diese Reflexion wird von einem Fotosensor gemessen und der Blitz wird gestoppt, wenn die Blitzleistung

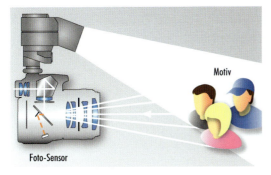

▲ *Funktionsweise der TTL-Messung.*

ausreichend ist. (Der Blitz wurde stets auf die volle Leistung aufgeladen, abgefeuert und gestoppt, wenn ausreichend belichtet wurde.)

Bei den Digitalkameras funktioniert das Prinzip der ursprünglichen TTL-Messung nicht mehr, da sie bekanntermaßen nicht mit Film arbeiten. Stattdessen haben sie einen Sensor, der ein schlechteres Reflexionsverhalten als die Filmoberfläche hat. So kam es bei den digitalen Spiegelreflexkameras zu Fehlmessungen und somit falsch belichteten Fotos. Das war der Grund für die Weiterentwicklung der TTL-Messung. Die schon bald vorgestellte D-TTL-Messung arbeitete erstmals mit Messblitzen geringer Intensität, die vor der eigentlichen Aufnahme ausgelöst werden und deren Reflexion (vom Verschlussvorhang) kameraintern gemessen wird. Anhand dieser Messungen wird der „richtige" Blitz – mit genauso viel Leistung wie vorher errechnet – ausgelöst und der Verschluss geöffnet, sodass ein Bild entstehen kann. Wenn das alles so lange dauern würde, wie ich das hier schreibe, wäre das nicht wirklich schön – in der Realität passiert das alles in einer so schnellen Abfolge, dass man es als einen Vorgang (= einen Blitz) wahrnimmt.

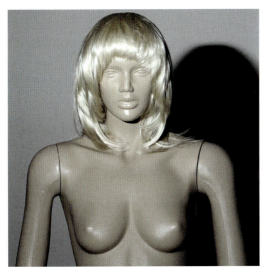

▲ *f8 | ¹/₂₀₀ Sek. | ISO 200 | Abstand 4 m | Blitz mit i-TTL-Steuerung.*

▲ *f8 | ¹/₂₀₀ Sek. | ISO 200 | Abstand 2 m | Blitz mit i-TTL-Steuerung.*

i-TTL schließlich ist eine Weiterentwicklung des D-TTL durch die Nikon-Ingenieure (das i steht dabei für „intelligent") und wurde 2004 mit der D70 vorgestellt. Das Prinzip ist das gleiche, nur werden die Messblitze schneller und mit höherer Intensität ausgelöst und die kcamerainterne Messung ist deutlich genauer als beim D-TTL. In 90 % der Fälle sorgt die i-TTL-Blitzsteuerung für korrekt belichtete Aufnahmen (um die restlichen 10 % kümmern wir uns noch später im Buch).

TTL oder i-TTL?

Sie werden sich eventuell schon gewundert haben, warum Ihr neuer Nikon-Blitz (vermeintlich) keine i-TTL-Blitzsteuerung unterstützt, sondern nur die TTL-Blitzsteuerung (ohne i) aus alter Zeit. Dem ist aber nicht so! Auch wenn man als Steuerungsmodus scheinbar nur TTL wählen kann (neben ein paar anderen Blitzsteuerungsmodi, auf die ich noch eingehen werde), ist damit immer i-TTL gemeint. Die Nikon-Ingenieure haben das i zum Vorteil der besseren Lesbarkeit „geopfert".

3D-Color-Matrixmessung (II)

Die i-TTL-Blitzsteuerung ist unglaublich komplex, da sie das zu fotografierende Motiv sowohl bezüglich Farbe und Reflexionseigenschaften als auch hinsichtlich des Umgebungslichts bewerten und auswerten muss. Dabei hat sie unterschiedlichste Helligkeitsverteilungen im Bildfeld zu berücksichtigen, um genau die Menge an Blitzlicht abzugeben, die für eine perfekte Belichtung erforderlich ist.

Eine einfache Fotozelle wie in den Anfangszeiten der TTL-Belichtungsmessung reicht dafür schon lange nicht mehr aus. Heute wird stattdessen ein RGB-Sensor (quasi ein Bildsensor im Kleinformat) zur Belichtungsmessung in der Kamera eingesetzt, der Helligkeit, Kontrast und Farbgebung in die Belichtungsmessung einfließen lässt. Zusätzlich – und das war im Prinzip der wesentliche

Fortschritt, den Nikon bei der Blitztechnik gemacht hat – fließen Informationen zur räumlichen Tiefe (Abstand von Motiv und Hintergrund zur Kamera) in die Belichtungsmessung ein. Nikon nennt die neuste Generation dieser Belichtungsmessung folgerichtig 3D-Color-Matrixmessung (II).

Hundertprozentig funktioniert daher insbesondere das Aufhellblitzen nur mit der Matrixmessung und bei der Verwendung von CPU-gesteuerten Objektiven, die sowohl Brennweite als auch Motivdistanz automatisch an die Kamera übertragen (D- und G-Nikkore).

Objektive mit und ohne CPU – Auswirkung auf die Blitzbelichtungsmessung

Wenn Sie ein CPU-Objektiv verwenden, das keine Abstandsinformationen liefert (z. B. ein AF-Nikkor ohne D), funktioniert die 3D-Color-Matrixmessung (II) nicht. Die Kamera wendet dann automatisch die Color-Matrixmessung (II) an. Bei der Verwendung von Objektiven ohne CPU – z. B. alte AiS-Nikkore oder Zeiss-ZF-Objektive der ersten Generation – schaltet die Kamera automatisch zur mittenbetonten Messung um, was sich negativ auf das Aufhellblitzen auswirken kann. Wenn allerdings die Objektivdaten manuell eingegeben werden (wird von der D200, D300(s), D700 sowie der D2- und D3-Serie unterstützt), arbeitet die Kamera mit der Color-Matrixmessung.

▲ *Die manuelle Eingabe der Daten für Objektive ohne CPU erfolgt im Kameramenü (Untermenü System).*

Kamerabelichtungsmessung oder Blitzbelichtungsmessung – wer setzt sich durch?

Bei der Auseinandersetzung mit der i-TTL-Blitzsteuerung ist es sehr wichtig, sich zu vergegenwärtigen, dass diese vollkommen unabhängig von der Belichtungsmessung der Kamera funktioniert. Obwohl die beiden Belichtungsmesssysteme (Kamera und Blitz) den gleichen Belichtungssensor in der Kamera benutzen, arbeiten sie entkoppelt voneinander.

Die Kamera ignoriert die Tatsache, dass ein Blitz für eine zusätzliche Ausleuchtung des Motivs sorgt – die Belichtungsmessung erfolgt somit autark. Das lässt sich leicht nachweisen, indem man zwei Aufnahmen vom gleichen Motiv direkt hintereinander einmal mit und einmal ohne Blitz macht.

Dazu stellt man die Kamera in den P-Modus (Programmautomatik) und schaut sich an, welche Blenden-Zeit-Kombination die Kamera ohne Blitz wählt und wie dies aussieht, nachdem der Blitz dazugeschaltet wurde. Sofern sich die Lichtverhältnisse zwischen den beiden Aufnahmen nicht geändert haben (auf identischen Bildausschnitt achten), gibt es keine Veränderung bei Blende und Zeit.

▲ *Aufnahme ohne Blitz. f5.6 | ¹/₂₅₀ Sek. | ISO 200 | Programmautomatik.*

▲ *Aufnahme mit Blitz im TTL-Modus. f5.6 | ¹/₂₅₀ Sek. | ISO 200 | Programmautomatik. Die Aufnahme ist überblitzt.*

▲ *Eine typische Gegenlichtaufnahme. Das Motiv ist unter-belichtet. Nikon D3 mit AF-D 85 | f3.2 | ¹/₈₀₀₀ Sek. | ISO 200 | Zeitautomatik (A).*

▲ *Unveränderte Kameradaten: Nikon D3 mit AF-D 85 | f3.2 | ¹/₈₀₀₀ Sek. | ISO 200 | Zeitautomatik (A). Der Blitz (SB-800) wurde hinzugeschaltet (TTL-Steuerung). Die Aufnahme wirkt künstlich, da das Motiv überblitzt ist.*

Diese Vorgehensweise – die in den einschlägigen Bedienungsanleitungen kaum dokumentiert ist – muss man sich als Fotograf stets vor Augen halten, da sie der wesentliche Grund dafür ist, dass manche Aufnahmen überblitzt wirken. Das passiert besonders häufig in Gegenlichtsituationen, wie das oben stehende Beispiel dokumentieren soll.

Wie Sie in einem solchen Fall vorgehen können, um korrigierend einzugreifen, erläutere ich später noch ausführlich. Ein Weg zur Besserung ist die TTL/BL-Blitzsteuerung (siehe Abschnitt 2.2).

2.2 i-TTL/BL – wenn es ausgewogen sein soll

Was für die i-TTL-Blitzsteuerung gilt – nämlich die entkoppelte Belichtungsmessung –, ist bei der i-TTL/BL-Blitzsteuerung anders gelöst. Bei dieser Blitzsteuerung werden die Daten aus Blitz- und Umgebungslichtmessung ausgetauscht, was immer dann von praktischer Relevanz ist, wenn das Motiv unter Berücksichtigung des vorhandenen Lichts lediglich aufgehellt werden soll. BL steht für **B**alanced Fi**l**l, womit bereits beschrieben ist, was mit dieser Art der Blitzsteuerung beabsichtigt ist,

nämlich die „richtige" Balance zwischen Umgebungs- und Blitzlicht durch Aufhellblitzen. In der Regel führt das zu einer moderateren Dosierung des abgegebenen Blitzlichts.

Wie Sie sehen können, ist die Aufnahme mit der TTL/BL-Blitzsteuerung ausgewogener hinsichtlich der Belichtung. Das Motiv im Vordergrund wirkt natürlicher, da es nur moderat aufgehellt und nicht kaputt geblitzt ist.

Aufhellblitzen nur bei Matrix- und mittenbetonter Belichtungsmessung

Anders als die TTL-Blitzsteuerung, die auch mit der Spotmessung an der Kamera funktioniert, kann das Aufhellblitzen mit der TTL/BL-Blitzsteuerung nur mit aktivierter Matrixmessung oder mittenbetonter Belichtungsmessung genutzt werden. Das liegt daran, dass nur diese beiden Messmethoden sowohl den Vordergrund als auch den Hintergrund in die Belichtungsmessung einbeziehen, was aus nachvollziehbaren Gründen für eine Harmonisierung der Lichtverhältnisse erforderlich ist. Mehr zu diesem Thema finden Sie im Abschnitt 2.3.

Selbstverständlich ist der Einsatz der TTL/BL-Blitzsteuerung nur dann sinnvoll, wenn Umgebungslicht vorhanden ist und eingebunden werden soll. In allen anderen Situationen, zum Beispiel im Studio, ist die TTL-Blitzsteuerung die richtige Wahl.

Die nachfolgende Übersicht soll dies veranschaulichen. Sofern Vorder- und Hintergrund für die Bildgestaltung relevant sind, gibt es vier mögliche Beleuchtungsszenarien (VG = Vordergrund, HG = Hintergrund):

- 1. VG hell, HG hell
- 2. VG hell, HG dunkel
- 3. VG dunkel, HG hell
- 4. VG dunkel, HG dunkel

▼ *Nikon D3 mit AF-D 85 | f3.2 | $^1/_{8000}$ Sek. | ISO 200 | Blitz im TTL/BL-Modus.*

i-TTL & Co. – die Blitzsteuerungen beim Nikon CLS

Das klassische Szenario für die Aufhellfunktion des Blitzgerätes (BL) ist Variante 3. Im Prinzip ist es die bekannte Gegenlichtsituation – mehr oder weniger ausgeprägt, aber stets mehr Licht hinter dem Bildmotiv als davor. Hier bringt TTL/BL immer (!) die besseren (weil natürlicheren) Bildergebnisse als das normale TTL. Während die Aufnahmen mit der TTL-Blitzsteuerung überblitzt sind, fügt sich der Blitz bei TTL/BL in die vorhandene Beleuchtungssituation ein. Die Gesamtbelichtung ist deutlich ausgewogener – obwohl alle anderen Kameraparameter unverändert bleiben. Das Bildpaar unten zeigt dies ziemlich deutlich. Zwischen beiden Aufnahmen lagen sieben Sekunden. Einmal kam der Blitz im TTL-Modus zur Anwendung, einmal im TTL/BL-Modus.

Das Gleiche wie für Szenario 3 gilt auch für Szenario 1. Hier leistet das Blitzlicht aufgrund des vorhandenen Lichts im Vordergrund bezüglich der hellen Motivteile zwar keinen entscheidenden Beitrag, kann aber unter Umständen das Zulaufen der Schattenpartien vermeiden. Probieren Sie es aus – häufig ist es nur eine Nuance an Aufhellung, die aber entscheidend zur Bildverbesserung beiträgt. Übrigens: Wenn Sie in Szenario 1 zum klassischen TTL-Blitzen greifen (ohne BL), führt das immer zur Überbelichtung.

Szenario 2 ist die klassische Situation, in der wir als Fotograf die Sonne (oder eine andere Lichtquelle) im Rücken haben. Der Begriff „dunkel" ist hier übrigens nicht wörtlich zu verstehen, vielmehr soll damit ausgedrückt werden, dass vor dem Motiv mehr Licht vorhanden ist als dahinter. Szenario 2 ist somit keine typische Blitzsituation, da hier in der Regel genügend Licht für die Ausleuchtung des Motivs vorhanden ist. TTL/BL kann unter Umständen zu schlechten Ergebnissen führen, da der Blitz in seinem Bemühen, Vorder- und Hintergrund zu harmonisieren, über das Ziel hinausschießt – überblitzte Bilder wären die Folge. Wenn Sie überhaupt einen Blitz einsetzen (um eventuell doch vorhandene Schattenpartien wegzublitzen), empfehle ich die Einstellung TTL mit Minuskorrektur.

Szenario 4 schließlich ist eine Situation, in der das Blitzlicht unzweifelhaft – mangels vorhandenem Licht – die Hauptlichtquelle darstellt. Aufhellen im eigentlichen Sinne reicht hier nicht aus, das Motiv muss vom Blitzlicht komplett belichtet werden. TTL und TTL/BL führen in einer derartigen Situation dennoch in den meisten Fällen zu nahezu identischen Ergebnissen. Hier ist es unabhängig von der gewählten Blitzsteuerung hilfreich, die Verschlusszeit zu verlängern, um das wenige vorhandene Umgebungslicht in die Belichtung zu integrieren.

▼ *Das gleiche Motiv – einmal mit TTL (links) und einmal mit der TTL/BL-Einstellung am Blitz (rechts). Die sonstigen Parameter waren bei beiden Aufnahmen unverändert: f2.2 | $^1/_{8000}$ Sek. | ISO 200.*

2.3 Alternative Blitzsteuerungsmodi

Ergänzend zu der standardmäßigen i-TTL-Blitz-steuerung gibt es noch weitere Blitzsteuerungsmo-di, die im Gegensatz zu i-TTL jedoch nicht von der Kamera, sondern vom Blitzgerät selbst gesteuert werden: die automatischen A- und AA-Blitzsteue-rungen sowie die manuelle Blitzsteuerung (M). Während die manuelle Blitzsteuerung von allen Nikon-Systemblitzgeräten unterstützt wird, lassen sich die CLS-kompatiblen SB-800 und SB-900 zusätzlich auch in der A-/AA-Blitzautomatik be-treiben.

Automatische Blitzsteuerung AA

Die Blitzgeräte SB-800 und SB-900 lassen sich durch einfaches Drücken der MODE-Taste vom (i-)TTL-Modus in den AA-Blitzautomatikmodus um-schalten. Genauso wie bei der TTL-Blitzsteuerung ruft das Blitzgerät auch bei der AA-Blitzsteuerung die belichtungsrelevanten Daten wie Blende, ISO-Wert, Brennweite und Belichtungskorrektur von der Kamera ab.

Anders als bei der TTL-Blitzsteuerung ist jedoch nicht die Kamera, sondern der Blitz selbst für die korrekte Blitzlichtsteuerung verantwortlich.

Die Messung erfolgt dabei durch einen eingebau-ten Lichtsensor, der sich bei den Nikon-Blitzgerä-ten links neben dem großen roten Feld, hinter dem das Weitwinkel-AF-Hilfslicht sitzt, befindet.

▲ *Mithilfe des Lichtsensors wird das reflektierte Licht ge-messen, was für die richtige Portionierung des Blitzlichts (und dessen rechtzeitiger Abriegelung) erforderlich ist.*

Bei bestimmten Techniken des indirekten Blitzens (z. B. nach hinten) kann die automatische Blitz-steuerung zu besseren Ergebnissen als die (i-)TTL-Blitzsteuerung führen.

Leider hat Nikon die automatische Blitzsteuerung AA beim SB-800 und SB-900 (anders als alle an-deren Hersteller) verändert. Sie funktioniert näm-lich wie i-TTL auch mit Vorblitzen (beim SB-900 immerhin abschaltbar).

Wer die Vorblitze vermeiden will, muss auf die einfache Blitzautomatik A ausweichen oder den Umweg über den SU-4-Modus gehen (siehe Sei-te 55).

▲ *Das sogenannte Rückwärts-Bouncen wird häufig zur besseren Streuung des Lichts eingesetzt.*

Automatische Blitzsteuerung A

Etwas interessanter als die AA-Blitzsteuerung ist die uralte A-Blitzsteuerung (die bereits in den Blitzgeräten aus den 70er-Jahren integriert war), die von den Nikon-Blitzgeräten SB-800 und SB-900 unterstützt wird. Die Umstellung erfolgt ebenfalls am Blitzgerät durch Drücken der MODE-Taste. Sollte die Option *A* dabei nicht auftauchen, muss dies erst im Blitzmenü aktiviert werden (hier können Sie zwischen *AA* und *A* auswählen).

Die Blitzsteuerung A hat zwar gegenüber ihrem großen Bruder AA den Nachteil, dass die verwendete Blende manuell am Blitz eingegeben werden

muss (der ISO-Wert wird dagegen ebenfalls automatisch übertragen), dafür hat die A-Blitzautomatik auch einen großen Vorteil gegenüber der AA- und TTL-Blitzsteuerung: Sie funktioniert ohne Vorblitz.

Sie werden sich jetzt möglicherweise wundern, dass ich das Fehlen der Vorblitze als Vorteil bezeichne, nachdem ich im Abschnitt über die i-TTL-Blitzsteuerung genau dieses Verfahren als „Wunder der Technologie" gepriesen habe. Beide Aussagen schließen sich jedoch nicht aus, denn es ist unbestritten, dass die TTL-Blitzsteuerung in der Regel genauer ist – gerade bei komplexen Lichtverhältnissen.

Dennoch ist die Tatsache, dass für diese Art der Messung Vorblitze verwendet werden, ein notwendiges Übel, was Sie spätestens dann erkennen, wenn Sie Tiere oder Menschen mit einer besonderen Empfindlichkeit für das Blitzlicht fotografieren. Die Konsequenz sind dann nämlich regelmäßig Fotos, auf denen die abgebildete Person geschlossene Augen hat. Es gibt (nicht wenige) Menschen, die bereits auf die abgegebenen Vorblitze (trotz deren geringer Intensität) mit einem Blinzeln reagieren. Da die Aufnahme bereits einen Sekundenbruchteil später erfolgt, sind die Augen genau im entscheidenden Moment geschlossen.

Bei diesem Problem hilft die automatische Blitzsteuerung A, die keine Vorblitze verwendet und dennoch recht zuverlässig die Blitzleistung automatisch steuert. Wichtig: Die Blitzvorderseite mit dem Lichtsensor muss stets zum Motiv zeigen – ansonsten kann die Reflexionsmessung nicht funktionieren.

Ein weiteres Einsatzgebiet der automatischen Blitzsteuerungen A und AA ist die Verwendung von Objektiven ohne CPU und von Kameras, die eine manuelle Eingabe der Objektivdaten nicht unterstützen. Hier ist die Blitzdosierung oft zuverlässi-

▲ *Es hätte eine wunderschöne Aufnahme sein können ... leider hatte mein Model im entscheidenden Augenblick die Augen geschlossen – geblendet durch den Vorblitz, der bei der TTL-Blitzsteuerung vor der eigentlichen Aufnahme gezündet wird. Je weniger Umgebungslicht, desto häufiger kann dieses Problem auftreten. In solchen Situationen kann das Umschalten auf die Blitzautomatik A helfen.*

ger als bei der TTL-Blitzsteuerung, da das Fehlen der Entfernungsdaten über das Objektiv keine Rolle spielt.

Die manuelle Blitzsteuerung

So einfach man mit den automatischen Blitzsteuerungen TTL und A/AA auch zurechtkommen mag – den größten kreativen Spielraum als Fotograf haben Sie mit der manuellen Blitzsteuerung (M).

Mit der manuellen Blitzsteuerung legen Sie den Grad der Blitzleistung eigenständig fest – in Ab-

hängigkeit davon, welche Lichtwirkung Sie realisieren wollen. Dabei gibt es grundsätzlich zwei verschiedene Herangehensweisen: vorher messen (mit Blitzbelichtungsmesser – mehr dazu später) oder das Trial-&-Error-Verfahren, bei dem Sie sich als Fotograf dadurch an das gewünschte Ergebnis annähern, dass Sie nach jeder Aufnahme das Ergebnis am Kameramonitor prüfen und anschließend gegebenenfalls die Einstellungen verändern. Die (Blitz-)Leistungsregulierung erfolgt dabei in Teilstufen von $1/1$ (volle Leistung) bis $1/128$ (beim SB-800).

Jetzt werden Sie sich fragen, welchen Sinn eine solche Vorgehensweise hat, wenn die automatischen Blitzsteuerungen in 90 % der Fälle ein korrektes Ergebnis liefern. Richtig ist, dass die (i-)TTL-Blitzsteuerung in allen Schnappschuss-Szenarien die richtige Wahl ist, da es viel zu aufwendig wäre, sich laufend den verändernden Parametern wie dem Abstand zum Motiv oder dem Umgebungslicht anzupassen.

Es gibt jedoch durchaus Gründe für den Einsatz der manuellen Blitzsteuerung – nicht umsonst wird in der Studiofotografie bis heute ausschließlich im manuellen Betrieb gearbeitet.

Gründe für die manuelle Blitzsteuerung

Die manuelle Blitzsteuerung kommt überall dort zum Einsatz, wo Sie mittels Blitzgerät gezielt Lichtakzente setzen wollen. Solche Effektlichter werden häufig eher seitlich oder hinter dem Motiv eingesetzt (ein gutes Beispiel sind die sogenannten Haarlichter in der Porträtfotografie).

Der große Vorteil des CLS von Nikon (auch gegenüber allen Studioblitzsystemen auf dem Markt) ist es, dass es unterschiedliche Blitzsteuerungen in einem Multiblitz-Aufbau zulässt. Dadurch ist es möglich, die Grundausleuchtung im i-TTL-Modus zu setzen, wodurch Sie in den meisten Fällen automatisch eine korrekte Belichtung des Hauptmotivs erhalten, und das Effektlicht im manuellen Blitzbetrieb zu steuern. Mehr Informationen zu diesem Thema erhalten Sie in Kapitel 3 zum AWL (**A**dvanced **W**ireless **L**ighting) sowie selbstverständlich im Praxisteil dieses Buches (Kapitel 8).

Aber es gibt noch andere Gründe für die manuelle Blitzsteuerung. Zum einen unterbleiben beim manuellen Blitzbetrieb wie schon bei der automatischen Blitzsteuerung A die Vorblitze – und somit

die potenzielle Gefahr geschlossener Augen bei der Personenfotografie.

Zum anderen ist nur mit der manuellen Blitzsteuerung die reproduzierbare, d. h. ständig gleichbleibende, Blitzleistung gewährleistet – und das unabhängig von der Helligkeitsverteilung im Bild sowie dem Reflexionsverhalten des Motivs.

▲ *Zusätzlich zum Hauptlicht (zur Motivausleuchtung) kam hier ein zweites Blitzgerät zum Einsatz, das die Haare von hinten angeblitzt hat. Nikon D3 | AF-D 85 | f5.6 | $^1/_{160}$ Sek. | ISO 200 | Hauptlicht (TTL, ohne Korrektur) | Haarlicht (M, $^1/_4$).*

Um diesen Vorteil zu verstehen, muss man sich vor Augen halten, wie die Belichtungsmessung in der Kamera funktioniert:

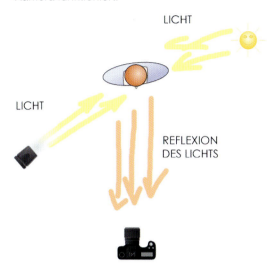

Exkurs: Funktionsweise der Belichtungsmessung – das mittlere Grau

Kamerainterne Belichtungsmesser messen – anders als Handbelichtungsmesser – nicht das Licht, das auf ein Motiv fällt (sogenannte Lichtmessung), sondern die Reflexion des Lichts vom angemessenen Objekt (sogenannte Objektmessung). Dabei ist der Belichtungsmesser so geeicht, dass er als Zielwert (Referenzwert) ein 18-prozentiges Grau annimmt. Dieser Wert ist – wenn man so will – ein Durchschnittswert, der sich in der Praxis als bestmöglicher Kompromiss erwiesen hat.

Das Problem ist Folgendes: Ist ein angemessenes Objekt dunkler als das 18 %-Grau, wird es überbelichtet, da die Kamera sich veranlasst fühlt, für das Objekt ein 18-prozentiges Grau zu erreichen. Angemessene Objekte, die heller als das 18 %-Grau sind, werden dementsprechend unterbelichtet.

Hier wird offenkundig, dass die „Intelligenz" der Kamerabelichtungsmesser beschränkt ist und dass es bei Abweichungen vom Standardgrau des ma-

nuellen Eingriffs durch den Fotografen bedarf – durch eine entsprechende Plus-/Minuskorrektur.

Wie äußert sich dieses Problem in der Praxis? Schauen wir auf ein klassisches Beispiel in der Personenfotografie. Abhängig davon, ob die porträtierte Person graue, weiße oder schwarze Kleidung trägt, führt dies bei der TTL-Blitzsteuerung zu unterschiedlichen Ergebnissen:

▲ *Korrekte Belichtung mit der TTL-Blitzsteuerung. Nikon D3 | Nikkor AF-D 85 | f5.6 | 1/200 Sek. | ISO 200 | SB-800 in TTL-Stellung.*

▲ Unveränderte Kamera- und Blitzeinstellungen. Das Bild ist unterbelichtet (das Weiß der Kleidung ist eher Grau). Nikon D3 | Nikkor AF-D 85 | f5.6 | $^1/_{200}$ Sek. | ISO 200 | SB-800 in TTL-Stellung.

▲ Unveränderte Kamera- und Blitzeinstellungen. Hier im Druck nicht so gut zu sehen: Das Bild ist tendenziell überbelichtet (das Schwarz der Kleidung wirkt in der 100 %-Ansicht gräulich). Nikon D3 | Nikkor AF-D 85 | f5.6 | $^1/_{200}$ Sek. | ISO 200 | SB-800 in TTL-Stellung.

Matrixmessung, mittenbetont und Spot – die unterschiedlichen Belichtungsmessungen

Die Kamerahersteller sind bestrebt, die automatische Belichtungsmessung weitgehend zu perfektionieren, um die Fehlbelichtungen aufgrund falsch interpretierter Helligkeitswerte im Motiv zu minimieren. Während die Messung in früheren Zeiten über das gesamte Bildfeld erfolgte (mit der sogenannten Integralmessung), ist man später dazu übergegangen, der Tatsache Rechnung zu tragen,

dass sich das bildwichtige Motiv in 90 % aller Fälle in der Bildmitte befindet. Das Ergebnis war die mittenbetonte Belichtungsmessung, bei der die Helligkeitswerte in der Bildmitte stärker in die Messung einfließen – die Helligkeitswerte am Bildrand dagegen meist gar nicht. Ideal ist dieser Modus für Porträtaufnahmen, da sich hierbei das Motiv hauptsächlich in der Mitte befindet.

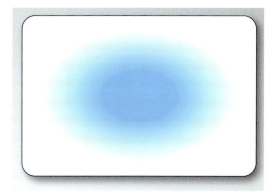

▲ Bei der mittenbetonten Belichtungsmessung fließt der mittlere Bereich des Bildfeldes mit einer höheren Gewichtung in die Messung ein.

Die modernste Form der Belichtungsmessung, die mittlerweile in allen aktuellen Kameramodellen zu finden ist, wird als Matrixmessung bezeichnet. Die Belichtung wird über mehrere Messfelder hinweg, die über den Bildausschnitt verteilt sind, gemessen.

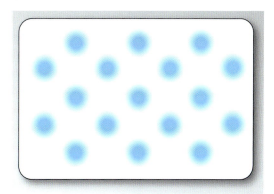

▲ Bei der Matrixmessung werden mehrere Bildbereiche – angeordnet meist in einer Art Wabenstruktur – in die Belichtungsmessung einbezogen.

Das Besondere an der Matrixmessung ist die Tatsache, dass hier neben den Motivhelligkeitswerten auch Kameraparameter wie Brennweite und Motiventfernung in die Messung einbezogen werden. Durch die starke Berücksichtigung vieler Kameraparameter wird eine große Menge an Aufnahmesituationen abgedeckt, sodass die Matrixmessung

in vielen Fällen gute Messergebnisse liefern kann. Durch das hohe Maß an Einflussfaktoren ist sie jedoch sehr schwer vorhersagbar und kann bei kleinen Änderungen des Bildausschnitts unterschiedliche Ergebnisse liefern. Ideal ist sie für die schnelle Aufnahme einer unkomplizierten Lichtsituation.

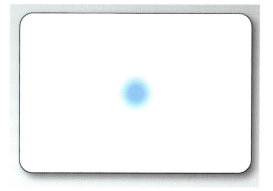

▲ Für die Spotmessung wird lediglich ein sehr kleiner Bereich in der Bildmitte genutzt.

Eine Besonderheit unter den Belichtungsmessungen ist die sogenannte Spotmessung, da diese im Prinzip keine Automatik ist, sondern sinnvoll nur dann eingesetzt werden kann, wenn der Fotograf weiß, welcher Bildteil des Motivs als Referenz für die Belichtungsmessung herangezogen werden soll. Die Spotmessung nutzt lediglich einen kleinen Bereich von ca. 1–3° im Zentrum des Bildes zur Belichtungsmessung.

Der Vorteil der Spotmessung liegt eindeutig in der Kontrollmöglichkeit. Die Position des zu messenden Objekts im Bildausschnitt ist völlig egal, da vor der Aufnahme das entsprechende Objekt ins Zentrum des Suchers gelegt und eine Belichtungsmessung darauf angesetzt werden kann.

Der Belichtungswert kann dann mittels Belichtungswertspeicherung (AEL) gespeichert, der ursprüngliche Bildausschnitt wieder ausgerichtet und das Foto letztendlich gemacht werden.

Konstante Belichtungen mit der manuellen Blitzsteuerung

Die oben beschriebenen Probleme vermeiden Sie, wenn Sie anstelle der automatischen (i-)TTL-Blitzsteuerung die manuelle Blitzsteuerung wählen. Einmal richtig ausgemessen, verändert sich die Blitzleistung auch dann nicht, wenn sich die porträtierte Person umzieht.

In dem vorherigen Beispiel ersetzen wir die TTL-Blitzsteuerung durch die M-Stellung ($1/32$ Leistung) und wiederholen die drei Aufnahmen mit unterschiedlicher Farbe der Kleidungsstücke. Die Kameraeinstellungen bleiben unverändert (f5.6, $1/200$ Sek., ISO 200).

Wie Sie erkennen können, stimmt die Belichtung in allen drei Fällen exakt. Der Grund hierfür ist das Ausschalten der kcamerainternen „Intelligenz". Dadurch haben wir eine Irritation durch unterschiedliche Motivfarben vermieden.

Der Spezialist: der SU-4-Modus

Eine Sonderrolle unter den Blitzsteuerungen nimmt der exklusive Nikon-SU-4-Modus ein (eine derartige Blitzsteuerung gibt es bei keinem Wettbewerber). Der SU-4-Modus wird unterstützt von den aktuellen Blitzgeräten SB-800 und SB-900 sowie von den älteren Nikon-Blitzgeräten SB-26 und SB-80DX.

Im Prinzip stellt der SU-4-Modus die Funktion einer intelligenten Fotozelle dar. Wenn sich das Blitzgerät im SU-Modus befindet, blitzt es mit, sobald es von einem anderen Blitz angesteuert wird (es agiert somit als Slave-Blitz). Das Besondere am SU-4-Modus ist, dass er über den Funktionsumfang einer „dummen" Fotozelle hinausgeht, da er neben dem manuellen Modus (geblitzt wird mit exakt der Leistung, die an dem Gerät über die bekannten Teilstufen von $1/1$ eingestellt wird) auch einen Automatikmodus unterstützt. In diesem Modus blitzt der Slave-Blitz exakt so lange wie der Master-Blitz (das Blitzgerät, das den Slave-Blitz ansteuert).

Dabei ist es interessant (und ein Vorteil gegenüber dem klassischen AWL – siehe Kapitel 3), dass im Prinzip fast alle Blitzgeräte für die Steuerung von SU-4-Blitzen (Slaves) geeignet sind. Das gilt auch für die nicht masterfähigen Blitze SB-400 und SB-600, aber auch für die integrierten Blitzgeräte in den Einsteigerkameras wie D3000, D5000, D40

und D60. Somit kommen diese DSLR ebenfalls in den Genuss der drahtlosen Blitzsteuerung.

i-TTL im Nachteil

Allerdings ist es wichtig, dass die Steuerblitzgeräte (die quasi die Master-Funktion ausüben) keine Vorblitze aussenden. Die Vorblitze würden die Slave-Blitze im SU-4-Modus zu früh auslösen – bei der eigentlichen Blitzbelichtung wären die Slave-Blitze noch nicht wieder in Bereitschaft. Dies ist der Grund, warum der SU-Modus nicht in Kombination mit der i-TTL-Blitzsteuerung funktioniert. Sie müssen den Steuerblitz entweder in den Automatikmodus AA/A (sofern vorhanden – bei den kamerainternen Blitzen ist dies nicht der Fall) oder in den manuellen Betrieb stellen. Ältere Blitzgeräte, die noch über eine normale TTL-Blitzsteuerung (ohne Vorblitz) verfügen, können auch im TTL-Modus als Master-Blitz eingesetzt werden.

Wenn der Master-Blitz im klassischen Automatikmodus AA/A betrieben wird, reagieren die Slave-Blitze im SU-4-Modus entsprechend. Dadurch werden sie in die Blitzleistungsmessung des Master-Blitzes einbezogen und in der Leistung geregelt.

> ### Vorblitz am SB-800 im Automatikmodus deaktivieren
>
> Wie ich bereits erläutert habe, senden sowohl der SB-800 als auch der SB-900 auch im Blitzautomatikmodus AA standardmäßig Vorblitze aus, was nur beim SB-900 deaktiviert werden kann. Die gute Nachricht ist, dass dies über den Umweg des SU-4-Modus auch beim SB-800 möglich wird. Einfach im Blitzmenü erst den SU-4-Modus aktivieren und dann den AA-Modus einschalten. Jetzt sendet auch der SB-800 keine Vorblitze mehr im AA-Modus aus.

SU-4-Modus zum Nachrüsten

Was aber ist mit Blitzgeräten, die über keinen eingebauten SU-4-Modus verfügen? Diese können mit einem Zusatzgerät mit dem Namen SU-4 nachgerüstet werden.

Das Blitzgerät wird in den integrierten Blitzschuh des SU-4 gesteckt und kann dann ebenfalls im SU-4-Modus betrieben werden. Unterstützt werden zwei Modi: Auto(matisch) und M(anuell). Im Auto-Mode blitzt der SU-4-Slave exakt so lange wie der Master-Blitz. Wird der SU-4 im M-Modus betrieben, funktioniert er wie eine einfache Slave-Zelle – der ausgelöste Blitz steuert sich selbst (mit Blitzautomatik oder im manuellen Modus durch Leistungsangabe am Blitz).

Grundlage für das Heimstudio

Der SU-4 bzw. der SU-4-Modus bietet eine exzellente Grundlage für den Aufbau eines drahtlos gesteuerten Blitzsets mit mehreren Speedlights zu relativ geringen Kosten.

Für den Neupreis eines SB-900 erhalten Sie mit ein wenig Geduld mindestens drei bis vier gebrauchte SB-26 oder SB-80DX.

So ein Set kann dann schon als „Studioblitz-Set" für den Hausgebrauch durchgehen und hat zudem den Vorteil, dass es unabhängig vom Stromnetz agiert und im Gegensatz zu den „echten" Studioblitzen ultrakompakt ist und somit immer dabei sein kann.

Übrigens: Aufgrund der Funktionsweise des SU-4-Modus können Sie die Systemblitzgeräte auch prima in eine bestehende Studioblitzanlage integrieren. Hier können die Aufsteckblitze sogar durchaus konstruktionsbedingte Vorteile ausspielen. Mit einem solchen Gerät kann es deutlich leichter sein, ein punktuelles Akzentlicht zu setzen (zum Beispiel Haarlicht) als mit den großen Studioblitzen, die hier auf die Hilfe von Lichtformern (Snoots) angewiesen sind. Mehr zu diesem Thema finden Sie vor allem im Praxisteil dieses Buches (Kapitel 8).

◄ *Nikon D300 | 85 mm | f5.6 | $1/_{200}$ Sek. | ISO 400 | SB-80DX im SU-4-Modus, angesteuert durch integriertes Blitzgerät | Softbox (Ezybox).*

3.
Advanced Wireless Lighting (AWL)

Advanced Wireless Lighting (AWL)

Das „Herz" des Creative Lighting Systems von Nikon stellt das drahtlose Blitzen mithilfe des **A**dvanced **W**ireless **L**ighting dar. Erst durch die Loslösung des Systemblitzes von der Kamera und der zentralen Steuerung über die Kamera wird aus einem guten Blitzsystem ein professionelles mit unzähligen Möglichkeiten.

Ein Teil dieser Möglichkeiten wird in diesem Kapitel angerissen (und später im Praxisteil ausführlich dargelegt), Sie finden aber auch die Grundlagen und die Funktionsweise des AWL.

Kernstück des CLS von Nikon ist das drahtlose Blitzen (AWL = **A**dvanced **W**ireless **L**ighting) mit einem oder mehreren Blitzgeräten. Nikon bietet bei seinen aktuellen digitalen Spiegelreflexkameras (altersmäßig etwa ab D70/D2) und bei der analogen F6 die Möglichkeit der drahtlosen Blitzsteuerung mit Systemblitzen.

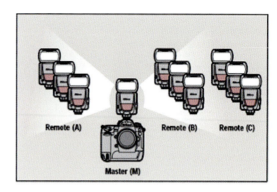

▲ *Das Nikon AWL-System (Quelle: Nikon).*

Das Besondere an der drahtlosen Blitzsteuerung beim AWL ist die Tatsache, dass das Blitzgerät trotz Entkopplung von der Kamera (man spricht in diesem Zusammenhang auch vom entfesselten Blitzen) weiterhin mit dieser kommuniziert und somit auch mit der automatischen i-TTL-Blitzsteuerung betrieben werden kann – anders als zum Beispiel Studioblitze, die ohne jede Kamerakommunikation manuell betrieben werden müssen.

3.1 Gründe für entfesseltes Blitzen

Bevor ich auf die Funktionsweise des AWL eingehe, möchte ich Ihnen noch einmal die Gründe für ein Entkoppeln des Blitzgerätes ins Gedächtnis rufen.

In Kapitel 1 haben Sie erfahren, dass das Licht u. a. entscheidend von der Lichtrichtung bestimmt wird. Licht von vorn (sogenanntes Frontallicht) führt meist zu einer langweiligen Abbildung. Das Ergebnis wirkt flach und zweidimensional.

Die Ergebnisse einer frontalen Beleuchtung leiden mit wenigen Ausnahmen an dem Fehlen von Schatten –hiermit sind die Schattenmodellierungen am Motiv selbst gemeint, nicht die Schattenwürfe hinter dem Motiv. Erst die Kombination von Licht und Schatten ermöglicht es Ihnen, das Motiv plastisch darzustellen. Somit gilt: Der Blitz muss von der Ka-

mera runter. Bevor ich zu dem Wie komme, sehen Sie nachfolgend das Ergebnis mit identischen Kameraeinstellungen, aber mit einem Blitz, der nicht mehr auf der Kamera steckt, sondern links vom Fotografen positioniert wurde.

Ich weise noch einmal ausdrücklich darauf hin, dass sämtliche Werte wie Blende, Zeit oder ISO-Zahl unverändert geblieben sind. Die Tatsache, dass der Blitz nicht mehr auf der Kamera, sondern daneben positioniert ist (und somit evtl. eine andere Entfernung zum Motiv hat), wird von Blitz und Kamera über die i-TTL-Steuerung kompensiert. Aber wie funktioniert das und was müssen Sie an Kamera und Blitz verstellen, damit die beiden auch auf Entfernung kommunizieren können? Die nachfolgende Darstellung wird Ihnen das veranschaulichen.

▲ Ein typisches Porträt, bei dem ein an der Kamera befestigter Blitz eingesetzt wurde. Nikon D3 | 85 mm | f5.6 | $^1/_{200}$ Sek. | ISO 200 | Blitz auf Kamera (SB-800 im TTL-Modus).

▲ Die gleiche Aufnahme, ebenfalls geblitzt (mit identischen Kameraeinstellungen). Diesmal wurde der Blitz von der Kamera entfesselt und links neben dem Fotografen positioniert.

3.2 Remote-Blitzen – die Grundlagen

Grundsätzlich gilt, dass man für jede Art von Fernsteuerung – und nichts anderes beinhaltet der Begriff Remote-Blitzen (ferngesteuertes Blitzen) – einen Sender und einen Empfänger benötigt.

In der CLS-Terminologie von Nikon werden Sender und Empfänger Master und Remote genannt. In der Literatur werden Sie sehr häufig die Begriffe Commander (statt Master) und Slave (statt Remote) finden. Sie bedeuten jeweils das Gleiche.

Der Master (oder Commander) steuert und der Remote (oder Slave) führt aus. Im Buch werde ich weitgehend von Master und Remote sprechen, da dies die Begriffe sind, die bei der Einstellung der Kamera und der Blitze benutzt werden.

Die Grundlage der Steuerung ist das Infrarotprotokoll. AWL funktioniert somit nicht über Funk, sondern mithilfe von Infrarotsteuerimpulsen. Dies ist im Übrigen auch der Grund, warum beim AWL stets Sichtkontakt zwischen Master und Slaves bestehen muss, da ansonsten keine störungsfreie Kommunikation gewährleistet ist. Was das in der Praxis bedeutet, erläutere ich zu einem späteren Zeitpunkt. Hier soll es zunächst einmal nur um die grundsätzliche Systematik gehen.

Wer eignet sich als Master?

Wer oder was eignet sich nun zum Steuern? Grob gesagt gibt es drei Kategorien von Geräten, die das tun:

- kcamerainterner Blitz,
- Systemblitz (SB-800, SB-900),
- Infrarotsteuergerät SU-800.

Auch wenn alle aktuellen Blitzgeräte das Nikon CLS unterstützen, eignen sich nicht alle für die Master-Steuerung beim AWL. So ist der beliebte SB-600 zwar AWL-tauglich, kann aber nicht als Master eingesetzt werden (nur als Remote). Der SB-400 unterstützt das AWL überhaupt nicht – weder als Master noch als Remote. Und der SB-R200 wiederum fungiert beim AWL nur als Remote (was aber aufgrund seiner Positionierung als Makroblitz auch nicht weiter wundernimmt).

Als Master infrage kommen derzeit nur zwei externe Blitzgeräte von Nikon (zusätzlich gibt es einige masterfähige Blitzgeräte von Fremdherstellern – darauf gehe ich in Kapitel 5 ein), und zwar der SB-900 und sein Vorgänger SB-800. Neben diesen beiden Blitzen taugt der Infrarotsender SU-800 als Master (was nicht weiter verwundert, da dies streng genommen seine einzige Funktion ist).

Eine geeignete Alternative zu den externen Geräten sind die eingebauten Blitzgeräte bei zahlreichen Nikon-Kameras, sofern diese nicht dem Einstiegssegment zuzuordnen sind (D3000, D5000, D40, D50 und D60 haben keine masterfähigen Blitzgeräte integriert) oder der Profiklasse angehören (Kameras aus der D1-, D2- und D3-Serie besitzen keinen eingebauten Blitz).

AWL-kompatible Remote-Blitzgeräte

Als Remote-Blitze lassen sich die drei Nikon-Systemblitze SB-600, SB-800 und SB-900 sowie der Makroblitz SB-R200 einsetzen. Darüber hinaus gibt es einige CLS/AWL-kompatible Alternativen von Fremdherstellern – mehr dazu in Kapitel 5.

◄ Im Bild (von links nach rechts): D300 mit ausgeklapptem Blitz, SB-800 und SU-800.

3.3 Master und Remote im Einsatz

Alles, was Sie zum drahtlosen entfesselten Blitzen mit dem Nikon AWL benötigen, sind somit eine Kamera, ein Master und ein Remote. Es folgt eine kurze Beschreibung, wie die entsprechenden Geräte einzustellen sind, damit das in der Praxis auch funktioniert.

Ich werde Ihnen dabei die Einstellungen für alle drei denkbaren Konstellationen erläutern:

- Steuerung mit eingebautem Blitz
- Steuerung mit einem Systemblitz
- Steuerung mit dem Infrarotsteuergerät SU-800

Als Kamera wähle ich zu diesem Zweck eine D300 und als Blitzgerät kommt der weitverbreitete SB-800 zum Einsatz.

▲ Nikon D300 mit ausgeklapptem integriertem Blitzgerät.

Variante 1: Steuerung mit kamerainternem Blitz

Die einfachste und auch kostengünstigste Variante, das Advanced Wireless Lighting zu betreiben, ist die Steuerung des Remote-Blitzes durch den kcamerainternen Blitz. Dies funktioniert derzeit mit den Nikon-DSLR D70, D80, D90, D200, D300(s) und D700.

Im ersten Schritt machen wir den eingebauten Blitz der D300 mit den nachfolgenden Einstellungen masterfähig.

▲ Kameramenü, Individualeinstellungen, e3.

Im Kameramenü gehen wir in den Bereich der Individualeinstellungen und dort zu dem Punkt e (Belichtungsreihen und Blitz). Unter e3 finden Sie die Anpassungsmöglichkeiten für das integrierte Blitzgerät, das standardmäßig auf TTL eingestellt ist. Mit dieser Einstellung funktioniert das integrierte Blitzgerät wie ein aufgesetzter Systemblitz in TTL-Stellung.

Diese Standardeinstellung ist für unsere Zwecke auf die letzte Position Master-Steuerung zu ändern. Sie kommen dann in ein Untermenü, in dem Sie mehrere Parameter einstellen können, die wir zunächst aber unverändert lassen. Mit OK bestätigen Sie und verlassen das Menü. Das integrierte Blitzgerät ist jetzt auf die Master-Steuerung eingestellt.

Advanced Wireless Lighting (AWL)

▲ *SB-800 im TTL-Modus.*

Jetzt kümmern wir uns um den Remote-Blitz, in meinem Beispiel ein SB-800. Dieser Systemblitz, der sich im Auslieferungszustand im TTL-Modus befindet, soll jetzt auf den Remote-Modus eingestellt werden. Zu diesem Zweck drücken Sie für etwa zwei Sekunden die SEL-Taste.

Sie befinden sich jetzt im Menü des Blitzgerätes. Hier gehen Sie mit dem Steuerkreuz auf der Rückseite des Blitzgerätes auf die Einstellungsoption oben rechts.

Durch Drücken der SEL-Taste können Sie anschließend die Funktion des SB-800 verändern. Für unser Vorhaben wählen Sie jetzt die Option *Remote*.

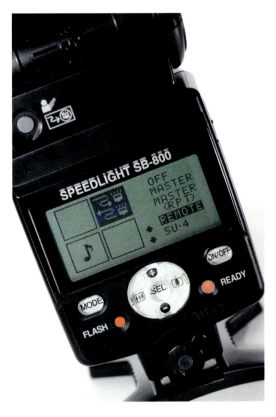

Nachdem Sie die *Remote*-Option durch Drücken der SEL-Taste gewählt haben, kommen Sie durch kurzes (!) Drücken der ON/OFF-Taste wieder in die Arbeitsposition des Blitzgerätes.

Sofern die Einstellungen für den Kanal (*CH*) und die Gruppe (*GROUP*) mit den Standardwerten markiert sind (Kanal 1 und Gruppe A), brauchen Sie keine Veränderungen vorzunehmen.

Sollte dies nicht der Fall sein, können Sie nach einmaligem Drücken der SEL-Taste die Kanäle mithilfe des Steuerkreuzes (rauf/runter) verändern und mit der SEL-Taste bestätigen.

Das zweimalige Drücken der SEL-Taste bringt Sie zur Einstellung der Gruppen, die ebenfalls mit dem Steuerkreuz verändert werden können. Was hinter den Begriffen Kanäle und Gruppen steckt, erläutere ich noch etwas später in diesem Kapitel.

Die Einstellungen sind jetzt abgeschlossen. Der Blitz wird nun trotz Abkopplung von der Kamera auslösen, wenn Sie eine Aufnahme machen. Für einen Test positionieren Sie den Blitz am besten mithilfe des mitgelieferten Standfußes seitlich von Ihnen.

Wenn das integrierte Blitzgerät nicht mitblitzen soll

Bei der Steuerung des Remote-Blitzes durch das integrierte Blitzgerät müssen Sie beachten, dass das integrierte Blitzgerät in der Standardeinstellung mitblitzt. Wenn dies nicht gewünscht ist (weil es nicht zur geplanten Lichtstimmung passt), müssen Sie die Einstellung im Kameramenü verändern. Gehen Sie zu diesem Zweck wieder in die Individualeinstellungen unter *e3* (bei der D300) und zur *Master-Steuerung* und verändern Sie den Modus bei dem integrierten Blitz von *TTL* auf *--*.

Das integrierte Blitzgerät sendet jetzt nur noch die für die Steuerung erforderlichen Vorblitze, schickt aber selbst keinen Blitz mehr für die Aufnahme.

Im Bildbeispiel oben war der kcamerainterne Blitz aktiviert, was zu einer flächigen Ausleuchtung geführt hat. Nachdem der integrierte Blitz abgeschaltet wurde, hat allein der seitlich positionierte Remote-Blitz die Ausleuchtung übernommen (gut zu erkennen an den Schattenverläufen).

Variante 2: Steuerung mit System-blitz

Die Steuerung eines Remote-Blitzes mit einem zusätzlichen Systemblitz (SB-800 oder SB-900) ist für diejenigen eine Alternative, die keine Kamera mit AWL-fähigem integrierten Blitz besitzen (D3000, D5000, D40, D50, D60, D1, D2, D3). Sie bietet darüber hinaus noch zusätzliche Vorteile, auf die ich gleich eingehen werde. Zunächst schauen wir uns an, wie der Systemblitz (in unserem Beispiel ein zweiter SB-800) für die Master-Steuerung konfiguriert wird. Der in Variante 1 konfigurierte Remote-Blitz kann auch in Variante 2 unverändert genutzt werden.

Zu diesem Zweck drücken Sie für etwa zwei Sekunden die SEL-Taste.

Sie befinden sich jetzt im Menü des Blitzgerätes. Hier gehen Sie mit dem Steuerkreuz auf der Rückseite des Blitzgerätes auf die Einstellungsoption oben rechts. Durch Drücken der SEL-Taste können Sie anschließend die Funktion des SB-800 verändern. Für unser Vorhaben wählen Sie jetzt die Option *MASTER*.

Wie Sie sehen können, zeigt das Display des SB-800 jetzt ähnliche Informationen wie das Kameramenü in der Variante 1. Mit einem wesentlichen Unterschied: Anders als der kcamerainterne Blitz können der SB-800 und der SB-900 drei Gruppen (A, B und C) ansteuern; das integrierte Blitzgerät ist auf zwei Gruppen (A und B) beschränkt. Was das in der Praxis bedeutet, erfahren Sie weiter unten, wenn ich detailliert auf die Multiblitz-Steuerung eingehe.

Übrigens: Wenn Sie den Master-Blitz nutzen wollen, ohne dass dieser selbst mitblitzt (wie schon in Variante 1 beschrieben), müssen Sie in der Gruppe M (steht für Master) den Modus von *TTL* auf -- stellen.

Nachdem Sie die *MASTER*-Option durch Drücken der SEL-Taste gewählt haben, kommen Sie durch kurzes (!) Drücken der ON/OFF-Taste wieder in die Arbeitsposition des Blitzgerätes. Das Display sieht jetzt wie folgt aus:

▲ *Während der Remote-Blitz beim Ansteuern durch den kcamerainternen Blitz nicht ausgelöst hat, gab es mit dem Einsatz des SB-800 diesbezüglich keine Probleme.*

Es gibt noch einen weiteren Vorteil des Systemblitzes gegenüber dem kcamerainternen Blitz: Aufgrund seines schwenkbaren Reflektors können der SB-800 und der SB-900 auch Remote-Blitze ansteuern, die hinter der eigenen optischen Achse positioniert sind.

Variante 3: Steuerung mit SU-800

Der Master-Betrieb mithilfe des Infrarotsteuergerätes SU-800 ist im Prinzip vergleichbar mit der Steuerung durch einen Systemblitz. Sie ist immer dann sinnvoll, wenn der kcamerainterne Blitz nicht masterfähig ist oder wenn das Blitzsetting den Einsatz von mehr als zwei verschiedenen Gruppen erfordert (wie der SB-800 und SB-900 kann der SU-800 bis zu drei Gruppen ansteuern). Der SU-800 hat gegenüber der Steuerung durch einen Systemblitz den Vorteil der kompakten Bauform, was insbesondere beim Fotografieren im Hochkantformat einen Handlingvorteil bedeutet.

Leider erkauft man sich diesen Handlingvorteil durch das Fehlen des Schwenkreflektors, was sich in einigen Situationen nachteilig auswirken kann.

Der SU-800 ist im Prinzip genauso zu konfigurieren wie der SB-800, bis auf die Tatsache, dass Sie keinerlei Umstellungen vornehmen müssen.

Der SU-800 ist per Definition immer Master. Daher sieht er nach dem Einschalten grundsätzlich so aus wie der SB-800, nachdem man diesem mitgeteilt hat, dass er als Master fungieren soll – mit Ausnahme der fehlenden M-Gruppe, da der SU-800 nicht blitzen kann.

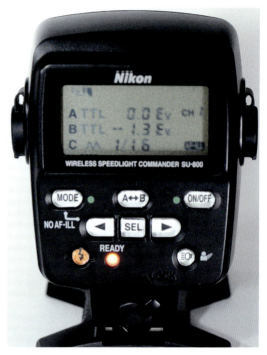

▲ *Die Konfiguration des SU-800 erfolgt genauso wie beim SB-800.*

3.4 Die Funktionsweise des AWL

Sie haben jetzt erfahren, dass ein Master-Blitz einen Remote-Blitz drahtlos steuern kann. Es folgt ein kurzer Exkurs, der erläutern soll, wie das technisch funktioniert.

Die Steuerung erfolgt beim **A**dvanced **W**ireless **L**ighting (AWL) von Nikon mithilfe eines Infrarotsignals, das der Master an die Remotes sendet (die Remotes haben zu diesem Zweck einen Infrarotempfänger neben der Batterieklappe).

Da der Master immer Sichtkontakt zu den Remote-Blitzen haben sollte, müssen Sie stets darauf achten, dass die teilnehmenden Blitze sauber aufeinander ausgerichtet sind. Zu diesem Zweck kann es erforderlich sein, den Reflektor der Remote-Blitze um 180° zu schwenken, sodass die „richtige" Seite des Blitzgerätes in Richtung Kamera zeigt. Für diejenigen unter Ihnen, die wissen wollen, wie so eine Kommunikation zwischen Master, Remote und Kamera abläuft, erläutere ich dies nachfol-

▲ *Infrarotempfänger.*

▲ *SB-800 mit um 180° verschwenktem Reflektor – das ist notwendig, wenn der Remote-Blitz rechts vom Master aufgebaut ist. Durch das Verdrehen ist der Infrarotempfänger in Richtung des Steuergerätes positioniert.*

gend in Kurzform (zur Erklärung: G1-3 steht für die verschiedenen Gruppen beim Einsatz mehrerer Blitzgeräte):

- Master an G1-Slaves: „Steuerimpuls für Testblitze"
- G1-Slaves an Master: „Blitz" (sehr geringe Leistung)
- Master an G2-Slaves: „Steuerimpuls für Testblitze"
- G2-Slaves an Master: „Blitz" (sehr geringe Leistung)
- Master an G3-Slaves: „Steuerimpuls für Testblitze"
- G3-Slaves an Master: „Blitz" (sehr geringe Leistung)
- Auswertung durch Master
- Master an alle Slaves: „Einstellungsdaten"
- Master an Kamera: „Fertig"
- Kamera klappt Spiegel hoch und

- öffnet Verschluss
- Master an alle Slaves: „Startimpuls für Blitz"
- Master und Slaves zünden mit den voreingestellten Blitzleistungen
- Kamera schließt Verschluss

Noch irgendjemand, den das an Otto erinnert hat? :)

Multiblitz-Aufbau

Die oben stehende Kommunikation hat schon einen wichtigen Punkt vorweggenommen, den es noch zu klären gibt: Wie kann man beim Einsatz von mehr als einem Blitzgerät (Multiblitz-Aufbau) diese unabhängig voneinander regeln? Denn eines wird schnell klar: Wenn schon mehrere Blitzgeräte an einem Set eingesetzt werden, sollten diese in aller Regel nicht mit gleicher Leistung betrieben werden. Warum das so ist, zeigt folgendes Beispiel:

Eine typische Ausleuchtung bei der Beautyfotografie ist ein Blitz frontal von oben und einer zur Aufhellung von unten. Wir nähern uns an diesen Aufbau an, indem wir zunächst nur einen Blitz mit Softbox (Ezybox) von oben einsetzen.

Das Ergebnis sieht relativ natürlich aus, da es unserem normalen Empfinden entspricht (Sonnenlicht kommt von oben). Gleichwohl stören ein wenig die Schattenpartien in den Augenhöhlen, unter der Nase und unter dem Kinn. Daher wollen wir das Ganze mit einem weiteren Blitz aufhellen.

Die Schattenpartien sind zwar weg, allerdings wirkt die Aufnahme jetzt überblitzt. Die Aufhellung war einfach zu viel des Guten. Der Grund hierfür ist die Tatsache, dass der Aufhellblitz mit der gleichen Leistung wie der Hauptblitz agiert hat. Ein Aufhellblitz sollte per Definition jedoch eine deutlich geringere Leistung als der Hauptblitz haben.

Wie Sie diese Aufgabenstellung mit dem CLS von Nikon lösen, erfahren Sie, wenn wir uns nachfolgend dem Thema „Gruppen und Kanäle" zuwenden.

Gruppen und Kanäle

Damit sich der Master überhaupt mit seinem Remote versteht (und/oder umgekehrt), müssen beide sinnbildlich auf einer Wellenlänge funken. Beim Creative Lighting System von Nikon wird diese Anforderung durch die Verwendung von Kanälen gewährleistet. Master und Remote(s) müssen auf den gleichen Kanal eingestellt sein. Nikon bietet hierfür vier Kanäle zur Auswahl und hat diese mit Nummern belegt (1–4).

Der Nutzwert der Kanäle ist zunächst vielleicht nicht ganz klar – bis Sie zum ersten Mal (z. B. bei einem meiner Workshops) an nebeneinanderliegenden Sets fotografieren.

Wenn an beiden Sets der gleiche Kanal genutzt wird, ist das Chaos vorprogrammiert, wenn die Teilnehmer die Blitzgeräte an zwei Sets gleichzeitig auslösen. (Das ist im Übrigen nichts anderes als bei Studioblitzgeräten, die in der Regel über mehrere Kanäle verfügen.)

Differenzierte Leistungseinstellung dank Gruppen

Viel wichtiger als die Kanäle sind beim AWL die Gruppen, und zwar immer dann, wenn mehr als ein Blitz angesteuert wird (Multiblitz-Aufbau). Sobald ich die verschiedenen Blitze (etwa Haupt- und Aufhelllicht in unserem Beispiel oben) in unterschiedliche Gruppen einstelle, kann ich sie bezüglich der Leistung auch unterschiedlich steuern. Und diese Steuerung erfolgt beim AWL komplett am Master.

Steuerung nur am Master

Remote-Blitze werden nach dem Aufstellen nur noch zum Positionswechsel angefasst. Sämtliche Einstellungsänderungen bezüglich der Blitzleistung erfolgen am Master.

Nikon bietet drei Gruppen und hat hierfür – da die Zahlen bereits für die Kanäle vergeben waren – Buchstaben vorgesehen (A, B, C). Natürlich können jeder einzelnen Gruppe mehrere Blitze zugeordnet werden. So packt man z. B. bei einer Lichtzange beide Blitze in eine Gruppe, da sie sowieso mit den gleichen Werten versehen werden (dazu später mehr im Praxisteil dieses Buches in Kapitel 8).

Mit dem neu gewonnenen Wissen können Sie unseren beiden Remote-Blitzen aus dem Beautyset jetzt unterschiedliche Gruppen zuordnen. Ich empfehle, dabei systematisch vorzugehen und für das Hauptlicht stets Gruppe A zu vergeben. Das Aufhelllicht erhält die Gruppe B.

Nachdem Sie den beiden Remote-Blitzen unterschiedliche Gruppen zugeordnet haben, können Sie sich an die Leistungseinstellung und somit die Verteilung des Lichts machen. Zu diesem Zweck vergeben Sie im Kameramenü unterschiedliche Werte für die Gruppen A und B.

Für unser Beispiel wählen wir für den Aufhellblitz in Gruppe B eine um 1,7 Blenden reduzierte Leistung. Die Leistung für den Hauptblitz in Gruppe A bleibt unverändert (Nullstellung).

Das Ergebnis zeigt eine ausgewogene Belichtung mit einer perfekten Aufhellung der Schatten.

4.
Die Features
des Nikon CLS

Die Features des Nikon CLS

In diesem Kapitel erhalten Sie Informationen zu den weiteren Funktionen, die das CLS neben der i-TTL-Blitzsteuerung und der drahtlosen Blitzsteuerung **A**dvanced **W**ireless **L**ighting (AWL) beinhaltet. Plakative Bildbeispiele zeigen auf, was Ihnen diese Features in der Praxis bringen.

Nikon selbst schreibt seinem CLS insgesamt sechs wesentliche Blitzfunktionen zu, die es in seiner Gesamtheit zum führenden Blitzsystem machen, wie selbst Anhänger konkurrierender Fabrikate eingestehen müssen. Diese Funktionen sind im Einzelnen:

- die i-TTL-Blitzsteuerung,
- das Advanced Wireless Lighting (AWL),
- die automatische FP-Kurzzeitsynchronisation,
- die Übertragung der Farbtemperatur-Information,
- der FV-Blitzmesswertspeicher,
- das Weitwinkel-AF-Hilfslicht.

Nachdem Sie in den Kapiteln 2 und 3 bereits ausführliche Informationen zur i-TTL-Blitzsteuerung und zum Advanced Wireless Lighting erhalten haben, gehe ich in diesem Kapitel auf die anderen Funktionen detailliert ein, um aufzuzeigen, was diese Ihnen in der Praxis bringen.

Ich weise bereits jetzt darauf hin, dass einige Funktionen nicht von allen Nikon-Kameras unterstützt werden. Ich kann leider nicht auf jedes Kameramodell im Einzelnen eingehen, weil dies den Rahmen hier sprengen würde, werde aber ab und an einen Hinweis geben, wenn die eine oder andere Funktion bei den Einstiegsmodellen (wie D3000, D5000, D40, D60) nicht integriert ist. Im Zweifelsfall empfehle ich Ihnen, das Datenblatt oder die Bedienungsanleitung zu studieren, um sich Klarheit zu verschaffen.

4.1 Automatische FP-Kurzzeitsynchronisation

Eines der missverständlichsten Features des Nikon-Blitzsystems ist die Funktion der automatischen Kurzzeitsynchronisation, da es mit seinem Namen einen Einsatzzweck impliziert, dem es in der Praxis nicht wirklich gewachsen ist (schlimmer noch in der englischen Übersetzung, hier heißt diese Funktion Auto FP High Speed Sync).

▲ Die automatische FP-Kurzzeitsynchronisation wird in den Individualeinstellungen der Kamera eingeschaltet.

Anders als Sie vielleicht annehmen, ist das Haupteinsatzgebiet der automatischen FP-Kurzzeitsynchronisation nicht in der Sportfotografie (Fotografieren schneller Bewegungen) zu suchen.

Vielmehr spielt sie ihre Stärken hauptsächlich beim Aufhellblitzen in der Outdoor-Fotografie aus. Und hier ist diese Funktion wirklich ein Segen, weil nur durch die Aktivierung der FP-Kurzzeitsynchronisation gewährleistet ist, dass das Aufhellblitzen bei strahlendem Sonnenschein auch bei Offenblende funktioniert, was immer dann erforderlich ist, wenn man mit selektiver Schärfe arbeiten möchte.

Leider unterstützen die Einsteigerkameras wie zum Beispiel die D3000 und die D5000 dieses Feature nicht.

Bevor ich zur Umsetzung in der Praxis komme, möchte ich kurz auf die Hintergründe der automatischen FP-Kurzzeitsynchronisation eingehen.

FP steht für **F**ocal **P**lane (Shutter), den englischen Begriff für Schlitzverschluss. Die Funktion des Schlitzverschlusses und insbesondere die Limitierung, die von ihm bei der Blitzfotografie ausgeht (nämlich die Beschränkung der Verschlusszeit beim Blitzen auf in der Regel maximal $1/250$ Sek.), habe ich in Kapitel 1.4 beschrieben.

Zusammenfassend kann man sagen, dass die Synchronzeit die kürzeste Verschlusszeit der Kamera ist, die noch komplett mit einem Blitz (Abbrenndauer ca. $1/1000$ Sek.) synchronisiert werden kann. Ist die Verschlusszeit schneller, trifft der Blitz nicht mehr den komplett geöffneten Verschluss (und somit den dahinter liegenden Bildsensor).

Die Funktionsweise der FP-Kurzzeitsynchronisation

Die FP-Kurzzeitsynchronisation kann zwar nicht die Geschwindigkeit der Verschlusslamellen beschleunigen – sie kann aber die Abbrenndauer des Blitzlichts strecken. Und das passiert mit einem kleinen Kunstgriff. Anstelle eines (sehr schnellen) Blitzes werden bei der FP-Kurzzeitsynchronisation viele Blitze in Folge gezündet. Durch diese Vielzahl an Blitzen (die unser menschliches Auge in der Regel nur als einen Blitz wahrnimmt) ist gewährleistet, dass genügend (nämlich so viel, wie vorher von der Kamera berechnet wurde) Blitzlicht auf den Bildsensor fällt.

Die Nachteile

Diesen Kunstgriff erkaufen wir uns dabei mit zwei Nachteilen:

- Da die Abbrenndauer des einzelnen Blitzes aufgrund der Vielzahl der abgegebenen Blitze deutlich langsamer wird, lassen sich Vorgänge mit hohen Geschwindigkeiten nicht mehr so gut einfrieren.
- Außerdem bricht die Blitzleistung bei der FP-Kurzzeitsynchronisation erheblich ein, was sich in der deutlich verringerten Blitzreichweite äußert.

Die Vorteile

Der Vorteil der automatischen FP-Kurzzeitsynchronisation ist die automatische Anpassung der Kamera. Sofern die Funktion im Kameramenü aktiviert wurde, verwendet die Kamera bis zum Erreichen der normalen Synchronisationszeit (meist $1/_{250}$ Sek.) den normalen Sync-Modus mit der ultraschnellen Abbrennzeit des Blitzgerätes. Erst wenn der Fotograf (im manuellen Modus M oder in der Blendenautomatik S) eine schnellere Verschlusszeit als die Synchronisationszeit der Kamera wählt, stellt sie automatisch auf die FP-Kurzzeitsynchronisation um.

Ich denke, dass Ihnen jetzt klar geworden ist, dass die FP-Kurzzeitsynchronisation (oder FP-High-Speed-Sync) leider nur eingeschränkt für die Blitzfotografie von High-Speed-Actionaufnahmen geeignet ist, da die Abbrenndauer der Blitze zu langsam ist für ein Einfrieren der Bewegungen (dies müsste dann schon durch eine extrem kurze Verschlusszeit an der Kamera kompensiert werden). Schlimmer noch ist die Leistungseinbuße, die

uns Fotografen zwingt, noch näher an das Motiv heranzugehen, was gerade in der Sportfotografie nur selten ausreichend möglich ist.

Aufhellen mit der FP-Kurzzeitsynchronisation

Gleichwohl kann die automatische FP-Kurzzeitsynchronisation sehr nützlich sein.

Sobald Sie bei Tageslicht etwaige Schatten mit Blitzlicht aufhellen wollen und aus gestalterischen Gründen (Arbeiten mit selektiver Schärfe) mit einer großen Blendenöffnung fotografieren, kommen Sie schnell in den Grenzbereich, da die (für eine offene Blende) erforderliche Verschlusszeit oft deutlich schneller ist als die Synchronisationszeit der Kamera. Die Folge ist dann entweder ein überbelichtetes Foto oder der Zwang, doch weiter abzublenden.

Die nachfolgenden Bildbeispiele sollen das Dilemma illustrieren.

▲ *Aufnahme ohne Blitz. Die Schattenbereiche laufen zu. Eine Aufhellung ist erforderlich. Nikon D300 | AF-D 50 | f2 | $1/_{4000}$ Sek. | ISO 200 | Zeitautomatik A.*

Beide Lösungsansätze führen in dem genannten Bildbeispiel nicht zu dem gewünschten Ergebnis. Jetzt aktivieren wir die automatische FP-Kurzzeitsynchronisation. Wenn wir jetzt den Blitz dazuschalten, bleiben die von der Kamera gemessenen Werte (f2 und $^1/_{4000}$ Sek.) unverändert (Zeitautomatik A, Matrixmessung).

Dass wir aufgrund der Verschlusszeit von $^1/_{4000}$ Sek. jetzt mit der Kurzzeitsynchronisation arbeiten, erkennen Sie an dem zusätzlichen Kürzel *FP*, das auf dem Display des Blitzgerätes erscheint.

▲ *Der Blitz wurde zugeschaltet. Die Verschlusszeit wurde automatisch auf den höchstzulässigen Wert von $^1/_{250}$ Sek. angepasst. Das Bild ist überbelichtet. Nikon D300 | AF-D 50 | f2 | $^1/_{250}$ Sek. | ISO 200 | Zeitautomatik A.*

▲ *Um die Überbelichtung zu verhindern, wurde auf f8 (vier Stufen) abgeblendet. Das Bild ist jetzt richtig belichtet, allerdings wirkt die große Schärfentiefe störend. Nikon D300 | AF-D 50 | f8 | $^1/_{250}$ Sek. | ISO 200 | Zeitautomatik A.*

Wie bereits in Kapitel 2.2 erläutert wurde, empfehle ich zum Aufhellen die automatische Blitzsteuerung (i-)TTL/BL.

▲ *Nikon D300 | AF-D 50 | f2 | ISO 200 | Zeitautomatik | Auto-FP-Kurzzeitsynchronisation.*

Bei den vorgegebenen Parametern (Brennweite 50 mm, f2, ISO 200) zeigt uns das Display des Blitzgerätes eine maximale Blitzreichweite von 4,8 m, was für unsere Zwecke vollkommen ausrei- chend ist. Das Ergebnis ist eine perfekt belichte- te Aufnahme mit gerade so viel Schärfentiefe wie erforderlich, sodass der Hintergrund in Unschär- fe verschwindet.

4.2 Übertragen der Farbtemperatur-Information

Die Farbtemperatur von Blitzlicht schwankt mit der Zündspannung und Abbrenndauer, ist also von der abgegebenen Blitzleistung abhängig. Wird ein CLS-kompatibles Blitzgerät an eine Kamera angeschlossen, werden automatisch die Farbtemperaturwerte des Blitzlichts zur Kamera übertragen.

Außerdem werden nach erfolgter Blitzauslösung Informationen zur Abbrenndauer und Zündspannung an die Kamera übermittelt, sodass der Weißabgleich automatisch präzise angepasst werden kann.

Farbtemperatur betrifft nur den AWB

Relevant ist die Funktion der automatischen Übertragung der Farbtemperatur-Informationen nur beim automatischen Weißabgleich (AWB). Sobald Sie manuell einen festen Weißabgleich an der Kamera einstellen (entweder über die Piktogramme oder über einen fixen Kelvin-Wert), wird jedwede Automatik „overruled" – dies betrifft auch den Abgleich des Weißabgleichs mit der Farbtemperatur des Blitzlichts.

Bis hierhin scheint dieses CLS-Feature zunächst ohne nennenswerten praktischen Nutzen für den Fotografen zu sein – wenn man einmal davon absieht, dass es natürlich begrüßenswert ist, dass eventuelle Farbtemperaturschwankungen des Blitzlichts zum Beispiel abhängig von der Betriebstemperatur automatisch kompensiert werden.

Vorteil bei Mischlichtsituationen

Es gibt aber einen ziemlich verblüffenden Nebeneffekt, der von Nikon meines Wissens nicht dokumentiert ist, und der hat mit dem Thema Mischlicht zu tun.

In der Regel bedeutet das Fotografieren mit Blitzlicht immer auch eine Auseinandersetzung mit Mischlichtsituationen, denn das Blitzlicht stellt in den seltensten Fällen das einzige Licht dar.

Beim Creative Lighting System von Nikon versucht die Kamera, mithilfe des automatischen Weißabgleichs einen vernünftigen Kompromiss zwischen dem Umgebungs- und dem Blitzlicht herzustellen. Dies ist erforderlich, um zu vermeiden, dass das Blitzlicht auf dem Foto einen Farbstich hinterlässt.

Bekanntermaßen ist das Blitzlicht auf eine Farbtemperatur von 5.500 K abgestimmt, was in etwa dem Tageslicht bei Sonnenschein (am Nachmittag) entspricht (siehe hierzu auch die Ausführungen zur Lichtfarbe in Kapitel 1.1).

Stellt die Kamera bei eingeschaltetem Blitzgerät fest, dass die gemessene Farbtemperatur des Umgebungslichts deutlich von dem Wert 5.500 K abweicht, versucht der AWB, einen Kompromiss zu finden, der zwischen diesen beiden Werten liegt. Das liefert häufig bessere Ergebnisse, als wenn man als Fotograf versucht, manuell einzugreifen.

Angenehmer Zusatzeffekt: Während der AWB bei Landschaften mit partiellen Schattenpartien manchmal danebenliegt und einen zu kühlen Wert liefert (oft um einen Wert von ca. 4.000 K), korrigiert er dies bei eingeschaltetem Blitz (da er in Richtung 5.500 K nivelliert wird).

4.3 FV-Blitzmesswertspeicher

Die kcamerainterne Belichtungsmessung arbeitet in der Regel sehr zuverlässig – zumindest dann, wenn sich das Motiv in der Bildmitte befindet. Sehr häufig aber wählt der erfahrene Fotograf unter Berücksichtigung des Goldenen Schnitts jedoch die außermittige Positionierung des Motivs, da diese oft interessanter und/oder harmonischer wirkt.

Diese Abweichung kann belichtungstechnisch zu Problemen führen – vor allem dann, wenn Motiv- und Hintergrundhelligkeit deutlich voneinander abweichen.

Da der Hintergrund (der vorher vom Motiv verdeckt war) nunmehr einen größeren Bildanteil erhält, wird die Belichtung zum Großteil auf diesen abgestimmt (siehe hierzu auch die Erläuterungen zur Belichtungsmessung in Kapitel 2.3).

Ein Beispiel soll dieses Problem veranschaulichen.

Das Motiv am Rand des Bildes ist trotz des Blitzeinsatzes unterbelichtet. Der Belichtungsmesser hat sich offensichtlich von dem hellen Hintergrundkarton irritieren lassen.

kleine-fotoschule.de

A

A   B

▼ *Beide Aufnahmen sind mit absolut identischen Kameraeinstellungen entstanden: Nikon D3 | 85 mm | f5.6 | $^1/_{200}$ Sek. | ISO 200 | SB-800 im TTL-Modus.*

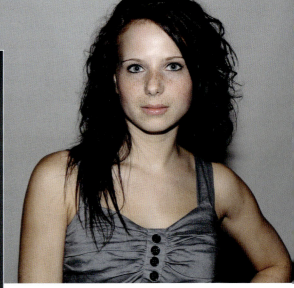

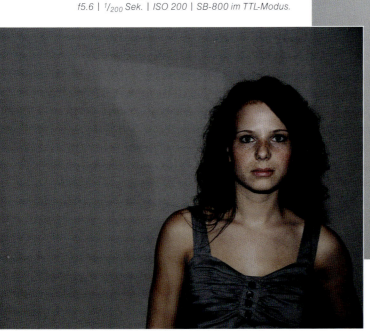

Aktivieren des FV-Blitzmesswertspeichers

Die Funktion des FV-Blitzmesswertspeichers (FV steht für **F**lash **V**alue) erleichtert Ihnen die Arbeit bei diesem Problem, sofern Sie die Funktion im Kameramenü aktiviert haben. Um den FV-Blitzmesswertspeicher künftig nutzen zu können, müssen Sie diese Funktion einer Taste zuordnen. Dies funktioniert bei den meisten Kameramodellen mit der Funktionstaste FUNC (an der Vorderseite der Kamera) oder mit der AE-L-Taste auf der Rückseite der Kamera.

Beide Möglichkeiten finden Sie unter den Individualeinstellungen im Kameramenü (im Segment der Bedienelemente). Die beiden nachfolgenden Bilder zeigen, wie der FV-Blitzmesswertspeicher der Funktionstaste (FUNC) zugeordnet wird.

Nachfolgend eine Schritt-für-Schritt-Anleitung zur Vorgehensweise bei einem außermittigen Motiv:

1

Motiv anvisieren – und zwar so, dass es zunächst mittig positioniert ist.

2

Auslöser halb durchdrücken – die Belichtung wird kameraintern gemessen.

3

AE-L- oder FUNC-Taste an der Kamera drücken (das Blitzgerät sendet einen Messblitz aus).

4

Bildausschnitt neu komponieren (Motiv außermittig) und auslösen.

Das Besondere: Die einmal gemessenen und im Blitzmesswertspeicher gespeicherten Daten werden bei einer nachträglichen Änderung der Belichtungszeit, Blendenöffnung, Brennweite oder ISO-Empfindlichkeit automatisch angepasst.

Wenn wir das Beispiel von oben noch einmal aufgreifen und die Aufnahme mit der FV-Messwertspeicherfunktion wiederholen, ergibt sich das nachfolgende Ergebnis:

▲ *Identische Einstellungen wie bei den Fotos weiter oben, allerdings unter Nutzung des FV-Blitzmesswertspeichers.*

Das Hauptmotiv ist jetzt korrekt belichtet.

Die richtige Wahl der Messmethode

Außermittig angeordnete Motive bringen die Matrixmessung immer dann durcheinander, wenn es sich dabei nicht um eine der Referenzsituationen handelt, die in der Kamera gespeichert sind und mit denen der Belichtungsmesser bei Nutzung der Matrixmessung „gefüttert" wird. Um die Funktionsweise des FV-Blitzmesswertspeichers optimal nutzen zu können, ist es daher sinnvoll, stattdessen die mittenbetonte Belichtungsmessung (siehe Kapitel 2.3) zu verwenden.

▲ *D300 mit mittenbetonter Belichtungsmessung.*

Die Einstiegskameramodelle von Nikon (D40, D60, D3000 und D5000) unterstützen den FV-Blitzmesswertspeicher leider nicht. Nutzern dieser Kameras bleibt als Work-around nur übrig, stattdessen den normalen Messwertspeicher (der in der Regel auf der AE-L-Taste liegt) anzuwenden (und nach der obigen Schrittanleitung vorzugehen). Allerdings wird das Ergebnis in der Regel nicht so fein dosiert wie mit dem FV-Messwertspeicher.

Im Praxisteil dieses Buches in Kapitel 8 werde ich des Öfteren auf diese Funktion des Creative Lighting Systems von Nikon eingehen. Sie werden anhand zahlreicher Ausgangssituationen erkennen, dass die Beherrschung dieser Funktion zum Standardrepertoire des Blitzfotografen gehören sollte.

Vorblitz ade – der Zusatznutzen des FV-Blitzmesswertspeichers

Der Messwertspeicher hat übrigens einen entscheidenden Nebeneffekt: Die „richtige" Blitzbelichtung wird bei der Messwertspeicherung nur einmal gemessen (und anschließend gespeichert). Dadurch wird auch der Vorblitz nur einmal (nämlich bei der Messung) ausgelöst. Bei jeder weiteren Aufnahme wird der Vorblitz unterdrückt, da er ja für die Messung nicht mehr benötigt wird. Wenn Sie des Öfteren Menschen (oder Tiere) fotografieren, werden Sie diese Option zu schätzen wissen – nie wieder Aufnahmen von Personen mit halb oder ganz geschlossenen Augen (als Reaktion auf den Vorblitz).

Ein weiterer Einsatzzweck: Wenn Sie mit einem Blitzset arbeiten, in das Blitzgeräte integriert sind, die nicht i-TTL/AWL-fähig sind und daher über eine Lichtzelle ausgelöst werden müssen, ist die Vorblitzunterdrückung zwingend erforderlich, da die Remote-Blitze andernfalls zu früh ausgelöst würden.

4.4 Weitwinkel-AF-Hilfslicht

Das Weitwinkel-AF-Hilfslicht der Nikon-Blitzgeräte SB-600, SB-800 und SB-900 ermöglicht Blitzaufnahmen mit dem Autofokus selbst dann, wenn das Umgebungslicht für die Autofokusmessung zu schwach ist. Mit dem Weitwinkel-AF-Hilfslicht des Blitzgerätes kann zudem ein sehr großer Bildbereich ausgeleuchtet werden.

Über das Menü der Individualfunktionen können Sie das Weitwinkel-AF-Hilfslicht aktivieren und deaktivieren. Ist das Weitwinkel-AF-Hilfslicht aktiviert, schaltet es sich bei schwachem Umgebungslicht beim Drücken des Auslösers bis zum ersten Druckpunkt automatisch ein. Voraussetzung dafür ist, dass

- ein AF-Objektiv angesetzt ist,
- die Kamera auf Einzelautofokus mit Schärfepriorität gestellt ist.

Die effektive Reichweite des Weitwinkel-AF-Hilfslichts liegt bei etwa 1–10 m. Dieser Wert kann je nach verwendetem Objektiv variieren.

AF-Hilfe auch bei ausgeschaltetem Blitz

Wenn Sie im Kameramenü unter den Individualfunktionen die Funktion *Deaktivieren der Blitzauslösung* auf OFF (Blitzauslösung deaktiviert) stellen, leuchtet das Weitwinkel-AF-Hilfslicht auf, ohne dass bei der anschließenden Aufnahme der Blitz ausgelöst wird. Dies ist eine durchaus praktische Funktion, da das Weitwinkel-AF-Hilfslicht leistungsstärker ist als das in der Kamera integrierte AF-Hilfslicht.

5.
Das richtige
Blitzgerät einsetzen

Ohne geht es nicht. Ich zeige Ihnen, welches Blitzgerät für Ihren Einsatzzweck das richtige ist und warum ein Aufsteckblitz die deutlich bessere Alternative zum integrierten Blitzgerät darstellt. Eingehen werde ich auf die wichtigsten Merkmale, die ein guter Blitz mitbringen sollte, wobei der Nutzen in der Praxis durch reichlich Bildbeispiele untermauert wird.

5.1 Vor- und Nachteile des integrierten Blitzes

Den kcamerainternen Blitz mit einem ausgewachsenen Systemblitz zu vergleichen, ähnelt dem berühmten Äpfel-und-Birnen-Vergleich. Dennoch möchte ich hier einmal kurz auf Gemeinsamkeiten und Unterschiede zwischen diesen beiden Blitzvarianten eingehen und dabei aufzeigen, dass der integrierte Blitz nicht ganz so schlecht ist wie sein Ruf.

Das angeschlagene Image des eingebauten Blitzgerätes lässt sich auf vier systembedingte Nachteile zurückführen:

- starre Position ohne Möglichkeit des Verschwenkens,
- Einbau knapp über der optischen Achse (Objektiv),

- die kleine Baugröße verursacht häufig Schlagschatten,
- deutlich eingeschränkte Blitzleistung (Leitzahl in der Regel ca. 11–12).

Die Tücken der frontalen Ausleuchtung

Die starre Konstruktion des integrierten Blitzgerätes ist die Ursache für einen wesentlichen Nachteil in der praktischen Blitzfotografie: Sie erzwingt eine frontale Ausleuchtung.

Wie Sie bereits in Kapitel 1 gelernt haben, ist dies die denkbar ungünstigste Lichtrichtung, wenn es um spannende Bilderergebnisse geht.

▲ *Nicht schlecht, aber auch nicht wirklich gut. Der interne Blitz verursacht konstruktionsbedingt eine flache Ausleuchtung. Die Plastizität, die sich durch Licht-/Schattenverläufe ergibt, fehlt. Das Ganze hat den Charme eines Fahndungsfotos. Nikon D300 | 50 mm | f5.6 | $^1/_{200}$ Sek. | ISO 200 | integrierter Blitz (TTL) ohne Korrektur.*

Rote-Augen-Syndrom und Abschattungen

Die konstruktionsbedingt nahe Verbauung des integrierten Blitzgerätes an der optischen Achse führt in dunkler Umgebung zu den gefürchteten roten Augen bei Mensch und Tier. Der Rote-Augen-Effekt wird durch die Reflexion des Blitzes durch die durchblutete Netzhaut des Auges hervorgerufen und ist im Bild dann sichtbar, wenn der Abstand zwischen Blitzlicht und Objektiv nicht groß genug ist (denn dann würde die Reflexion der Netzhaut am Objektiv vorbeigehen).

Das richtige Blitzgerät einsetzen

Die nahe Verbauung des kamerainternen Blitzes an der optischen Achse kann zudem beim Einsatz von großen Objektiven mit Gegenlichtblende zu Abschattungsproblemen führen, wie das nebenstehende Beispiel illustriert:

Kleine Lichtquelle = Schlagschatten

Die kleine Baugröße des integrierten Blitzes verursacht – im Gegensatz zu großflächigen Lichtquellen – sehr schnell harte Schlagschatten (je kleiner die Lichtquelle, desto härter die Schatten – siehe

hierzu auch meine Ausführungen in Kapitel 1 zur Lichtqualität), was die nachfolgenden Beispiele illustrieren.

▲ Das eingebaute Blitzgerät verursacht (gerade bei Hochkantaufnahmen) deutlich sichtbare Schlagschatten.

▲ Statt des eingebauten Blitzgerätes kam jetzt ein Aufsteckblitz mit Softbox zum Einsatz. Das Ergebnis: Deutlich weicheres Licht und die Schlagschatten sind praktisch komplett verschwunden.

Das richtige Blitzgerät einsetzen

Das Reichweitenproblem

Jeder Nutzer einer Kamera mit eingebautem Blitzgerät muss sich darüber im Klaren sein, welchen Einsatzzweck es für das integrierte Blitzgerät gibt. Ganz sicher ist es nicht die Ausleuchtung eines großen Saales – versuchen Sie dies erst gar nicht. Die Reichweite des Miniblitzes beträgt bei mittlerer Blende (f5.6) und ISO 100 nur ca. 2 m. Diese Blitzreichweite lässt sich zwar durch Erhöhung der ISO-Zahl und Öffnen der Blende steigern, aber ich verzichte hier auf eine derartige theoretische Abhandlung und weise stattdessen lieber auf die Möglichkeiten hin, die sich durch das eingebaute Blitzlicht ergeben.

Die Vorteile des integrierten Blitzlichts

Der Haupteinsatzzweck des eingebauten Blitzlichts ist das dosierte Aufhellen des Vordergrunds (selbstverständlich unterstützt es dabei die i-TTL-Steuerung – siehe Kapitel 2). Hierbei hat das kleine Helferlein durchaus seine Daseinsberechtigung.

Kamerablitz: TTL oder TTL/BL?

Während die Systemblitzgeräte von Nikon neben der normalen TTL-Blitzsteuerung auch das Aufhellblitzen über die TTL/BL-Steuerung unterstützen (was im Display des Blitzes durch ein zusätzliches *BL* angezeigt wird), bleibt der Nutzer des integrierten Blitzgerätes diesbezüglich im Unklaren. Dies gilt leider auch nach einem Blick in die (deutsche) Bedienungsanleitung, in der ein Hinweis auf die Balanced-Fill-Option fehlt.

Dabei ist dies von Nikon ganz eindeutig geregelt, was man bei einem Blick in die englische Bedienungsanleitung auch nachlesen kann. Das integrierte Blitzgerät agiert grundsätzlich im Aufhellmodus (BL), sofern die Matrix- oder mittenbetonte Belichtungsmessung an der Kamera aktiviert ist.

Nur bei einem Umschalten auf die Spotmessung wechselt der Blitz in den normalen TTL-Modus. Letzteres ist nur konsequent, da bei der Spotmessung entweder der Vordergrund oder der Hintergrund angemessen wird – eine Harmonisierung (Angleichung von Vorder- und Hintergrund) ist so natürlich nicht möglich.

Die Nikon-Ingenieure haben den DSLR mit integriertem Blitzgerät somit standardmäßig genau die Rolle zugedacht, die aufgrund seiner Größe und beschränkten Leistungsfähigkeit einen Sinn ergibt – als Aufhellblitz. Leider haben sie es versäumt, die deutschen Kameranutzer darauf hinzuweisen.

Der Immer-dabei-Blitz

Der große Vorteil des integrierten Blitzlichts ist die Tatsache, dass es immer dabei ist. Fragen Sie mal die Besitzer der Profigehäuse (D1, D2, D3), denen Nikon dieses Feature vorenthält. Noch vor einigen Jahren hielt man eingebaute Blitzgeräte für nicht profigerecht. Ich kenne mittlerweile etliche Kollegen, die eine derartige Option für den Fall der Fälle gern hätten.

Dies gilt umso mehr, als dass die integrierten Blitzgeräte (mit Ausnahme bei den absoluten Einsteigermodellen) sogar masterfähig sind (siehe Kapitel 3). Nicht nur, dass man sich als Fotograf somit die Anschaffung eines weiteren Systemblitzes sparen kann, der Handlingvorteil ist gerade beim Fotografieren im Hochkantformat ganz erheblich.

Nachfolgend sehen Sie zwei Bildbeispiele. Sie sollen veranschaulichen, wie wertvoll das kleine Ding in der Praxis sein kann. Vielleicht denkt Nikon ja einmal darüber nach, auch seinen Profimodellen endlich einmal einen eingebauten Blitz zu spendieren.

▲ *D300 | 85 mm | f1.4 | 1/4 Sek. | ISO 200 | integrierter Blitz im TTL-Modus – ohne Korrektur.*

Die erste Aufnahme (oben) entstand im Studio mit langer Belichtungszeit (1/4 Sek.). Dadurch wird das Sonnenlicht, das durch Fenster hereindringt (das sich hinter dem weißen Hintergrundkarton befin-det) sichtbar. Dies sorgt zusammen mit der weit offenen Blende für einen leicht surrealen Effekt. Dass der Blitz dabei frontal von vorn kam, stört angesichts der Begleitumstände kaum noch.

▲ *Nikon D300 | 50 mm | f4.5 | ¹/₅₀₀ Sek. | ISO 200 | Matrixmessung.*

Hand aufs Herz: Hätten Sie bei diesem Foto sofort auf den Einsatz eines Blitzes getippt? Zudem war der SB-800 bei dieser Aufnahme auf der Kamera befestigt und nicht entfesselt. Das Hauptlicht war in dieser Situation – obwohl von hinten kommend – das Sonnenlicht (gut zu sehen an der rechten Kopfhälfte des Models). Das Blitzlicht war notwendig, da ansonsten die komplette linke Gesichtshälfte des Models im Schatten versunken wäre, durfte aber nicht zu aggressiv agieren, da es nicht die Rolle des Hauptlichts übernehmen sollte. Die Kamera hat das mit dem Blitzgerät automatisch perfekt gelöst.

5.2 Die Vorteile externer Systemblitzgeräte

Bevor ich auf die einzelnen Modelle etwas näher eingehe, möchte ich zunächst eine grundsätzliche Betrachtung der Systemblitze (Aufsteckblitze) und deren Vorteile gegenüber der eingebauten Variante vornehmen. Ich gehe dabei nur auf die wesentlichen Merkmale ein, die für Sie in der Praxis mit Sicherheit von Relevanz sein werden:

- Leistungsfähigkeit
- schwenkbarer Reflektor
- i-TTL/BL-Modus
- FP-Kurzzeitsynchronisation*
- Zoomreflektor*

*Diese Funktion ist beim SB-400 nicht vorhanden.

Die Blitzleistung

Der naheliegendste Vorteil der Systemblitzgeräte ist deren Leistungsfähigkeit.

Selbst der derzeit kleinste CLS-kompatible Systemblitz, Nikons SB-400, verfügt mit einer Leitzahl von 21 über eine fast doppelt so große Reichweite wie der integrierte Blitz bei der D90 oder D300.

Während der eingebaute Blitz eher zum Aufhellen in der Nahdistanz eingesetzt wird, kann schon der kleinste Aufsteckblitz einen nicht zu großen Raum ganz gut ausleuchten.

Ein Grund für die bessere Raumausleuchtung durch den Systemblitz ist neben der höheren Leistungsfähigkeit des SB-400 auch dessen Fähigkeit, den Reflektor nach oben zu schwenken und somit die Decken und Wände besser als Reflexionsfläche zu nutzen, womit wir bereits beim zweiten systembedingten Vorteil der Aufsteckblitze gegenüber der integrierten Variante sind.

◄ *Zu erkennen ist die fehlende Blitzleistung und somit Reichweite des integrierten Blitzlichts. Der Lichtabfall ist bereits ab der Mitte des Raums (ca. 15 m²) erheblich.*

Bei gleichen Kameraeinstellungen wird der ▶ *Raum mit dem SB-400 bereits recht ordentlich ausgeleuchtet.*

Das richtige Blitzgerät einsetzen

Schwenkbarer Reflektor

Erst durch die Möglichkeit, den Blitzreflektor zu verschwenken (möglichst vertikal und horizontal), bieten sich dem Fotografen auch dann vernünftige Optionen beim Blitzen, wenn eine Entfesselung des Blitzes von der Kamera – aus welchen Gründen auch immer – nicht infrage kommt.

Die Ausleuchtung eines Raums (siehe unten) ist durch einen verschwenkten Blitzreflektor sehr viel besser zu lösen als im konventionellen Betrieb, was das folgende Beispiel veranschaulichen soll:

◀ *Der Raum ist bis zum Ende ganz gut ausgeleuchtet, allerdings wirkt sich der starke Lichtabfall von vorn nach hinten ein wenig störend aus. Nikon D300 mit AF-S 18-70 und SB-800 im TTL-Modus.*

Der Blitzreflektor des ▶ SB-800 wurde jetzt zusätzlich geschwenkt (bei unveränderten Einstellungen an Kamera und Blitz). Die weißen Wände sowie die weiße Decke wurden als Reflexionsfläche eingesetzt, was zu einer gleichmäßigen Ausleuchtung des Raums führte. Nikon D300 mit AF-S 18-70 und SB-800 im TTL-Modus.

Weiches Licht durch Schwenken

Der schwenkbare Reflektor ist jedoch nicht nur für die Ausleuchtung von mehr oder weniger großen Räumen vorgesehen. Sein hauptsächlicher Einsatzzweck dürfte vielmehr die Beeinflussung der Lichtqualität sein.

Wie Sie bereits in Kapitel 1 gelernt haben, wird diese unter anderem von dem Lichtcharakter bestimmt – ob also hartes oder weiches Licht bei der Ausleuchtung eines Motivs verwendet wurde.

Mit dem verschwenkbaren Reflektor haben Sie die Möglichkeit, für weicheres Licht zu sorgen, indem Sie entweder eine externe Reflexionsfläche (z. B. Zimmerwand) oder die eingebaute Reflektorkarte nutzen. Beide Varianten sind geeignet, das Licht zu streuen und somit weicher zu machen – etwas, das dem eingebauten Blitzlicht grundsätzlich fehlt.

Ich empfehle Ihnen, gerade in Innenräumen regelmäßig Gebrauch von der Schwenkoption des Blitzreflektors zu machen, da es die Qualität in aller Regel spürbar verbessert.

Voraussetzung dafür ist natürlich, dass sich eine passende Reflexionsfläche in der Nähe des Aufnahmeortes befindet. Sobald eine passende Zimmerdecke oder -wand zu weit entfernt ist (zum Beispiel bei besonders hohen und/oder großen Räumen), gelangen Sie ansonsten in den Grenzbereich der Blitzreichweite, da das Blitzlicht beim indirekten Blitzen einen deutlich längeren Weg zurücklegen muss.

▼ *Deutlich zu erkennen: Das Licht ist hart und flach. Das ist keine gute Voraussetzung für eine angemessene Ausleuchtung bei Porträts.*

▲ *Bei dieser Aufnahme wurde der Reflektor des SB-800 nach hinten (!) geschwenkt, um die weiße Wand, die sich hinter dem Fotografen befand, als Reflexionsfläche zu nutzen. Das Ergebnis ist eine deutlich weichere Ausleuchtung durch das gestreute Licht.*

Die folgende Grafik soll das veranschaulichen:

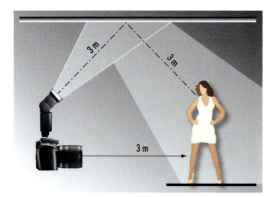

Während der Blitz in diesem Beispiel beim direkten Blitzen lediglich eine Strecke von 3 m zurücklegen muss, ist dies beim indirekten Blitzen über die Zimmerdecke die doppelte Distanz.

Eine weitere Gefahr droht beim indirekten Blitzen dann, wenn die Reflexionsfläche nicht weiß ist. Bei dunklen Flächen kommt bestenfalls zu wenig Licht am Fotomotiv an, da die Fläche zu viel Licht schluckt, statt es zu reflektieren.

Dieses potenzielle Problem können Sie im Übrigen auch am Display des Blitzgerätes ablesen:

Während das Display im TTL-Modus bei nicht geschwenktem Reflektor die Blitzreichweite anzeigt, wird diese Information ausgeblendet, sobald Sie den Reflektor aus der Standardposition verschwenken (siehe Abbildung).

Wie Sie erkennen können, fehlt in der zweiten Aufnahme die Reichweiteninformation. Der Grund hierfür ist die Tatsache, dass der Blitzreflektor aus der Standardposition verschwenkt wurde.

Achtung Farbstich!

Mindestens genauso unschön beim indirekten Blitzen sind farbige Reflexionsflächen, da diese oft zu einem hässlichen Farbstich führen können.

Steht Ihnen keine geeignete Reflexionsfläche zur Verfügung (entweder zu weit entfernt oder farbig), empfehle ich den Einsatz der eingebauten Reflektorkarte.

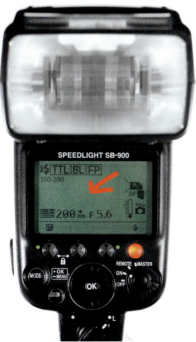

▲ *Indirektes Blitzen über eine gelbe Wand. Das Ergebnis ist ein unschöner Farbstich.*

Auch wenn diese nicht die gleiche Streuung wie eine weiße Wand liefern kann, ist das Licht dennoch etwas weicher, als wenn Sie den Blitz direkt einsetzen.

FP-Kurzzeitsynchronisation

Auf dieses Merkmal gehe ich hier nicht näher ein, da ich es in Kapitel 4.1 ausführlich beschrieben habe. Die FP-Kurzzeitsynchronisation steht Ihnen mit allen CLS-kompatiblen Aufsteckblitzen mit Ausnahme des SB-400 zur Verfügung, während es diese Option bei dem integrierten Blitzgerät grundsätzlich nicht gibt. Schattenaufhellung bei Sonnenschein und die Verwendung einer offenen Blende bleibt somit den Blitzgeräten SB-600, SB-800 und SB-900 vorbehalten. Alle anderen Fotografen

müssen sich für solche Fälle mit einem Graufilter behelfen.

▲ *Typisches Porträt im Gegenlicht. Gewählt wurde eine offene Blende zur Verringerung der Schärfentiefe (um den Hintergrund in Unschärfe verschwinden zu lassen). Nikon D3 | AF-D 85 | f1.8 | $^1/_{8000}$ Sek. | ISO 200 | SB-800 im TTL/BL/FP-Modus.*

Exkurs Graufilter

Mit Graufiltern (oder auch Neutraldichtefiltern) lässt sich bei Bedarf die einfallende Lichtmenge reduzieren. ND-Filter werden nach der Dichte (0,3; 0,6; 0,9; ...), den Blendenstufen (1, 2, 3, ...) oder Filterfaktoren (2, 4, 6, ...) eingeteilt. Die Verwendung eines ND-Filters mit dem Filterfaktor 4 verlängert die Belichtungszeit von $^1/_{1000}$ Sek.

auf $^1/_{250}$ Sek. (was der Synchronisationszeit der meisten Kameras entspricht). Die Verwendung eines starken ND-Filters (z. B. Filterfaktor 1.000) kann zu einer Beeinträchtigung des automatischen Scharfstellens der Kamera führen – Sie müssen dann auf manuelle Scharfstellung umschalten.

Das richtige Blitzgerät einsetzen

Zoomreflektor

Um die Blitzreichweite der verwendeten Objektivbrennweite anzupassen, werden die meisten Blitzgeräte heute mit einem Zoomreflektor ausgestattet. (Von den CLS-kompatiblen Nikon-Systemblitzen sind dies die Modelle SB-600, SB-800 und SB-900.)

Dieser Zoomreflektor funktioniert ähnlich wie ein Hohlspiegel, der hinter der Blitzlampe angebracht ist. Die Zoomfunktion ist somit nichts anderes als eine Bündelung der Blitzleistung, um diese bei Bedarf der Brennweite anzupassen. Andernfalls würde das Blitzgerät einen großen Winkel gleichmäßig ausleuchten, während aufgrund der verwendeten Brennweite vielleicht nur ein sehr enger Winkel benötigt wird (und umgekehrt). Anders ausgedrückt: Aufgrund des automatischen Zoomreflektors wird stets genau das Bildfeld ausgeleuchtet, das sich durch die verwendete Brennweite ergibt (sofern nicht gerade ein Ultraweitwinkel zum Einsatz kommt).

Somit wird auch klar, warum die Leitzahl eines Blitzgerätes mit größerer Brennweite zunimmt. Durch

die Bündelung der zur Verfügung stehenden Leistung ergibt sich eine höhere Blitzreichweite – mehr zu diesem Thema können Sie in Kapitel 1.3 (Einflussfaktoren der Blitzleistung) nachlesen.

Automatischer Zoomreflektor vs. manueller Zoomreflektor

Standardmäßig ist bei den Blitzgeräten, die diese Funktion mitbringen, die automatische Zoomfunktion aktiviert. Sie gewährleistet die automatische Anpassung des Zoomreflektors an die verwendete Brennweite, was insbesondere beim Gebrauch von Zoomobjektiven ein großer Vorteil ist. Wenn Sie genau hinhören, können Sie beim Drehen des Zoomrings am Objektiv ein mechanisches Geräusch am Blitzgerät vernehmen. Hierfür ist der Zoomreflektor am Blitzgerät verantwortlich.

Mitunter kann es aber sinnvoll sein, als Fotograf manuell in die automatische Zoomanpassung einzugreifen – zum Beispiel weil ansonsten die Blitzreichweite nicht ausreicht, aber auch aus gestalterischen Gründen, wie das Beispiel auf der nächsten Seite illustrieren soll (mehr zu diesem Thema finden Sie in Kapitel 8).

Zu diesem Zweck müssen Sie die manuelle Zoomfunktion des Blitzreflektors zunächst im Blitzmenü aktivieren. Beim SB-800 gehen Sie dazu durch Drücken der SEL-Taste in das Menü und gehen anschließend bis zur Einstellungsoption *M-Zoom*. Diese aktivieren Sie durch die ON-Stellung. Anschließend verlassen Sie das Menü durch kurzes Drücken der ON/OFF-Taste.

Achtung Crop!

Bei den am Blitz verwendeten Brennweiten für den Zoomreflektor ist immer der Wert für das Kleinbildformat gemeint. Bei Kameras mit DX-Sensor sind die Objektivbrennweiten mit dem Cropfaktor (1,5) zu multiplizieren, um auf den erforderlichen Blitzreflektorwert zu kommen.

Beispiel: Beim Einsatz des AF-S 18-70 an der D300 in 18-mm-Weitwinkelposition benötigen Sie eine Zoomreflektorstellung am Blitz von 24 mm. Das ist im Übrigen auch genau der Wert, der von der Automatik eingestellt wird, sofern diese aktiviert ist.

Und was ist beim Ultraweitwinkel?

Der automatische Zoomreflektor beim SB-600, SB-800 und SB-900 funktioniert im Weitwinkelbereich bis zu einer Brennweite von 24 mm. Wenn dies nicht ausreicht, weil Sie zum Beispiel mit einem Ultraweitwinkelobjektiv arbeiten, müssen Sie die Weitwinkelstreuscheibe an dem Blitzgerät ausziehen (siehe Abbildung). Ich empfehle die Verwendung der Streuscheibe unabhängig von der verwendeten Brennweite im Übrigen vor allem beim Fotografieren im Nahbereich.

▲ *Die Streuscheibe vergrößert den Streuwinkel des Blitzlichts und kommt bei kurzen Brennweiten und im Nahbereich zum Einsatz.*

5.3 Das richtige Nikon-Blitzgerät für Ihre Bedürfnisse

Blitzgeräte für Ihre Nikon-DSLR gibt es in Hülle und Fülle auf dem Markt – sowohl von Nikon selbst als auch von Fremdherstellern, von denen ich insbesondere die Firma Metz erwähnen möchte, da sie bereits seit Jahrzehnten in der Blitztechnik unterwegs ist und das ein oder andere Blitzgerät im Programm hat, das sich nicht hinter seinem Nikon-Pendant verstecken muss.

Gleichwohl werde ich in diesem Kapitel (mit wenigen Ausnahmen) ausschließlich auf die CLS-kompatiblen Systemblitze von Nikon eingehen, und das hat zwei Gründe:

Die Vielzahl der eventuell infrage kommenden Blitzmodelle würde für ein Buch, das eher praxisorientiert ausgerichtet ist, den Rahmen sprengen, und ich möchte meine Leser nicht mit der Aufzählung von Features und einer erweiterten Bedienungsanleitung für unzählige verschiedene Blitzgeräte langweilen. Aufgrund der Schnelllebigkeit des Marktes mit jährlich unzähligen „neuen" Blitzgeräten von Fremdherstellern wären die Angaben in diesem Buch zudem schnell veraltet.

Ich möchte Ihnen daher die ausgezeichneten FAQ von Dietmar Belloff im Nikon-Fotografie-Forum (dort unter dem Usernamen gromit unterwegs) ans Herz legen. Die FAQ werden ständig aktualisiert und beantworten nahezu alle Fragen zur Hardware rund um die Blitztechnik von Nikon.

Der zweite Grund für meine Konzentration auf die CLS-kompatiblen Blitzgeräte von Nikon ist das Thema Kompatibilität. Diese ist zu sämtlichen Funktionen des CLS nämlich nur mit den Nikon-Blitzen, die ich in der Folge beschreibe, zu 100 % gewährleistet!

Auch wenn mittlerweile einige Modelle von Fremdherstellern die wesentlichen Funktionen des CLS beherrschen – in diesem Zusammenhang sei zum Beispiel das sehr empfehlenswerte Modell Metz mecablitz 58 AF-1N digital erwähnt –, kann ich dies nicht mit Bestimmtheit für alle Funktionen an allen (auch noch kommenden) Nikon-DSLR garantieren.

Der kompakte Einstieg: SB-400

Das derzeit kleinste und kompakteste CLS-kompatible Systemblitzgerät von Nikon trägt den Namen SB-400. Es unterstützt die i-TTL-Blitzsteuerung, nicht aber die automatische Aufhellfunktion TTL/BL (zumindest nicht als explizite Einstellung). Aufgrund des neigbaren Reflektors kann der SB-400 auch für das indirekte Blitzen eingesetzt werden.

Beachten Sie, dass der Reflektor nicht horizontal geschwenkt werden kann. Somit ist die Reflexion nur über die Zimmerdecke möglich, nicht aber über eine Wand. Der Abstrahlwinkel des SB-400 ist auf eine Brennweite von 27 mm (bzw. 18 mm im DX-Format) ausgerichtet. Anders als seine großen Brüder hat der SB-400 keinen Zoomreflektor, der sich an die verwendete Brennweite anpasst. Somit verschenkt der SB-400 quasi Blitzleistung bei allen längeren Brennweiten, da die Ausleuchtung dann auch jenseits des Bildfeldes erfolgt – zulasten der Reichweite.

Der SB-400 unterstützt die Langzeitsynchronisation inklusive des Blitzens auf den zweiten Verschlussvorhang, die FP-Kurzzeitsynchronisation beherrscht dieses Einstiegsblitzgerät jedoch nicht. Auch kann es nicht für die drahtlose Blitzsteuerung eingesetzt werden – weder als Master noch als Slave. Dieser Blitz ist somit nicht AWL-kompatibel.

der Fremdhersteller eingehe, mache ich hier eine Ausnahme.

▲ Nikon SB-400 – der kleinste Systemblitz im Creative Lighting System (Quelle: Nikon).

Der Nissin Di466 ist meines Erachtens im Vergleich zum SB-400 von Nikon die deutlich bessere Wahl. Für weniger Geld (der Straßenpreis des Nissin-Blitzes liegt ca. 20–30 Euro unter dem des SB-400) bietet er folgende zusätzliche Features:

- manuelle Blitzsteuerung,
- Zoomreflektor (24–105 mm, mit Streuscheibe 14 mm),
- eingebaute Reflektorkarte,
- höhere Leitzahl und somit höhere Reichweite.

Trotz des (relativ) günstigen Preises kann ich Ihnen den SB-400 aufgrund des doch erheblich eingeschränkten Leistungsumfangs nicht empfehlen. Andere Hersteller bieten da für das gleiche Geld erheblich mehr.

Zusätzlich zu den genannten Funktionen bietet der Di466 von Nissin einen weiteren Mehrwert. Auch wenn der Blitz das Advanced Wireless Lighting nicht unterstützt, kann er für das drahtlose Blitzen gut eingesetzt werden, da er zwei verschiedene Slave-Modi mitbringt, von denen einer sogar die Vorblitze der Kamera (bei der i-TTL-Steuerung) ignoriert.

Günstige Alternative zum SB-400: Nissin Di466

Auch wenn ich eingangs darauf hingewiesen habe, dass ich in diesem Kapitel nicht auf die Fabrikate

Der „Brot-und-Butter"-Blitz: Nikon SB-600

Der SB-600 ist in der Reihe der CLS-kompatiblen Blitzgeräte das erste, das als nahezu vollwertig durchgeht.

Zwar fehlen dem SB-600 ein paar Features, die dem SB-800 bzw. SB-900 vorbehalten bleiben, allerdings bezieht sich das vorwiegend auf Dinge, die der Durchschnitts-User in der Praxis kaum vermissen wird (hierzu gehört die Blitzautomatik AA/A sowie das Stroboskopblitzen). Dagegen unterstützt der SB-600 die wichtigen CLS-Funktionen FP-Kurzzeitsynchronisation und **A**dvanced **W**ireless **L**ighting (AWL). In der drahtlosen Blitzsteuerung kann der SB-600 allerdings nur als Remote-Blitz (Slave) eingesetzt werden.

▲ *Guter Allroundblitz, der mit den wesentlichen CLS-Features ausgestattet ist, im AWL allerdings nur die Remote-Funktion unterstützt (nicht masterfähig, Quelle: Nikon).*

Die Master-Steuerung muss dann entweder über den integrierten Blitz an der Kamera erfolgen oder über ein weiteres masterfähiges Blitzgerät.

Im Gegensatz zum SB-400 besitzt der SB-600 einen Zoomreflektor (24–105 mm), eine ausziehbare Streuscheibe und Reflektorkarte sowie einen horizontal schwenkbaren Blitzreflektor, sodass er beim indirekten Blitzen auch die Zimmerwände als Reflektorfläche einsetzen kann.

Das Auslaufmodell: der SB-800

Leider hat Nikon den SB-800 offiziell aus dem Programm genommen, sodass er nur noch in Restbeständen oder auf dem Gebrauchtmarkt verfügbar ist. Der Grund hierfür war die Vorstellung des Nachfolgers SB-900, hinter dem sich der 800er aber nicht zu verstecken braucht, wenn man sich seine Feature-Liste anschaut. Neben den Funktionen, die der SB-600 bereits integriert hat, kann der SB-800 zusätzlich im Automatikmodus AA und A betrieben werden (Informationen hierzu finden Sie in Kapitel 2.3) und unterstützt auch das Stroboskopblitzen.

Anders als der SB-600 ist der SB-800 masterfähig, kann also bei der drahtlosen Blitzsteuerung nicht nur als Remote-Blitz (Slave) eingesetzt werden, sondern auch als Master. Er ist somit in der Lage, beim AWL die Steuerung mehrerer Remote-Blitze zu übernehmen.

Ein interessanter Zusatznutzen ergibt sich bei der Verwendung des (optional erhältlichen) Batteriepacks SD-800. Mit ihm können Sie nicht nur die Gesamtzahl der Blitze pro Akkuladung erhöhen, sondern auch schnellere Aufnahmezyklen erreichen – der Blitz ist nach dem Auslösen schneller wieder in Bereitschaft.

▲ *Das ehemalige Flaggschiff unter den Nikon-Systemblitzgeräten: der SB-800. Er arbeitet – im Gegensatz zu seinem Nachfol-ger – auch mit älteren (analogen) Nikon-Kameras zusammen. In einem drahtlosen Blitznetzwerk kann er sowohl die Funktion des Remote-Blitzes (Slave) als auch die des Master-Blitzgerätes übernehmen (Quelle: Nikon).*

State of the Art: der SB-900

Das neue Flaggschiff im Nikon-Blitzprogramm wur-de laut Nikon für den Einsatz mit Vollformatbildsen-soren (sogenanntes FX-Format) optimiert.

Die Ingenieure haben aber weit mehr getan, als nur einen SB-800 für das FX-Format zu entwickeln. Selbst gegenüber seinem Vorgänger, der schon üppig ausgestattet war, sind beim SB-900 noch

ein paar zusätzliche Features hinzugekommen. Die wesentlichsten sind:

- Ausleuchtungsprofile,
- erweiterter Zoomreflektor,
- Temperaturüberwachung,
- automatische Farbfiltererkennung.

▲ Mit dem SB-900 hat Nikon auch markenübergreifend eines der leistungsfähigsten Systemblitzgeräte im Programm. Neben vielen nützlichen Funktionen überzeugt das deutlich verbesserte Handling gegenüber seinem Vorgänger (Quelle: Nikon).

Ausleuchtungsprofile

Neben dem Standardprofil wurden dem SB-900 zwei zusätzliche Ausleuchtungsprofile spendiert, die über das Blitzmenü zu aktivieren sind. Beim mittenbetonten Profil (CW = **c**enter **w**eighted) ist die Beleuchtung auf die Bildmitte konzentriert, was insbesondere für Einzelporträts oder die Verwendung von längeren Brennweiten interessant ist.

Das gleichmäßige Ausleuchtungsprofil (even) ist vor allem empfehlenswert für Gruppenaufnahmen, da hierbei eine besonders gleichmäßige Lichtstreuung über das gesamte Bildfeld angestrebt wird.

Erweiterter Zoomreflektor

Der Blitzreflektor des SB-900 hat gegenüber seinen kleineren Geschwistern einen deutlich erweiterten Zoombereich. Er kann bis zu einer korrespondierenden Brennweite (bezogen auf das FX-Format) von 200 mm genutzt werden (statt 105 mm beim SB-600 und SB-800).

Dadurch hat der SB-900 auch mit Abstand die größte Blitzreichweite, obwohl er sogar eine etwas geringere Leitzahl als sein Vorgänger (SB-800) hat.

Segen und Fluch der Thermoüberwachung beim SB-900

Der SB-900 ist anders als sein Vorgänger mit einer (abschaltbaren) Thermoschutzschaltung versehen, die vielfach für Unruhe gesorgt hat, und zwar wegen ihrer konservativen Auslegung (nach ca. 15 Blitzen mit voller Leistung schaltet sich der Blitz ab und kann erst nach einer Abkühlphase von ca. 15 Minuten weiterbetrieben werden). Erlauben Sie mir diesbezüglich eine Klarstellung: Grundsätzlich sind sämtliche Aufsteckblitze nicht für ein „Dauerfeuer" insbesondere bei voller Leistung ausgelegt. Wo der SB-900 temperaturbedingt aussteigt, blitzt der SB-800 zwar munter weiter, wird dann aber genauso heiß wie sein Nachfolger, sodass ein Schmelzen der Frontscheibe oder gar Schlimmeres droht. Sie können derartiges Ungemach bei schneller Blitzfolge verhindern, wenn Sie ein paar grundsätzliche Hinweise beachten:

Erstens: Vermeiden Sie, wenn es irgendwie geht, den Einsatz der Streulichtscheibe und/oder des Aufsteckdiffusors („Joghurtbecher"). Bei der Verwendung dieser Hilfsmittel wird der Zoomreflektor des Blitzkopfes automatisch in die äußerste Weitwinkelposition gezwungen – die Blitzröhre liegt in dieser Position direkt hinter der Frontscheibe, wodurch keine vernünftige Entlüftung bei Hitzeentwicklung mehr möglich ist. Gleichzeitig ist die Leitzahl des Blitzes in der Weitwinkelposition am geringsten, sodass der Blitz bereits bei wenigen Metern Motiventfernung an seinen Leistungsgrenzen betrieben werden muss.

Zweitens: Gewöhnen Sie sich an, beim Blitzen den ISO-Wert Ihrer Kamera hochzuregeln. Bei den heutigen Bildsensoren gibt es praktisch keinen Qualitätsunterschied zwischen einer Aufnahme mit ISO 100 und ISO 800 – die höhere Empfindlichkeit verschafft dem Blitzgerät aber ausreichend Reserven, damit es in den meisten Situationen im moderaten Leistungsbereich betrieben werden kann.

Automatische Farbfiltererkennung

Wie ich bereits in Kapitel 1.5 ausgeführt habe, können Sie mit Farbfiltern die Farbtemperatur des Blitzlichts beeinflussen und somit an die Lichtbedingungen der Umgebung anpassen. Der SB-900 erleichtert Ihnen mit der automatischen Farbfiltererkennung die Arbeit, da er in Abhängigkeit von dem verwendeten Farbfilter den Weißabgleich der Kamera automatisch anpasst. Das funktioniert allerdings nur mit den von Nikon erhältlichen Farbfiltern mit entsprechender Kodierung, von denen eine kleine Auswahl zur Grundausstattung des SB-900 im Auslieferungszustand gehört.

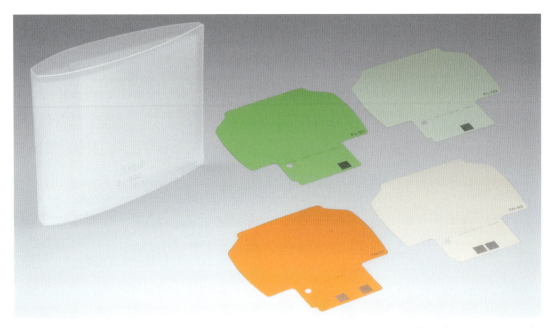

▲ *Das Farbfilterset SJ-900 für den SB-900 ist am vorderen Rand kodiert und kann daher vom Blitzgerät ausgewertet werden. Die Informationen werden an die Kamera übertragen, wo die Farbtemperatur über den Weißabgleich automatisch angeglichen wird (funktioniert nur bei der Einstellung A für den automatischen Weißabgleich). Für den SB-600 und SB-800 ist das Farbfilterset SJ-1 mit unkodierten Farbfiltern erhältlich (Quelle: Nikon).*

Das IR-Steuergerät SU-800

Nehmen wir an, Sie haben ein Systemblitzgerät (z. B. den SB-600) und wollen dieses als Remote-Blitz drahtlos von der Kamera aus steuern. Sie besitzen aber eine Kamera, die über kein eingebautes (masterfähiges) Blitzlicht verfügt. Was tun?

Wann immer kein Blitzgerät als Commander zur Verfügung steht, schlägt die Stunde des Infrarotsteuergerätes SU-800. Im Prinzip sieht der SU-800 fast wie ein SB-800 ohne Blitzreflektor aus. Auch auf dem Display ähnelt er einem angeschalteten (sich im Commander-Modus befindlichen) SB-800. Der SU-800 ist als Steuergerät auch Bestandteil des Makroblitz-Sets R1C1 von Nikon.

Die Blitzsteuerungseinheit SU-800 wird als Commander ▶ *beim drahtlosen Blitzen eingesetzt (zum Steuern der Systemblitzgeräte SB-600, SB-800, SB-900 und SB-R200) und unterstützt dabei alle Blitzsteuerungsmodi (TTL, A, M). Im Gegensatz zur Commander-Funktion des kamerainternen Blitzgerätes stehen Ihnen beim SU-800 alle drei Blitzgerätegruppen zur Verfügung (Quelle: Nikon).*

Der (Makroblitz) SB-R200

Ich habe in der Überschrift das Wort Makroblitz in Klammern gesetzt, da der SB-R200 in der Regel zwar für die Makrofotografie eingesetzt wird, streng genommen aber auch Stand-alone als normaler Remote-Blitz genutzt werden kann (zu diesem Zweck wird ein Standfuß mitgeliefert). Interessanterweise hat er dabei sogar einen größeren Funktionsumfang als der SB-400.

▲ *Der SB-R200 ist ein reines Slave-Blitzgerät (nicht als Aufsteckblitz nutzbar) und kann auch ohne das Makroblitz-Set eingesetzt werden.*

Während der SB-R200 aufgrund seiner geringen Leitzahl im normalen Remote-Modus nur eingeschränkten Nutzen bietet, ist er aufgrund seiner kompakten Bauweise als Makroblitz geradezu prädestiniert.

Die Makrofotografie stellt an das Thema Blitzen recht hohe Anforderungen, da es im Nahbereich schnell zu unschönen Abschattungen kommt. Dies ist der Grund, warum in der Regel eine objektivnahe Verbauung angestrebt wird (ganz im Gegensatz zur „normalen" Fotografie).

Die konsequenteste Umsetzung dieser Grundidee ist der Ringblitz, der immer dann eine sinnvolle Alternative im Nahbereich ist, wenn er über einzelne (getrennt schaltbare) Segmente verfügt, was bei vielen Angeboten auf dem Markt leider nicht der Fall ist.

Makroblitz-Sets R1 und R1C1

Mit dem SB-R200 bietet Nikon eine perfekte Lösung für eine flexible Umsetzung der Ringblitzidee. Hierzu werden mindestens zwei SB-R200 über einen Adapterring am Objektiv befestigt (siehe Abbildung). Sie sind anschließend auf der Achse rund um das Objektiv drehbar und aufgrund des beweglichen Reflektors schwenkbar, sodass sie optimal auf das Motiv ausgerichtet werden können.

▲ *Makroblitz-Set R1C1, bestehend aus zwei SB-R200-Blitzgeräten und dem SU-800 als Steuergerät.*

Gesteuert werden die SB-R200 entweder durch das IR-Blitzsteuergerät SU-800 (Makroblitz-Set R1C1) oder durch einen kamerainternen (masterfähigen) Blitz (Makroblitz-Set R1).

Das richtige Blitzgerät einsetzen

In der folgenden Abbildung sehen Sie das Makroblitz-Set R1 mit einem IR-Filtervorsatz:

▲ Das Blitzlicht des SB-R200 wird mit dem Vorsatz SW-11
in Richtung der optischen Achse gedreht.

Mit dem SB-R200 können Sie durch die Verwendung des mitgelieferten Ultranahbereichsvorsat-
zes SW-11 interessantere Lichteffekte im absoluten Nahbereich erzielen (Nikon empfiehlt hier eine
Entfernung zum Motiv von maximal 15 cm).

Beide Makroblitz-Sets lassen sich im Übrigen mit
anderen CLS-kompatiblen Systemblitzen kombinieren. So können Sie zum Beispiel neben dem
SB-R200 im Nahbereich zusätzlich einen SB-600
zur Ausleuchtung des Hintergrunds einsetzen.

Die Nikon-Systemblitzgeräte im Überblick

Unten finden Sie zum besseren Überblick eine tabellarische Übersicht über die in diesem Kapitel

beschriebenen Nikon-Systemblitze mit ihren wesentlichen Funktionen.

Funktionen	SB-R200	SB-400	SB-600	SB-800	SB-900
Leitzahl (ISO 100, 35mm)	10	21	30	38	34
iTTL-Blitzsteuerung	x	x*	x	x	x
Manuelle Blitzsteuerung	x	(x)**	x	x	x
A/AA-Blitzautomatik				x	x
Master-fähig (AWL)				x	x
Remote-fähig (AWL)	x		x	x	x
FP-Kurzzeitsync	x		x	x	x
Farbtemperaturübertragung		x	x	x	x
Stroboskop-Blitzen				x	x
Indirektes Blitzen	x***	x***	x	x	x
Streuscheibe	x		x	x	x
Zoomreflektor			24-105mm****	24-105mm****	24-200mm****
Farbfiltererkennung					x
FX-Unterstützung					x

*   kein TTL/BL
** nur in Verbindung mit der D40

***   Blitzkopf lässt sich nur neigen, nicht schwenken
**** bei ausgeklappter Streuscheibe 17 mm

6.
Kameraeinstellungen für perfektes Blitzen

In diesem Kapitel befasse ich mich mit unterschiedlichen Belichtungsautomatiken, lege dar, warum ich den manuellen Belichtungsmodus an der Kamera für die Blitzfotografie empfehle, und gehe auf die für das Blitzen relevanten Einstellungsmöglichkeiten an der Kamera ein. Abgerundet wird das Ganze mit Tipps und Tricks, wie die Blitzfotografie durch Anpassungen im Kameramenü optimiert werden kann.

In diesem Kapitel werde ich mich mit den Kameraeinstellungen auseinandersetzen, die für die Blitzfotografie von praktischer Relevanz sind. Eingehen werde ich sowohl auf wichtige Optionen, die irgendwo tief in den Menüs versteckt sind, als auch auf die grundsätzliche Überlegung, welche Belichtungssteuerung in der Blitzfotografie zum Einsatz kommen sollte.

Ob Sie mit einer der verschiedenen Belichtungsautomatiken (P, A, S) oder im manuellen Modus an der Kamera arbeiten, bedeutet bei der Blitzfotografie in vielen Situationen einen erheblichen Unterschied. Warum das so ist, lässt sich leicht veranschaulichen, wenn wir uns vor Augen führen, was beim Blitzen passiert.

Ein geblitztes Bild ist im Prinzip eine Art Doppelbelichtung. Zum einen entsteht das Bild aus dem Umgebungslicht, das in Abhängigkeit von der gewählten Verschlusszeit länger oder kürzer auf den Sensor fällt. Zum anderen wird das Motiv durch das Blitzgerät belichtet, das für einen Sekundenbruchteil in diese Verschlusszeit hineinblitzt.

Wenn Sie mit der automatischen Blitzbelichtungssteuerung i-TTL fotografieren und gleichzeitig kameraseitig die Programmautomatik eingestellt haben, haben Sie es dann mit zwei Automatiken zu tun, die sich unter Umständen auch schon mal gegenseitig ausbremsen. Aber der Reihe nach …

6.1 Blitzen mit Belichtungsautomatiken

In sämtlichen digitalen Spiegelreflexkameras aus dem Nikon-Programm – von der D3000 bis zur D3X – stehen Ihnen drei Belichtungsautomatiken zur Verfügung: die Programm- (P), Zeit- (A) und die Blendenautomatik (S). Alle diese Belichtungsautomatiken lassen sich mit Blitzlicht kombinieren. Welche Einschränkungen es dabei gibt und worauf Sie achten müssen, wenn Sie das bestmögliche Ergebnis erhalten möchten, wird im Folgenden aufgezeigt.

▲ *Funktionswahlrad der D90. Die weiß unterlegten Buchstaben symbolisieren die Belichtungsautomatiken, auf die ich in diesem Kapitel eingehe.*

Die Programmautomatik P

Die Programmautomatik (P) wird von vielen (oft selbsternannten) „Profis" belächelt und nicht wirklich ernst genommen. Auch wenn ich selbst eine andere Methode bei der Blitzfotografie favorisiere, bin ich der Meinung, dass die Programmautomatik besser als ihr Ruf ist und oft hilft, Fehler zu vermeiden, die durch Unkenntnis des Fotografen oder in der Hektik des Gefechts entstehen können.

In die modernen Kameras ist mittlerweile so viel an Know-how eingeflossen, dass die Programmautomatik zu einem großen Teil für korrekte Belichtungen sorgt. Das gilt auch in Kombination mit Blitzlicht, allerdings geht die Fehlerabsicherung einher mit Einschränkungen in der Kreativität.

Wie funktioniert so eine Programmautomatik? Bei dieser Belichtungsautomatik übernimmt die Kameraelektronik in Abhängigkeit vom gemessenen Licht die Steuerung von Verschlusszeit und Blende, um eine korrekte Belichtung zu gewährleisten.

Die „individuelle" Programmautomatik

Beim Programm-Shift ändern Sie nicht etwa die Belichtung (die bleibt stets die gleiche), sondern lediglich die Blenden- bzw. Zeitwerte.

Beispiel: Sie bekommen von der Kamera eine Kombination aus Blende (f5.6) und Verschlusszeit ($1/125$ Sek.) vorgegeben, die Ihnen nicht zusagt, da Sie zum Beispiel eine größere Schärfentiefe benötigen (was eine kleinere Blende als f5.6 erforderlich macht).

Wenn Sie jetzt das hintere Einstellrad drehen, können Sie abblenden (z. B. auf f11) und sehen,

Die Programmautomatik agiert dabei nicht etwa willkürlich, wie viele Fotografen denken. Vielmehr folgt sie einer Steuerkurve, die vom Hersteller vorgegeben wird. Den genauen Verlauf der Steuerkurve finden Sie im Handbuch Ihrer Kamera.

Die von der Kamera vorgegebene Zeit-Blenden-Kombination können Sie auf zwei Arten beeinflussen: durch den sogenannten Programm-Shift und durch eine Belichtungskorrektur über die entsprechende Taste.

dass die Kamera automatisch die Verschlusszeit anpasst (in diesem Fall auf $1/30$ Sek.). Das Bild wird jetzt absolut identisch belichtet wie in der ursprünglich vorgegebenen Kombination, jedoch erhalten Sie eine größere Schärfentiefe (bei allerdings verwacklungsgefährdender längerer Verschlusszeit).

Die zweite Möglichkeit, in die Programmautomatik einzugreifen, haben Sie, wenn Sie die Funktion der Belichtungskorrektur ausüben, die kameraseitig mit einem Plus-/Minuszeichen (+/–) symbolisiert wird.

▲ In der Programmautomatik können Sie mit dem hinteren Einstellrad den Programm-Shift nutzen, der Ihnen die Möglichkeit gibt, von den vorgegebenen Werten für Blende und Verschlusszeit abzuweichen. Dabei gewährleistet die Kamera für jedes zu bildende Paar aus Blende und Verschlusszeit eine identische Belichtung.

▲ Mit der Belichtungskorrektur können Sie die kameraseitig vorgegebene Belichtung verändern. Eine Pluskorrektur führt zu einer reichlicheren Belichtung, die Minuskorrektur zu einer knapperen Belichtung (ablesbar auf der eingespiegelten Lichtwaage).

Kameraeinstellungen für perfektes Blitzen

Blitzen mit Programmautomatik

Was passiert aber nun beim Blitzen mit der Programmautomatik? Bei genügend Umgebungslicht wird der Blitz automatisch so dosiert, dass er sich harmonisch in das Umgebungslicht einfügt. Er hellt Schattenpartien auf oder verhindert, dass ein im Gegenlicht stehendes Objekt unterbelichtet wird. Der Blitz fungiert als Aufhellblitz.

Einen besonderen Schutz bei Blitzaufnahmen bietet die Programmautomatik, um Überbelichtungen zu vermeiden. Die Kameraelektronik wird bei viel Umgebungslicht automatisch abblenden, um zu vermeiden, dass die „passende" Verschlusszeit kürzer als die maximal mögliche Blitzsynchronzeit (in der Regel $^1/_{250}$ Sek.) ist.

Ein Beispiel soll dies illustrieren. Die folgende Aufnahme entstand bei strahlendem Sonnenschein mithilfe der Programmautomatik.

Zum Aufhellen des Schattens im Vordergrund wird jetzt der eingebaute Blitz der D300 dazuge-

▼ *Nikon D300 | 85 mm | f4 | $^1/_{3200}$ Sek. | ISO 200 | P-Modus an der Kamera | kein Blitz.*

schaltet. Direkt nach dem Ausklappen des Blitzes verändern sich die Kamerawerte für Blende und Verschlusszeit – da die ursprünglich gemessene Verschlusszeit von $^1/_{3200}$ Sek. schneller als die Synchronzeit der Kamera ist, passt die Programmautomatik die Werte an und wählt jetzt (mit Blitz) eine Kombination von f16 und $^1/_{200}$ Sek.

Das Ergebnis ist eine identische Belichtung wie im vorherigen Bild mit einer Aufhellung der Schatten im Vordergrund, wofür der eingebaute Blitz der Kamera verantwortlich ist.

Was sich für Sie jetzt möglicherweise ziemlich selbstverständlich anhört, führt beispielsweise bei der populären Zeitautomatik (A) zur Überbelichtung. Wenn bei gleicher Ausgangssituation – Fotograf hat im A-Modus Blende 8 vorgewählt und bekommt von der kamerainternen Elektronik eine passende Verschlusszeit von $^1/_{800}$ Sek. dazugespielt – der kcamerainterne Blitz ausgeklappt wird, erscheint auf dem Display und im Sucher der Kamera anstelle der Verschlusszeit das Kürzel *HI*. *HI* steht für Überbelichtung – löst der Fotograf jetzt trotzdem aus, wird die Aufnahme überbelichtet.

▼ *Nikon D300 | 85 mm | f16 | $^1/_{200}$ Sek. | ISO 200 | P-Modus an der Kamera.*

Kameraeinstellungen für perfektes Blitzen

Der Grund: Die Kamera hat durch die Zuschaltung des Blitzes die Verschlusszeit auf $^1/_{250}$ Sek. ändern müssen (maximale Synchronisationszeit), und da die Blende trotzdem unverändert bei f8 (dem vom Fotografen vorgegebenen Wert) eingestellt bleibt, fällt zu viel Licht auf das Motiv. Bereits ohne Blitz (der bei dieser Aufnahme noch dazukommt) ist das Bild um knapp eine Blende überbelichtet.

Die Programmautomatik ist mit dieser Situation besser zurechtgekommen. Sie hat durch automatisches Abblenden vermieden, dass die kürzeste Synchronzeit der Kamera überschritten wird.

▲ *Die Kamera warnt den Fotografen bereits vor der Aufnahme vor einer voraussichtlichen Überbelichtung.*

▼ *Überbelichtete Aufnahme im A-Modus, da die Kamera bei der Zuschaltung des Blitzes die Verschlusszeit auf $^1/_{250}$ Sek. zurückgenommen hat. Nikon D300 | 85 mm | f4 | $^1/_{250}$ Sek. | ISO 200 | A-Modus.*

Nachteil der Programmautomatik mit Blitz bei wenig Licht

Während die Programmautomatik also bei viel Umgebungslicht ordentlich funktioniert, gibt sie bei schwächer werdendem Licht (< LW 10) keine so gute Figur ab. Der Grund dafür ist die kameraseitig vorgegebene längste Verschlusszeit beim Blitzen (die im Kameramenü geändert werden kann). Diese Verschlusszeit ist werksseitig mit $1/60$ Sek. vorgegeben – ein Wert, der bei „normaler" Brennweite als gerade noch verwacklungsunkritisch gilt. Wenn das Umgebungslicht geringer ist als der Lichtwert 10 EV (bei 10 EV wählt die Programmautomatik aufgrund der Steuerkurve f4 und $1/60$ Sek.), wird der Blitz bei der Programmautomatik praktisch zum Hauptlicht. Die Blitzintensität wird so reguliert, dass das Motiv unabhängig vom Umgebungslicht ausreichend beleuchtet wird. Ein ausgewogenes Verhältnis zwischen Umgebungslicht und Blitzlicht ist in solchen Situationen nicht mehr gewährleistet. Das Ergebnis wirkt häufig kaputtgeblitzt – angeblitzter Vordergrund, heftige Schlagschatten und ein Hintergrund, der in Dunkelheit „absäuft".

Lichtwert (LW) oder Exposure Value (EV)

Der **L**icht**w**ert (LW oder EV vom englischen **E**xposure **V**alue) beschreibt die Kombinationen von Blende und Belichtungszeit, die zueinander äquivalent sind. Das bedeutet, dass Blenden-Zeit-Kombinationen mit gleichem Lichtwert (bei gegebener Motivhelligkeit) auch gleich viel Licht auf den Sensor gelangen lassen. Ein Lichtwert von 0 entspricht laut Definition einer Motivhelligkeit, die mit Blende f1.0 und einer Verschlusszeit von 1 Sek. bei ISO 100 richtig belichtet wird. Durch die Angabe des ISO-Wertes wird die tatsächliche Motivhelligkeit angegeben. Jede Erhöhung des Lichtwertes um 1 entspricht einer Halbierung der Belichtung. Ein Lichtwert von 10 entspricht somit einer Verschlusszeit von $1/1000$ Sek. bei Blende f1.0. Da derartige Blenden eher selten sind, ist eine Kombination von Blende 4 und $1/60$ Sek. deutlich praxisgerechter. Auch diese Blenden-Zeit-Kombination entspricht einem Lichtwert von 10 (bei ISO 100). Eine Verdopplung der ISO-Zahl entspricht jeweils einer Lichtwertstufe. Eine tabellarische Übersicht über die Lichtwerte finden Sie nachfolgend.

LW	2 sek.	1 sek.	1/2 sek.	1/4 sek.	1/8 sek.	1/15 sek.	1/30 sek.	1/60 sek.	1/125 sek.	1/250 sek.	1/500 sek.	1/1000 sek.	1/2000 sek.
f/32	9	10	11	12	13	14	15	16	17	18	19	20	21
f/22	8	9	10	11	12	13	14	15	16	17	18	19	20
f/16	7	8	9	10	11	12	13	14	15	16	17	18	19
f/11	6	7	8	9	10	11	12	13	14	15	16	17	18
f/8	5	6	7	8	9	10	11	12	13	14	15	16	17
f/5,6	4	5	6	7	8	9	10	11	12	13	14	15	16
f/4	3	4	5	6	7	8	9	10	11	12	13	14	15
f/2,8	2	3	4	5	6	7	8	9	10	11	12	13	14
f/2	1	2	3	4	5	6	7	8	9	10	11	12	13
f/1,4	0	1	2	3	4	5	6	7	8	9	10	11	12
f/1	-1	0	1	2	3	4	5	6	7	8	9	10	11

▲ *Links eine Aufnahme im P-Modus, bei der das Umgebungslicht von der Kamera nicht berücksichtigt wurde. Der Hintergrund säuft in Dunkelheit ab. Die Aufnahme wirkt kaputtgeblitzt. Rechts ist es so, wie es sein soll.*

Die Bildbeispiele zeigen das Problem sehr anschaulich. Die linke Aufnahme wurde mit der Programmautomatik und dazugeschaltetem Blitz gemacht. Jegliche Lichtstimmung vor Ort ist verloren gegangen. Das Motiv ist praktisch kaputtgeblitzt. Die Aufnahme rechts daneben ist mit einem anderen Belichtungsmodus an der Kamera entstanden, auf den ich später im Buch eingehe. Sie wirkt deutlich harmonischer und weniger künstlich, da das Umgebungslicht integriert wurde und somit die Lichtstimmung vor Ort erhalten blieb.

Programmautomatik und Umgebungslicht

Das Aufhellblitzen mit Programmautomatik funktioniert bei ausreichendem Umgebungslicht sehr gut. Die Programmautomatik steuert in der Regel gerade so viel Blitzlicht zum Umgebungslicht hinzu, wie zum Aufhellen erforderlich ist, was auch bei Gegenlichtaufnahmen recht zuverlässig funktioniert. Steht dagegen nur wenig Umgebungslicht zur Verfügung, wird der „Fehler-Schutz-Mechanismus" der Programmautomatik mit abnehmendem Licht immer mehr zum Knebel einer ausgewogenen Beleuchtung.

Gleichwohl empfehle ich das Blitzen mit der Programmautomatik immer dann, wenn die Gefahr zu groß ist, dass durch kleinste Unachtsamkeiten wichtige Bilder verdorben werden. Es hat die schönste Kreativität keinen Sinn, wenn die Bildergebnisse am Ende unbrauchbar sind.

Programmautomatik „extrem" – die Motivprogramme

Insbesondere Einsteigerkameras wie z. B. die Modelle D3000 und D5000 von Nikon sind zusätzlich zu den besprochenen klassischen Belichtungsautomatiken mit sogenannten Motivprogrammen (oder Aufnahmeprogrammen) ausgestattet. Die verschiedenen Motivprogramme sind auf verschiedene Fotomotive abgestimmt und mit entsprechenden Piktogrammen gekennzeichnet. Die Motivprogramme gehen noch einen Schritt weiter als die normale Programmautomatik, da hier sogar die kcamerainterne Bildverarbeitung angepasst wird (z. B. Parameter für Sättigung und Schärfe), ohne dass man als Fotograf (nennenswert) korrigierend eingreifen kann.

▲ *Das Funktionswahlrad der D5000 mit den verschiedenen Motivprogrammen. Bei den Motivprogrammen handelt es sich um spezielle Vollautomatiken, die für bestimmte Aufnahmesituationen optimiert sind.*

Der Unterschied zwischen Motivprogrammen und der Belichtungsautomatik

Die Belichtungsautomatiken P, S und A benutzen für die richtige Motivbelichtung die klassischen Parameter Blende und Verschlusszeit. Sie lassen zudem Belichtungskorrekturen des Fotografen zu und sind somit einigermaßen flexibel zu nutzen. Motivprogramme arbeiten mit festgelegten Werten für Blende und Verschlusszeit in Abhängigkeit vom gewählten Programm. So wird im Motivprogramm Porträt immer mit einer großen Blendenöffnung und beim Sportprogramm stets mit einer schnellen Verschlusszeit gearbeitet. Zusätzlich erfolgt bei den Motivprogrammen eine motivspezifische Bildoptimierung, wie z. B. geringe Farbsättigung und Schärfe beim Motivprogramm Porträt oder satte Grüntöne beim Motivprogramm Landschaft. Als Fotograf hat man hierbei kaum Eingriffsmöglichkeiten.

Kameraeinstellungen für perfektes Blitzen

Insofern sind die Motivprogramme durchaus als zweischneidiges Schwert zu betrachten. Einerseits nehmen sie dem ungeübten Fotografen sehr viel Arbeit ab und führen aufgrund der erheblichen künstlichen Intelligenz, die in ihnen steckt, in der Regel zu recht brauchbaren Ergebnissen. Andererseits sind die Motivprogramme derart restriktiv konstruiert, dass sie so gut wie keinen Handlungsspielraum für den Fotografen zulassen. Geringste Motivabweichungen können zudem sehr schnell zu fehlbelichteten oder unscharfen Aufnahmen führen. Der Lerneffekt für den Fotografen ist in beiden Fällen nahezu null.

Aus den genannten Gründen rate ich Ihnen von der Nutzung der Motivprogramme ab. Wenn Sie in bestimmten Situationen auf Nummer sicher gehen und die Geschicke weitgehend der Kameraintelligenz überlassen wollen, wählen Sie lieber die Programmautomatik (P-Modus).

Blitzen mit der Zeitautomatik A

Bei der Zeitautomatik (A-Modus) geben Sie als Fotograf einen Blendenwert vor und die Kamera wählt automatisch die passende Belichtungszeit. Der A-Modus ist vor allem in der Landschaftsfotografie sehr beliebt, da man als Fotograf mit der Wahl der Blende Einfluss auf die Ausdehnung der Schärfentiefe nimmt.

Ansonsten verhält sich die Kamera beim Blitzen mit der Zeitautomatik ähnlich wie bei der Programmautomatik. Unabhängig davon, welche Verschlusszeiten bei der vorgewählten Blende für eine richtige Belichtung eigentlich erforderlich wären, bewegen diese sich ausschließlich in dem Korridor zwischen der Sync-Zeit der Kamera (in der Regel maximal $1/250$ Sek.) und der im Kameramenü vorgegebenen längsten Verschlusszeit beim Blitzen.

Wie bereits beschrieben wurde, kann dies an beiden Enden zu Problemen führen. Bei wenig Umgebungslicht birgt es die Gefahr, dass das Blitzlicht die allein bestimmende Lichtquelle für die Belichtung wird (auch wenn dies vom Fotografen vielleicht gar nicht beabsichtigt ist), und bei viel Umgebungslicht kann es passieren – gerade wenn man als Fotograf mit Offenblende arbeiten möchte –, dass die Bildergebnisse überbelichtet sind, da eigentlich eine kürzere Verschlusszeit als die zur Verfügung stehende Sync-Zeit erforderlich wäre.

Ist Letzteres der Fall, hilft nur Abblenden oder die Nutzung der FP-Kurzzeitsynchronisation, die jedoch nicht von allen Kameras unterstützt wird und bei den eingebauten Blitzgeräten grundsätzlich nicht funktioniert.

Blitz oder kein Blitz? – Das Motivprogramm entscheidet

Bei vielen Motivprogrammen wird bei wenig Licht automatisch der integrierte Blitz dazugeschaltet (die Kamera klappt diesen selbstständig aus), auch wenn dies in manchen Situationen gar nicht gewünscht oder sinnvoll ist. (Denken Sie nur an die vielen Konzertbesucher, die aus 80 m Entfernung zur Bühne versuchen, ihren Star anzublitzen.) Eine Blitzleistungssteuerung oder Belichtungskorrektur ist mit den Motivprogrammen meist nicht möglich.

Es gibt aber einen Trick, dies zu umgehen. Wenn Sie bei allen Motivprogrammen blitzen und dabei Einfluss auf die Blitzleistung haben wollen, müssen Sie statt des integrierten Blitzgerätes lediglich einen Systemblitz wie z. B. den SB-600 einsetzen. Die Blitzleistungskorrektur nehmen Sie dann am Aufsteckblitz selbst vor.

Blitzen mit der Blendenautomatik S

Bei der Blendenautomatik (S-Modus) stellen Sie als Fotograf eine Belichtungszeit ein und die Kamera wählt dazu die passende Blende. Die Belichtungszeit wird normalerweise dann voreingestellt, wenn man ganz bewusst auf die Darstellung von Bewegungen Einfluss nehmen will. So lassen sich durch kurze Belichtungszeiten Bewegungen einfrieren, was die folgenden beiden Aufnahmen illustrieren sollen.

Lange Belichtungszeiten führen hingegen zu Verwischungen, die beispielsweise fließendem Wasser eine besondere Anmutung verleihen. Schaltet man im S-Modus den Blitz dazu, steuert ihn die Kamera ausschließlich als Aufhellblitz. Es wird also wieder davon ausgegangen, dass der Fotograf das vorhandene Umgebungslicht unverfälscht aufneh-

men möchte und den Blitz nur zum Aufhellen im Schatten liegender Partien nutzt. Zu beachten ist, dass sich an der Kamera keine kürzeren Zeiten als die zulässige Blitzsynchronzeit einstellen lassen.

Um kürzere Zeiten zu erhalten, muss man den Blitz auf die FP-Kurzzeitsynchronisation umschalten.

Sobald Sie im S-Modus eine zu kurze Verschlusszeit vorwählen, bei der die Kamera für eine korrekte Belichtung nicht weit genug aufblenden kann (weil zum Beispiel das Objektiv nicht lichtstark genug ist), blinkt in den Displays der Wert für die Blende. Dennoch wird das Bild nicht unterbelichtet, solange der Blitz stark genug ist: Die Kamera dosiert ihn entsprechend, damit eine korrekte Belichtung zustande kommt. Der Blitz übernimmt dann die Funktion des Hauptlichts.

▼ *Das fließende Wasser wurde mit einer Verschlusszeit von 1 Sek. vom Stativ aufgenommen. Die fließende Bewegung kommt sehr gut rüber und wirkt fast wie eine Art Vorhang. Nikon D3 | 100 mm | f22 | 1 Sek.*

▼ *Das Wasser wurde mit einer Verschlusszeit von 1/1000 Sek. unter Nutzung der FP-Kurzzeitsynchronisation quasi eingefroren. Die Wassertropfen wirken wie Perlen. Nikon D3 | 100 mm | f5.6 | 1/1000 Sek.*

Exkurs: Die Belichtungskorrektur

Mit der Belichtungskorrektur können Sie bei den Belichtungsautomatiken die Belichtung korrigieren – der Aufnahme also mehr (Pluskorrektur) oder weniger (Minuskorrektur) Belichtung spendieren. Sie machen das mithilfe der Plus/Minus-Taste auf der Oberseite der Kamera.

▲ Mit der Belichtungskorrektur der D300 können Sie den von der Kamera ermittelten Belichtungswert um jeweils fünf Lichtwerte nach oben oder unten verschieben.

Bei gedrückter Plus/Minus-Taste können Sie jetzt mit dem hinteren Einstellrad die Belichtung nach oben oder unten korrigieren (in $1/3$-Stufen). Ein Korrekturwert von +1 entspricht dabei einer zusätzlichen Belichtung um 1 Lichtwert (LW/EV), was eine Verdopplung der Belichtung zum Ausgangswert darstellt. Je nachdem, mit welcher Belichtungsautomatik Sie fotografieren, wirkt sich die Belichtungskorrektur ganz unterschiedlich aus. Im P-Modus werden bei einer Belichtungskorrektur sowohl die Blende als auch die Verschlusszeit geändert. Im A-Modus (Zeitautomatik) hat die Belichtungskorrektur lediglich Auswirkungen auf die Verschlusszeit und im S-Modus (Blendenautomatik) ausschließlich auf die Blendenöffnung.

Einfluss der Belichtungskorrektur auf das Blitzen

Die spannende Frage lautet nun: Wie wirkt sich die Belichtungskorrektur an der Kamera aus, wenn ich jetzt den Blitz dazuschalte?

Die Antwort ist ebenso simpel wie verblüffend, insbesondere wenn man weiß, dass es bei anderen Herstellern anders gelöst ist.

> **Die Belichtungskorrektur wirkt zweifach**
>
> Bei Nikon wirkt sich die Belichtungskorrektur (in den Belichtungsautomatiken P, A und S) auf die Kombination Blende/Verschlusszeit **und (!)** auf die TTL-Blitzbelichtungsmessung aus.

Wenn Sie bei aktiviertem Blitz also die Belichtungskorrektur auf einen Wert von +1 stellen, wird nicht nur doppelt so viel Umgebungslicht eingefangen, sondern auch doppelt so viel Blitzlicht abgefeuert.

Ich zeige Ihnen das an einem Beispiel, das relativ populär ist. Das nachfolgende Ausgangsbild ist „ganz nett", aber irgendwie fehlt der entscheidende Kick.

Um den Himmel knackiger mit einem möglichst satten Blau darzustellen, nehme ich eine Belichtungskorrektur von –1,7 vor (was einer Unterbelichtung von 1 $2/3$ LW entspricht). Wenn ich jetzt mit diesen Einstellungen blitze, ist zwar der Himmel durch die bewusste Unterbelichtung schön blau, aber auch der Vordergrund ist unterbelichtet. Der Grund hierfür: Auch die Blitzleistung wurde durch die Belichtungskorrektur um 1 $2/3$ LW heruntergeregelt.

Wenn Sie also die Belichtungskorrektur in den Belichtungsautomatiken einsetzen, bedenken Sie, dass diese sich auf Umgebungs- und (!) Blitzlicht auswirkt. Sie müssen daher die Blitzleistung mit dem Kehrwert der Belichtungskorrektur an der Kamera verändern und somit +1,7 am Blitz einstellen.

◀ Nikon D3 | 35 mm | f11 | 1/250 Sek. | ISO 200 | P-Modus | Blitz im TTL-Modus (keine Korrektur).

Nikon D3 | 35 mm | f11 ▶ | 1/250 Sek. | P-Modus | Belichtungskorrektur –1,7 | Blitz im TTL-Modus (ohne Korrektur).

Kameraeinstellungen für perfektes Blitzen

Das Ergebnis ist eine Aufnahme, wie ich sie von Anfang an geplant habe. Die Person im Vordergrund ist durch den Blitz aufgehellt und der Hintergrund wird durch den dramatischen Himmel mit seinem tiefen Blau aufgepeppt.

Dadurch, dass ich den entfesselten Blitz aus einer erhöhten Position eingesetzt habe, ergibt sich beim Model ein Helligkeitsabfall in Richtung Beine, der in diesem Beispiel gewünscht war, da er dem natürlichen Lichtverlauf entspricht (Sonne von oben). Hätte ich das Model komplett angeblitzt, wäre aufgrund des abgedunkelten Hintergrunds ein leicht künstlicher Effekt entstanden, bei dem das Model wie in das Bild „einmontiert" ausgesehen hätte. Achten Sie bei Ihrer Lichtsetzung auf solche Feinheiten!

▼ *D3 | 35 mm | f11 | ¹⁄₂₅₀ Sek. | P-Modus | Belichtungskorrektur –1,7 | Blitz im TTL-Modus mit Blitzkorrektur +1,7.*

Welche Belichtungsautomatik beim Blitzen? Die Qual der Wahl

Ich werde oft gefragt, welche Belichtungsautomatik man als Anfänger zum Einstieg in die Materie verwenden sollte.

Obwohl ich persönlich die manuelle Belichtungssteuerung (insbesondere bei der Blitzfotografie) bevorzuge, gibt es durchaus auch Argumente für die Belichtungsautomatik.

Aufgrund meiner Erfahrungen differenziere ich dabei mittlerweile zwischen der Blitz- und der Non-Blitz-Fotografie.

Grundsätzlich halte ich die Zeitautomatik (A-Modus) für die vernünftigste als Einstieg, da der Anfänger so am besten den Einfluss der Blende auf die Schärfentiefe und somit auf die Bildwirkung lernt. Das ist natürlich subjektiv gefärbt und liegt auch an meiner Vorliebe für das Arbeiten mit selektiver Schärfe (große Blendenöffnung).

Bei der Blitzfotografie spricht zudem einiges auch für die Programmautomatik, da bei der Verwendung des P-Modus oft weniger Probleme im Grenzbereich auftauchen.

Beide Aufnahmen wurden im P-Modus aufgenommen: einmal mit der Standardvorgabe $1/60$ Sek. als längste Verschlusszeit beim Blitzen (Foto auf Seite 129) und einmal mit einem korrigierten Wert von $1/8$ Sek. (oben).

Auf Sicht sollten Sie sich aber zumindest bei der Blitzfotografie von den Belichtungsautomatiken der Kameras lösen und im manuellen M-Modus arbeiten. Viele Dinge lassen sich im M-Modus erheblich leichter umsetzen, als Sie vielleicht jetzt noch denken – unter anderem auch das Szenario, das ich Ihnen auf den letzten Seiten bezüglich der Belichtungskorrektur beschrieben habe. Wie das genau geht, erfahren Sie im folgenden Abschnitt 6.2.

Voreinstellung der Verschlusszeit ändern

Was ich Ihnen jedoch unabhängig von der Wahl der „richtigen" Belichtungsautomatik empfehle, ist eine Änderung der längsten Verschlusszeit beim Blitzen im Kameramenü. Diese ist werkseitig mit $1/60$ Sek. festgelegt, was sich gerade in Situationen mit wenig Umgebungslicht als Stimmungskiller erweist. Wenn Sie hier $1/15$ Sek. oder sogar $1/8$ Sek. als Wert eintragen (Letzteres favorisiere ich), kommen Sie auch bei der Nutzung der Belichtungsautomatiken P und A zu ausgewogeneren Ergebnissen bei wenig Licht.

▲ *D3 | 35 mm | f11 | $1/250$ Sek. | M-Modus | Blitz im TTL-Modus.*

6.2 Blitzen im M-Modus

Im M-Modus stellt der Fotograf sowohl Blende als auch Belichtungszeit manuell ein und verzichtet somit komplett auf die Belichtungsautomatik der Kamera. Trotzdem können Sie als Fotograf den eingebauten Belichtungsmesser der Kamera benutzen, der beim Antippen des Auslösers aktiviert wird. Im Sucher und auf dem oberen Kameradisplay erscheint dann eine sogenannte Lichtwaage, die Ihnen bereits vor der Aufnahme anzeigt, ob diese korrekt, unter- oder überbelichtet sein wird.

Die Nullstellung in der Mitte der Lichtwaage bezeichnet dabei eine richtige Belichtung. Ist der Balken links von der Nullstellung, wird das Bild überbelichtet, ist der Balken auf der rechten Seite, wird die Aufnahme unterbelichtet. Die größeren Striche auf der Skala bezeichnen dabei jeweils einen Lichtwert (LW oder EV) und die kleinen Punkte dazwischen Drittelwerte. Bei einer starken Über- oder Unterbelichtung, die über die Skala hinausgeht, blinkt der Balken.

Sie können jetzt durch eine Änderung des Blendenwertes und/oder der Verschlusszeit den Balken in Richtung Nullstellung und somit zu einer korrekten Belichtung führen. Bei einer drohenden Unterbelichtung ist die Blende weiter zu öffnen und/oder die Verschlusszeit zu verlängern. Alternativ oder zusätzlich kann auch die Sensorempfindlichkeit über den ISO-Wert erhöht werden. Genau umgekehrt funktioniert es bei einer drohenden

Überbelichtung. Hier ist die Blende zu schließen (= größerer Blendenwert) und/oder die Verschlusszeit zu verkürzen. Alternativ oder zusätzlich lässt sich auch der ISO-Wert reduzieren, sofern dieser nicht bereits auf dem Mindestwert steht.

Alternativ zum eingebauten Belichtungsmesser der Kamera können Sie auch einen Handbelichtungsmesser verwenden, der manches von dem, was ich gerade beschrieben habe, erleichtert. Auf die Nutzung eines Handbelichtungsmessers werde ich in Kapitel 7 näher eingehen.

Das Handling der manuellen Belichtungssteuerung an der Kamera hört sich für Sie vermutlich komplizierter an, als es in der Praxis ist. Sie werden sehen, dass Sie sich sehr schnell daran gewöhnen.

Der große Vorteil ergibt sich, wenn Sie einen Blitz mit TTL-Steuerung dazuschalten. Dadurch, dass Sie als Fotograf bei der manuellen Belichtungssteuerung an der Kamera die komplette Kontrolle über das Umgebungslicht behalten, erzielen Sie bei richtiger Anwendung in Kombination mit einem TTL-Blitz stets ausgewogene Aufnahmen, in denen die Stimmung des Umgebungslichts erhalten bleibt. Der Blitz arbeitet zuverlässig als automatischer Aufhellblitz und bettet sich hervorragend in das vorhandene Licht ein.

Nur mit dem M-Modus an der Kamera haben Sie es selbst in der Hand, ob Sie den Blitz als Hauptlicht oder nur als Aufhellblitz einsetzen wollen. Soll der Blitz die Hauptrolle übernehmen, belichten Sie einfach über die manuelle Belichtungssteuerung ein oder mehrere Stufen unter. Soll der Blitz nur aufhellenden Charakter haben und das vorhandene Licht in die Gesamtbelichtung mit eingebunden werden, sorgen Sie einfach im M-Modus für eine Nullstellung an der Lichtwaage. So einfach ist es!

Auf unser Beispiel von vorhin mit dem unterbelichteten Himmel übertragen bedeutet dies Folgendes. Sie messen das Motiv mit dem eingebauten Belichtungsmesser der Kamera aus und kommen in Nullstellung auf Werte von Blende 11 und $1/_{60}$ Sek. Da Sie aber unterbelichten wollen, verstellen Sie jetzt entweder die Blende oder die Verschlusszeit. In unserem Beispiel gehen wir auf eine Verschlusszeit von $1/_{200}$ Sek. Der Balken an der Lichtwaage wandert jetzt nach rechts und zeigt uns eine Unterbelichtung von 1 $^2/_3$ Blenden an.

Nun schalten wir den Blitz im TTL-Modus dazu und machen die Aufnahme. Das Ergebnis ist exakt das gleiche von vorhin – mit dem Unterschied, dass wir bei dieser Methode nicht korrigierend in die Blitzleistung eingreifen müssen, da wir unsere Unterbelichtung durch das Verstellen von Zeit und Blende realisiert haben (und nicht über die Belichtungskorrektur).

▼ *D3 | 35 mm | f11 | $1/_{1000}$ Sek. | M-Modus | Blitz im TTL-Modus.*

Kameraeinstellungen für perfektes Blitzen

Der M-Modus wird in der allgemeinen Literatur für das Blitzen in Situationen empfohlen, in denen sich das Umgebungslicht nicht verändert, also etwa in Innenräumen mit konstantem Dauerlicht. Ich verwende ihn mittlerweile eigentlich standardmäßig beim Blitzen – auch in Situationen, in denen sich das Umgebungslicht ändern kann.

Solange man immer ein Auge auf die Lichtwaage hat (die ja auch im Sucher eingespielt wird), kann man durch Drehen des Einstellrads für Blende oder Zeit sehr schnell den Balken wieder in Richtung Nullstellung bringen – oder eben bewusst unter- oder überbelichten, wie ich es gerade demonstriert habe.

Oftmals ist es übrigens so, dass Ihnen der eingebaute Belichtungsmesser über die Lichtwaage suggeriert, dass eine Über- oder Unterbelichtung vorliegt, wo streng genommen keine ist. Ein typisches Beispiel sind Innenaufnahmen bei Tageslicht. Hier werden Ihnen – je nachdem, ob Sie in Richtung Fenster oder vom Fenster weg schwenken – unterschiedliche Werte angezeigt.

Ich habe es mir mittlerweile angewöhnt, wenn ich an einer neuen Location bin, dass ich diese zunächst ausmesse und dann einen Mittelwert über eine feste Zeit-Blenden-Kombination einstelle.

Anschließend schalte ich den Blitz im TTL/BL-Modus dazu und kann mich frei in der Location bewegen und überall mit den einmal eingestellten Werten Aufnahmen machen. Ich habe dabei die Gewissheit, dass das Umgebungslicht angemessen in die Gesamtbelichtung eingebaut ist und es keine großen Ausreißer geben kann – egal ob ich das Fenster gerade im Rücken habe oder in Richtung Fenster fotografiere. Sollte nach einer Aufnahme wider Erwarten eine größere Abweichung auf dem Monitor zu erkennen sein, kann ich schnell mit dem Einstellrad korrigieren.

Eine Belichtungsautomatik – egal ob P, A oder S – würde mit wechselnden Einstellungen auf die unterschiedlichen Raumpositionen reagieren – etwas, das man eigentlich vermeiden sollte, da es dann von Aufnahme zu Aufnahme unterschiedliche Lichtcharakteristiken geben kann.

Die Belichtungskorrektur im M-Modus

Ich habe im Abschnitt 6.1 darauf hingewiesen, dass sich die Belichtungskorrektur in den Belichtungsautomatiken P, A und S beim Blitzen sowohl auf die Kombination Blende/Verschlusszeit als auch auf die TTL-Blitzbelichtungsmessung auswirkt (anders als bei anderen Herstellern).

Was passiert aber, wenn Sie die Belichtungskorrektur im M-Modus an der Kamera benutzen? Solange Sie keinen Blitz aktiviert haben, ändert sich gar nichts, da die von Ihnen festgelegten Werte für Blende und Verschlusszeit nicht „overruled" werden. Sobald aber ein Blitz im Spiel ist (entweder ausgeklappter interner Blitz oder aufgesteckter Blitz, der eingeschaltet ist), wird es interessant:

Die Belichtungskorrektur wirkt sich im M-Modus allein auf die Blitzleistung aus – eine Blitzbelichtungskorrektur über die Kamera, also ein weiteres Argument für den manuellen Belichtungsmodus beim Blitzen.

6.3 Die wichtigsten Kameramenü-Einstellungen für die Blitzfotografie

Nicht alle relevanten Funktionen für die Blitzlicht-fotografie können Sie über die Einstelltasten an der Kamera aktivieren. In diesem Abschnitt gehe ich auf jene Einstellungen ein, die im Kamerame-nü vorzunehmen sind und die sich mittelbar oder unmittelbar auf das Fotografieren mit Blitzlicht aus-wirken. Ich werde versuchen, den richtigen Mix zwischen einem guten Überblick und einer nicht allzu ausladenden Beschreibung der einzelnen Funktionen zu finden.

In keinem Fall soll dieses Buch ein Ersatz für die Bedienungsanleitung der Kamera sein. Es ist sogar durchaus sinnvoll, beim Studium dieses Buches die Bedienungsanleitung Ihrer Kamera griffbereit zu haben, da sich die Einstellungen in Abhängigkeit vom Kameramodell an unterschied-lichen Positionen im Kameramenü befinden. Man-che Optionen werden Sie – vor allem bei den Ein-stiegskameras – gar nicht finden.

Beginnen werde ich mit einer Funktion, die häu-fig etwas stiefmütterlich behandelt wird, obwohl sie von Nikon vor allem in den aktuellen Kameras ganz hervorragend umgesetzt ist.

▼ *D3 | Brennweite 105 mm | f4.5 | ¹/₂₅ Sek. Verschlusszeit | Blitz im TTL-Modus.*

Kameraeinstellungen für perfektes Blitzen

Die ISO-Automatik

Über die Einstellung der ISO-Empfindlichkeit an Ihrer DSLR können Sie die Empfindlichkeit des Sensors steuern, was unter anderem Einfluss hat auf die Reichweite Ihres Blitzgerätes (siehe hierzu auch Kapitel 1.3).

Standardmäßig ist die ISO-Automatik deaktiviert und Sie stellen stattdessen die ISO-Empfindlichkeit selbst ein – dies gilt zumindest für die Belichtungsautomatiken P, A und S sowie für die manuelle Belichtungssteuerung M. Einige Motivprogramme aktivieren die automatische Wahl der ISO-Empfindlichkeit in Abhängigkeit vom Umgebungslicht selbstständig, ohne dass es Ihres Eingriffs bedarf.

Was tut die Nikon ISO-Automatik? Das ist ziemlich einfach: Immer dann, wenn das vorhandene Licht nicht mehr für eine ausreichende Belichtung ausreicht und somit eine Unterbelichtung droht, reguliert die ISO-Automatik die Empfindlichkeit des Sensors hoch und stellt so sicher, dass genügend Licht auf den Sensor fällt (und die Aufnahme richtig belichtet wird).

Exkurs: Vorsicht Bildrauschen!

Die ISO-Automatik wird von einigen Fotografen kritisch gesehen, da sie befürchten, dass sich eine unkontrollierte ISO-Anhebung durch die Kamera negativ auf die Bildqualität auswirken kann. Besonders das Bildrauschen bei höheren ISO-Werten wird dabei immer wieder als Argument ins Feld geführt.

Nach meinem Dafürhalten wird das Thema Bildrauschen in vielen Fällen vollkommen überbewertet – zumindest wenn wir von den digitalen Kameras der neueren Generation sprechen. Nikon hat es in den letzten Jahren geschafft, die Sensoren auf absolute High-ISO-Fähigkeit zu trimmen.

Aber auch bei älteren Modellen wie der D70 oder der D200 ist Hopfen und Malz noch nicht verloren (trotz unbestreitbarer Grenzen). Beherzigen Sie dann umso mehr eine eiserne Grundregel: Niemals zu knapp belichten!

▲ *200 %-Crop aus einer Aufnahme mit ISO 4000.*

Viele Fotografen nehmen lieber eine leichte Unterbelichtung in Kauf, als mit dem ISO-Wert eine Stufe höher zu gehen. Und gerade dieses Vorgehen geht komplett nach hinten los, wie das nachfolgende Beispiel demonstriert.

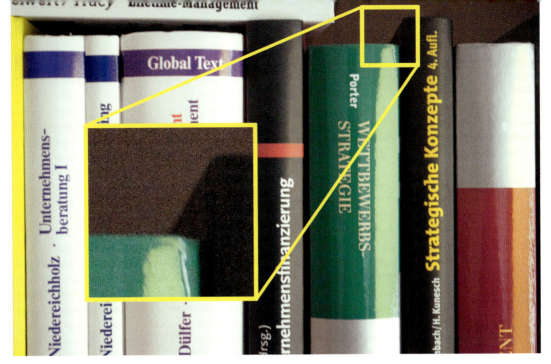

▲ *Aufnahme mit ISO 1600 und anschließender Belichtungskorrektur (+1) im RAW-Konverter.*

Die erste Aufnahme wurde mit Blende 5.6 und $^1/_{30}$ Sek. bei ISO 1600 an der D5000 aufgenommen. Die hieraus resultierende Unterbelichtung wurde durch Aufhellung im RAW-Konverter kompensiert.

Die nächste Aufnahme entstand bei exakt gleichen Lichtbedingungen (zwischen den beiden Aufnahmen lagen nur wenige Sekunden), allerdings wurde die ISO-Einstellung auf 3200 erhöht. Die Werte für Blende und Zeit blieben unverändert.

▼ *Aufnahme mit ISO 3200 und richtiger Belichtung.*

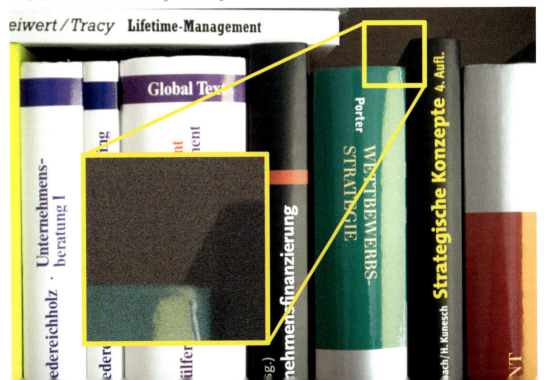

Kameraeinstellungen für perfektes Blitzen

Bildrauschen richtig beurteilen

Das Problem des Bildrauschens wird in heutigen Tagen weitgehend überschätzt. Bei einer korrekten Belichtung fällt das Bildrauschen auch bei zwei bis drei Jahre alten Kameras nicht störend ins Gewicht. Erst wenn man tendenziell unterbelichtet, bekommt man später Probleme in der Nachbearbeitung, weil durch das Hochziehen der Schatten im RAW-Konverter das Bildrauschen allzu offensichtlich wird – also lieber tendenziell leicht überbelichten.

Wie Sie leicht erkennen können, rauscht die erste Aufnahme deutlich mehr als die zweite, obwohl sie mit einer niedrigeren ISO-Empfindlichkeit aufgenommen wurde.

Übrigens: Wenn Sie bei einer Aufnahme, die mit hohen ISO-Werten entstanden ist, bei der Betrachtung an Ihrem großen PC-Monitor den Eindruck haben, dass diese doch ziemlich rauscht, empfehle ich Ihnen einen großformatigen Ausdruck (können Sie sehr günstig online in Auftrag geben). Sie werden staunen.

Die ISO-Automatik greift (bei den meisten Kameramodellen) bei zugeschaltetem Blitz erst dann, wenn die Blitzleistung für eine Ausleuchtung des Motivs nicht ausreicht.

Vorteil D3s, D300s und D5000

Dieses Verhalten der ISO-Automatik hat Nikon leise, still und heimlich bei den jüngsten Kameramodellen D5000, D300s und D3s geändert und damit in meinen Augen eine ganz entscheidende Verbesserung vorgenommen. Bei den drei genannten Kameras (und voraussichtlich auch bei allen noch kommenden Modellen) funktioniert die ISO-Automatik beim Zuschalten des Blitzes genauso wie ohne Blitz. Das heißt, die Kamera passt die Belichtung trotz zugeschaltetem Blitz dem Umgebungslicht an und sorgt somit automatisch für eine perfekte Kombination von Umgebungs- und Blitzlicht, da der Blitz nur noch als Aufhelllicht fungiert und die Szenerie nicht kaputtblitzt.

Diese Verbesserung der ISO-Automatik führt mich zur ultimativen Einstellungsempfehlung beim Blitzen (für alle glücklichen Nutzer eines der drei oben angesprochenen oder neueren Kameramodelle).

M-Modus plus ISO-Automatik: die perfekte Blitzkombination

Wie ich bereits ausgeführt habe, empfehle ich bei regelmäßiger Nutzung des Blitzes das Arbeiten im manuellen Belichtungsmodus der Kamera. Mit dem Dazuschalten der ISO-Automatik haben Sie jetzt die narrensichere Lösung auch für die Situationen, in denen sich das Umgebungslicht laufend ändert. Die Kamera gleicht die Änderungen beim Umgebungslicht durch ein automatisches Hoch- und Herunterregulieren der ISO-Werte aus.

Sie können je nach Aufgabenstellung die Werte für die Blendenöffnung und die Verschlusszeit an der Kamera einstellen. Hier empfehle ich Zeiten zwischen $1/8$ Sek. und $1/60$ Sek., wenn Sie keine schnellen Bewegungen aufnehmen müssen, und den Rest lassen Sie die Kamera machen (über die ISO-Steuerung).

Wie gut das funktioniert, zeige ich Ihnen anhand der nachfolgenden Bildbeispiele. Ich habe an der Kamera die Blende 5.6 und eine Verschlusszeit von $1/30$ Sek. gewählt und die ISO-Automatik aktiviert. Anschließend habe ich den SB-900 im TTL-Modus dazugeschaltet und drei Aufnahmen an verschiedenen Positionen im Zimmer gemacht: sowohl am Fenster, durch das die Sonne in das Zimmer schien, als auch in der hintersten dem Fenster abgewandten Ecke des Zimmers. Die Helligkeitsunterschiede waren erheblich und betrugen bis zu drei Lichtwerte.

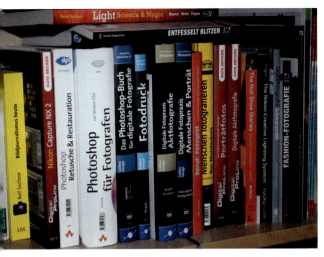

▲ D5000 | AF-S 18-55 | M-Modus | f5.6 | $1/30$ Sek. | ISO-Automatik (ISO 640) | SB-900 im TTL-Modus.

▲ D5000 | AF-S 18-55 | M-Modus | f5.6 | $1/30$ Sek. | ISO-Automatik (ISO 1600) | SB-900 im TTL-Modus.

▲ D5000 | AF-S 18-55 | M-Modus | f5.6 | $1/30$ Sek. | ISO-Automatik (ISO 200) | SB-900 im TTL-Modus.

Wie Sie erkennen können, sind alle drei Aufnahmen richtig und vor allem ausgewogen belichtet mit einem guten Mix aus Umgebungs- und Blitzlicht. Die Werte für die Verschlusszeit und Blende sind bei allen drei Bildern gleich, lediglich die ISO-Werte haben sich geändert, was den Einfluss der ISO-Automatik zeigt. Während an der hellsten Stelle des Raums ISO 200 ausgereicht hat, war in der dunkelsten Ecke schon ISO 1600 erforderlich – ein Unterschied von drei Lichtwerten.

Diese Methode (M-Modus plus ISO-Automatik) empfehle ich als Standardeinstellung beim Blitzen. Und nur wenn eine bewusste Über- oder Unterbelichtung des Umgebungslichts angestrebt wird (siehe das Beispiel mit dem unterbelichteten Himmel), sollte man die ISO-Automatik ausschalten.

Kameraeinstellungen für perfektes Blitzen

Wie Sie die ISO-Automatik an Ihrer Kamera einschalten und richtig konfigurieren, erkläre ich Ihnen im Folgenden.

Einstellung der ISO-Automatik an der Kamera

Die Aktivierung der ISO-Automatik erfolgt im Kameramenü, und zwar je nach Kameramodell entweder in den Individualeinstellungen (und da im Abschnitt *Belichtung*) oder in dem Menüordner *Aufnahme* (und zwar unter *ISO-Empfindlichkeits-Einst.*). Letzteres ist der Fall bei der D300, auf die sich die nachfolgende Beschreibung bezieht.

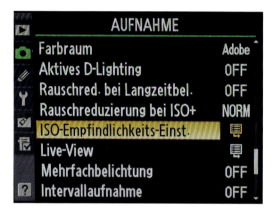

Mit diesen beiden beschriebenen Schritten kommen Sie in das Menü *ISO-Empfindlichkeits-Einst.* Hier können Sie zwei Parameter festlegen, die für das Funktionieren der ISO-Automatik entscheidend sind.

Zunächst geben Sie vor, bis zu welchem Maximalwert der ISO-Wert von der Kameraelektronik hochgesetzt werden darf. Bei den neueren DSLR halte ich einen Wert von ISO 1600 für unkritisch. Wenn Sie konservativer vorgehen wollen oder ein älteres Kameramodell besitzen (D70, D200), wählen Sie einen Wert von ISO 800.

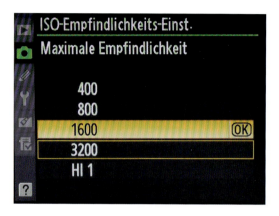

Zusätzlich geben Sie in diesem Menü noch den Schwellenwert für die Verschlusszeit ein (*Längste Belichtungszeit*). Das ist der Zeitwert, ab dem die ISO-Automatik überhaupt erst aktiv wird.

Beispiel: Beim Fotografieren mit einem Standardzoom wie dem AF-S 18-70 besteht selbst bei einer Nutzung der Brennweiten am langen Ende des Zooms bis zu einer Verschlusszeit von ca. $1/100$ Sek. kaum die Gefahr des Verwackelns.

Wenn Sie jetzt diesen Wert von $1/100$ Sek. als Schwellenwert in das Menü eingeben, wird die Kamera die ISO-Werte so lange nicht verändern, wie Sie sich im Zeitbereich schneller/gleich $1/100$ Sek. bewegen. Reicht das vorhandene Licht nicht mehr für eine Verschlusszeit von $1/100$ Sek. aus, regelt die Kameraelektronik die ISO-Werte sukzessive hoch (bis zu einem Maximalwert, den Sie in diesem Menü ebenfalls eintragen).

Für den Einsatz der ISO-Automatik in Kombination mit dem Blitzen empfehle ich Ihnen hier eine relativ lange Zeit von $1/30$ Sek. oder länger (sofern Sie keine Hochgeschwindigkeitsaufnahmen planen). Hierfür gibt es zwei Argumente: Erstens ist die Verwacklungsgefahr beim Blitzen nicht so hoch, und zweitens führt eine relativ lange Verschlusszeit zur stärkeren Einbindung des Umgebungslichts, was in der Regel zu harmonischeren Ergebnissen führt.

Blitzsynchronzeit und die längste Verschlusszeit beim Blitzen

Die Bedeutung der Verschlusszeit für die Blitzfotografie habe ich bereits in Kapitel 1.4 erläutert. Neben der Blitzsynchronzeit, die de facto die kürzestmögliche Verschlusszeit der Kamera darstellt, bei der die Blitzfotografie noch einwandfrei funktioniert, spielt auch die längste Verschlusszeit, bis zu der das Blitzen noch unterstützt werden soll, eine Rolle.

Sync und FP-Sync

Doch beginnen wir mit der Blitzsynchronzeit (oder auch Sync-Zeit). Diese fällt je nach Kameramodell bei Nikon unterschiedlich aus – in der Regel ist aber bei $1/250$ Sek. das Ende der Fahnenstange erreicht (die Einsteigerkameras haben meist eine geringfügig langsamere Sync-Zeit, die D5000 zum Beispiel $1/200$ Sek.). Bei den meisten Kameras können Sie die Sync-Zeit in einem Bereich von $1/60$ Sek. und der maximalen Sync-Zeit ($1/250$ Sek.

bei der D300) einstellen. In aller Regel ist es aber sinnvoll, den Wert auf der schnellstmöglichen Zeit zu belassen.

▲ *Einstellung der Blitzsynchronzeit im Kameramenü (Individualeinstellungen/Belichtungsreihen & Blitz/e1 Blitzsynchronzeit) am Beispiel der D300.*

Im gleichen Menü können Sie auch die automatische FP-Kurzzeitsynchronisation aktivieren, sofern Ihre Kamera diese Funktion unterstützt (die Einsteiger-DSLR von Nikon bringen dieses Feature leider nicht mit). Sobald Sie diese Option aktiviert haben, können Sie auch mit schnelleren Verschlusszeiten als der Sync-Zeit blitzen – mehr zu der Wirkungsweise und dem Nutzen der FP-Kurzzeitsynchronisation erfahren Sie in Kapitel 4.1.

▲ *Die D300 hat (wie die D700) zwei verschiedene Optionen für die Aktivierung der FP-Kurzzeitsynchronisation, wobei sich die eine ($1/320$) lediglich auf das interne Blitzgerät bezieht.*

$^1/_{250}$ (FP) oder $^1/_{320}$ (FP) – was steckt dahinter?

Die Nikon-Kameramodelle D300(s) und D700 unterstützen laut Menü zwei verschiedene Kurzzeitmodi beim Blitzen: einmal $^1/_{250}$ Sek. (FP-Kurzzeit) und einmal $^1/_{320}$ Sek. (FP-Kurzzeit). Wer sich gefragt hat, was es damit auf sich hat, wird aus der Nikon-Dokumentation leider nicht so richtig schlau. Die Antwort ist simpel: Beide Kameras unterstützen (im Gegensatz zu den anderen DSLR von Nikon) auch mit den integrierten Blitzgeräten die FP-Kurzzeitsynchronisation – allerdings nur bis $^1/_{320}$ Sek. Genauso wie die normale FP-Kurzzeitsynchronisation, die sich auf externe Blitzgeräte bezieht, beginnt die FP-Funktion (mehrere langsame Blitze statt ein schneller – siehe Kapitel 4.1) jenseits der Blitzsynchronzeit von $^1/_{250}$ Sek. Insofern ist die Darstellung im Kameramenü ziemlich missverständlich, und aufgrund des geringen Nutzens halte ich die Option, auch mit dem internen Blitz im FP-Kurzzeitmodus zu arbeiten, für reichlich fragwürdig.

Grundsätzlich empfehle ich Ihnen, den Eintrag *1/250 s (FP-Kurzzeit)* als Standardeinstellung zu wählen. Anders als einige andere Hersteller haben die Nikon-Ingenieure die FP-Kurzzeitsynchronisation als Automatik ausgelegt. Bei allen Zeiten langsamer als $^1/_{250}$ Sek. nutzt die Kamera den Blitz mit schneller Abbrenndauer. Erst bei Verschlusszeiten jenseits der Sync-Zeit schaltet die Kamera auf die FP-Kurzzeitsynchronisation, bei der wir mit einer schwächeren Blitzleistung und -reichweite leben müssen.

Die längste Verschlusszeit

Abgesehen von der kürzesten Blitzsynchronzeit lässt sich bei einigen Kameramodellen auch eine längste Verschlusszeit mit Blitzlichtunterstützung einstellen. Diese Einstellung wirkt sich nur beim Fotografieren im P- und A-Modus aus, da die Verschlusszeiten beim S- und M-Modus vom Fotografen aktiv vorgegeben werden. Der Regelbereich für diese Einstellung differiert zwischen den verschiedenen Modellen – bei der D300 kann man als längste Verschlusszeit für das Blitzen einen Wert zwischen $^1/_{60}$ Sek. und 30 Sek. wählen.

▲ *In diesem Menü (hier am Beispiel der D300) können Sie die längste Verschlusszeit wählen, die von der Kamera in den Belichtungsautomatiken P (Programmautomatik) und A (Zeitautomatik) bei der Nutzung des Blitzes automatisch dazugesteuert wird.*

Was aber bringt diese Einstellung in der Praxis? Sie wirkt sich immer dann aus, wenn Sie im P- oder A-Modus fotografieren und das Umgebungslicht relativ schwach ist. Je länger Sie die Option *Längste Verschlussz. (Blitz)* einstellen, desto mehr Umgebungslicht versucht die Kamera beim Blitzen einzubeziehen. Folgendes Bildbeispiel soll dies veranschaulichen.

▲ Typische Innenaufnahme mit Programmautomatik und Blitz im TTL-Modus (Einstellung Längste Verschlussz. (Blitz): $^1/_{60}$ Sek.). Der Blitz ist die Hauptlichtquelle, das Umgebungslicht wird nicht (kaum) berücksichtigt.

▼ Typische Innenaufnahme mit Programmautomatik und Blitz im TTL-Modus (Einstellung Längste Verschlussz. (Blitz): $^1/_8$ Sek.). Das Umgebungslicht (Tageslicht durch das Fenster) wurde in die Gesamtbelichtung einbezogen. Der Blitz fungiert als Aufhellblitz.

Funktion des integrierten Blitzgerätes

Bei den meisten Kameras können Sie die Funktion des eingebauten Blitzgerätes verändern (sofern ein solches vorhanden ist; Besitzer der D2- und D3-Reihe können dieses Kapitel überspringen). Wie ich bereits in Kapitel 3 zum **A**dvanced **W**ireless **L**ighting (AWL) ausführlich dargelegt habe, wird mit dieser Menüeinstellung zum Beispiel die Commander-Funktion des integrierten Blitzes aktiviert (die Einsteiger-DSLR unterstützen die Commander-Funktion leider nicht).

Die Funktion TTL-Modus

In der Standardeinstellung der Kamera funktioniert der eingebaute Blitz mit der i-TTL-Blitzsteuerung. In sämtlichen Menüs verwendet Nikon aus Gründen der besseren Lesbarkeit übrigens nur den Begriff TTL – gemeint ist immer i-TTL.

Ist diese Standardeinstellung aktiv, funktioniert das integrierte Blitzgerät Ihrer Kamera – abgesehen von den üblichen Einschränkungen, die ich weiter vorn im Buch beschrieben habe – wie ein Aufsteckblitz. Es sorgt aufgrund seiner automatischen TTL-Blitzsteuerung für korrekt belichtete Blitzaufnahmen, solange Sie sich im Rahmen der Blitzreichweite befinden. Die Kontrolle über das interne Blitzgerät inklusive möglicher korrektiver Eingriffe haben Sie über die Funktionsschalter an der Kamera, von denen vor allem einer von Relevanz ist.

Blitzbelichtungskorrektur

Im Prinzip ist die i-TTL-Blitzsteuerung auf eine optimale Belichtung der Aufnahme ausgelegt. Dennoch kann es im Einzelfall vorkommen, dass Sie die Blitzleistung gegenüber dem von der Kamera ermittelten Wert korrigieren möchten.

Wie die normale Belichtungskorrektur arbeitet die Blitzbelichtungskorrektur mit Lichtwerten (siehe Abschnitt 6.1) mit einer Schrittweite von $1/3$ LW.

(Die Schrittweite kann im Menü auf $1/2$ und 1 LW geändert werden, was ich jedoch nicht empfehle, da die Korrekturwerte dann relativ grob gerastert sind und eine Feinjustierung nicht mehr so gut möglich ist.) Das Ausmaß der Blitzbelichtungskorrektur ist bei den eingebauten Blitzgeräten in der Regel limitiert. Häufig sind hier nur Anpassungen von +/– 1 Lichtwert möglich, während externe Blitzgeräte in einem Rahmen von +/– 3 Lichtwerten angepasst werden können.

Die Blitzbelichtungskorrektur funktioniert in allen Belichtungsautomatiken sowie im M-Modus, nicht aber in den Motivprogrammen.

▲ Taste zur Blitzsynchronisation bzw. Blitzbelichtungskorrektur. Um die Blitzleistung zu ändern, halten Sie diese Taste gedrückt und stellen am vorderen Einstellrad den gewünschten Korrekturwert ein. An Kameras ohne vorderes Einstellrad ist zusätzlich die Taste der Belichtungskorrektur gedrückt zu halten und das hintere Einstellrad zu benutzen.

Ich möchte abschließend zum Thema Blitzbelichtungskorrektur noch einmal darauf hinweisen, was ich bereits im Abschnitt 6.1 erläutert habe. Auch die normale Belichtungskorrektur an der Kamera wirkt sich auf die Blitzleistung aus. Sie regelt nicht etwa nur das Umgebungslicht, wie es in vielen Publikationen leider falsch steht. Wenn Sie als Belichtungskorrektur an der Kamera einen Wert von +1 und den gleichen Wert als Blitzbelichtungskorrektur eingeben, haben Sie die Blitzleistung faktisch um 2 Lichtwerte erhöht.

▲ *Während Sie die Taste zur Blitzbelichtungskorrektur festhalten, zeigt das Kameradisplay ein entsprechendes Symbol sowie den aktuellen Korrekturwert.*

SLOW, REAR und Anti-Rote-Augen-Effekt

Bei gedrückter Blitzbelichtungskorrektur-Taste können Sie mit dem hinteren Einstellrad noch drei weitere Modi bei der i-TTL-Blitzsteuerung auswählen.

Die Option *SLOW* aktiviert das Langzeitblitzen und ist vor allem für Besitzer von Kameras interessant, bei denen man im Menü standardmäßig keine längeren Verschlusszeiten beim Blitzen vorgeben kann. Dadurch ist auch mit diesen Kameras das Blitzen im P- und A-Modus mit längeren Verschlusszeiten als $1/_{60}$ Sek. möglich (ohne dass Sie die Zeit allerdings konkret beeinflussen können).

Die Option *SLOW* kann nur in den Belichtungsautomatiken P und A aktiviert werden. In der Blen-

denautomatik (S-Modus) und im manuellen Modus ist die Option hinfällig, da Sie hier als Fotograf die Verschlusszeiten sowieso frei steuern können.

Über die Option *REAR* aktivieren Sie bei dem eingebauten Blitzgerät die Synchronisation auf den zweiten Verschlussvorhang (siehe auch Kapitel 1.4).

Die letzte Option, die Sie bei der i-TTL-Blitzsteuerung dazuschalten können, soll das leidige Problem der roten Augen bei Personenfotos eindämmen, die vor allem bei der Nutzung des eingebauten Blitzgerätes entstehen (da sich dies nah an der optischen Achse befindet). Lesen Sie hierzu auch meine Ausführungen in Kapitel 5.1 dieses Buches.

Für die Anti-Rote-Augen-Funktion leuchtet das AF-Hilfslicht der Kamera vor der eigentlichen Aufnahme etwa eine Sekunde lang auf.

▲ *AF-Hilfslicht der Kamera (hier D300).*

Dadurch sollen sich die Pupillen der zu fotografierenden Person rechtzeitig schließen, und der beschriebene Effekt soll dadurch vermieden werden. In der Praxis merkt man schnell, dass der Grad der Wirkung oftmals bescheiden ausfällt, die Menschen auf das helle Licht vor der eigentlichen Aufnahme gereizt reagieren und der Fotograf von der Auslöseverzögerung nur noch genervt ist.

Mein Fazit: Ignorieren Sie diese Funktion und versuchen Sie, das Problem besser durch indirektes Blitzen zu lösen.

Die manuelle Blitzsteuerung

Das integrierte Blitzgerät unterstützt neben der automatischen (i-)TTL-Blitzsteuerung auch die manuelle Blitzsteuerung (analog der Aufsteckblitze SB-600, SB-800 und SB-900). Zur Funktion der manuellen Blitzsteuerung sowie deren Einsatzgebieten verweise ich auf Kapitel 2.3, in dem ich dies ausführlich erklärt habe. Hier geht es nur darum zu erläutern, wie Sie die erforderlichen Einstellungen für die manuelle Steuerung des integrierten Blitzgerätes vornehmen.

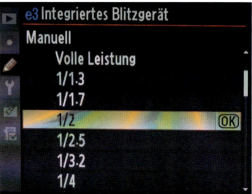

In dem abgebildeten Untermenü können Sie die Blitzleistung in Teilstufen anpassen, beginnend mit der vollen Leistung und dann in Stufen mit jeweils der halben Leistung der vorhergehenden Stufe ($1/2$, $1/4$, $1/8$, $1/16$ etc.). Bei einigen Kameras können Sie hier auch noch zusätzlich Zwischenstufen einstellen.

Sobald Sie die manuelle Blitzsteuerung für Ihr internes Blitzgerät aktiviert haben, blinkt auf dem oberen Kameradisplay das Blitzbelichtungskorrektur-Symbol (Plus/Minus-Zeichen) – selbstverständlich nur bei ausgeklapptem Blitz (siehe Abbildung).

Der Stroboskopblitz (RPT)

Die Funktionsweise beim Stroboskopblitzen besteht darin, dass der Verschluss der Kamera über den gesamten Zeitraum der Aufnahme offen bleibt und der Blitz seine Leistung in sich wiederholenden Teilblitzen geringerer Leistung abgibt. Durch die sehr kurze Leuchtdauer der einzelnen Blitze – zum Beispiel beträgt die Leuchtdauer des Blitzes bei einer Leistungseinstellung auf $1/16$ lediglich ca. $1/10.000$ Sek. – wird die Bewegung eingefroren.

Diese drei Parameter stehen dabei in einer gewissen Wechselwirkung: Je höher die Blitzleistung, desto geringer können die Anzahl der Blitzimpulse und die Blitzlichtfrequenz ausfallen. Im Menü ist diese Interdependenz bereits berücksichtigt – Sie können beim Einstellen eines Wertes sofort erkennen, welche Werte Ihnen für die anderen Parameter noch zur Verfügung stehen (jeweils als Korridor „von ... bis" dargestellt). Somit sind Fehlbedienungen praktisch ausgeschlossen.

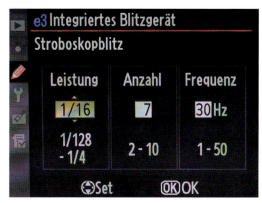

▲ *In der Auswahl Stroboskopblitz oder RPT (für engl. repeat = wiederholen) stellen Sie die Blitzleistung, Anzahl der Blitze und Frequenz (in Hertz = Anzahl der Blitze pro Sekunde) ein.*

Die Werte ermitteln Sie in der Praxis wie folgt: Zunächst überlegen Sie, wie lang (in Sekunden) der Bewegungsablauf ist, den Sie fotografisch festhalten wollen. Anschließend legen Sie fest, wie viele Phasen Sie von diesem Bewegungsablauf darstellen wollen. Aus diesen beiden Parametern ergibt sich die Blitzfrequenz nach folgender Formel:

Blitzfrequenz = Anzahl der Phasen / Dauer der Bewegung.

Wichtig ist, dass die Zeit, in der das Blitzlichtgewitter ausgelöst wird, mit der Belichtungszeit übereinstimmt. Ist nämlich die Belichtungszeit kürzer als die Dauer der Stroboskopblitze, werden Letztere automatisch nach Ablauf der Belichtungszeit abgeriegelt.

Kameraeinstellungen für perfektes Blitzen

Achtung Überbelichtung!

Um eine Überbelichtung des Hintergrunds zu vermeiden, sollte dieser sehr dunkel oder sehr weit vom bewegten Objekt entfernt sein. Die besten Bildergebnisse erreichen Sie bei geringem Umgebungslicht. Der Hintergrund dafür ist, dass für das Stroboskopblitzen mit relativ langen Belichtungszeiten gearbeitet wird (um einen Bewegungsablauf einfangen zu können). Gleichzeitig ist das Arbeiten mit relativ offener Blende erforderlich, da die Blitzleistung beim Stroboskopblitzen sehr stark reduziert wird.

Beispiel: Der SB-800 hat bei 35 mm eine Leitzahl von 38 (ISO 100). Bei $1/8$ der Maximalleistung steht für die einzelnen Stroboskopblitze eine Leitzahl von knapp 5 zur Verfügung ($38/8$). Das reicht bei Blende 2.8 noch nicht mal für eine Blitzreichweite von 2 m (ggf. ISO-Wert erhöhen). An diesem Beispiel wird deutlich, dass das Stroboskopblitzen mit dem integrierten Blitzgerät nur höchst eingeschränkt funktioniert. Eine Leitzahl von ca. 12 ist im Prinzip viel zu gering.

Master-Steuerung (der integrierte Blitz im Commander-Modus)

Wie bereits in Kapitel 3 (zum Advanced Wireless Lighting) erläutert wurde, kann in einigen Nikon-Kameras das eingebaute Blitzgerät auch als Commander fungieren und somit die Remote-Blitze steuern. Die Funktion des AWL habe ich bereits erläutert – und auch wie Sie die Commander-Funktion an Ihrer Kamera aktivieren. Ich gehe daher in diesem Abschnitt nur kurz auf die Einstellungsmöglichkeiten in dem Menü *Master-Steuerung* ein.

Standardmäßig werden alle drei Beteiligten (*Integr. Blitz*, *Gruppe A* und *Gruppe B*) mit der TTL-Blitzsteuerung betrieben. Dies können Sie auf Wunsch in die Modi AA und M ändern (zu den Blitzsteuerungsmodi verweise ich auf Kapitel 2), und zwar komplett unabhängig voneinander. Zum Beispiel können Sie dem Hauptlicht in Gruppe A die automatische Blitzsteuerung TTL zuweisen (was ich zu Beginn empfehle) und das Blitzgerät in Gruppe B, das für die Hintergrundbeleuchtung zuständig ist, im manuellen Betrieb fahren.

In diesem Menü können Sie die Blitzsteuerungsmodi für das integrierte Blitzgerät selbst sowie zwei weitere Gruppen einstellen (Gruppe A und B). Zur Funktion der Gruppen verweise ich wieder auf Kapitel 3, dort habe ich das Thema vertiefend behandelt.

Sofern Sie die Automatikmodi TTL oder AA nutzen, nehmen Sie etwaige Korrekturen über die entsprechende Spalte (*Korr.*) mit Werten von bis zu +/– 3.0 vor. Beim Arbeiten im manuellen Modus erfolgt die Korrektur über einen Teilwert von $1/1$ (volle Leistung).

Es gibt neben den Modi TTL, AA und M noch eine weitere Einstellungsmöglichkeit in der Spalte *Modus*. Es handelt sich um zwei waagerechte Striche (--), die das Abschalten symbolisieren. Dies ist insbesondere für das integrierte Blitzgerät von Belang, da dies in der Standardeinstellung mitblitzt, obwohl es in den meisten Fällen beim drahtlosen Blitzen nur zur Steuerung der Remote-Blitze gedacht ist. Ist das integrierte Blitzgerät auf -- gestellt, sendet es lediglich Steuerblitze (Vorblitze), aber keinen Hauptblitz aus.

Allerdings werden Sie vor allem beim Blitzen im Nahbereich einen deutlichen Helligkeitsverlauf bemerken, der von den Steuerblitzen her resultiert. Zur totalen Abschattung dieser Vorblitze empfiehlt Nikon die Verwendung des optional erhältlichen Aufsatzes SG-3IR (der die Steuerbefehle passieren lässt).

▲ *Der SG-3IR-Aufsatz von Nikon verhindert störende Einflüsse des Steuerblitzes und lässt nur die Steuerbefehle passieren.*

Blitzbelichtungsreihen (Blitz-Bracketing)

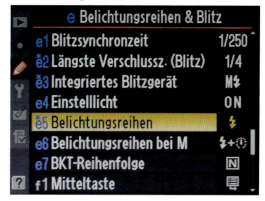

In der Praxis gibt es immer mal wieder Lichtverhältnisse, die es einem Fotografen nicht so leicht machen. Gerade bei Motiven mit einem hohen Kontrastumfang muss ein Fotograf entweder bei den Lichtern oder in den Schatten Kompromisse eingehen.

Der gesamte Kontrastumfang eines Motivs lässt sich nämlich nicht immer komplett auf den Sensor bannen, da dieser nur etwa 10–12 Blenden Kontrastumfang darstellen kann. In der Natur fällt die Spreizung zwischen hellsten und dunkelsten Tonwerten oft deutlich höher aus.

Hier hilft es oft, mit Belichtungsreihen (sogenanntes Bracketing) zu arbeiten, bei denen die Belichtung zwischen den einzelnen Aufnahmen variiert. Der Fotograf kann dann zu Hause entscheiden, welche Aufnahme das Motiv am besten wiedergibt. Unterstützt wird das Bracketing bei allen DSLR von Nikon jenseits der Einsteigerklasse.

Sie können jetzt entscheiden, auf welche Art der Belichtung sich eine Belichtungsreihe beziehen soll. Standardmäßig eingestellt ist die Option, dass sich das Bracketing auf die normale Belichtung und die Blitzdosierung bezieht. Diese Option halte ich für nicht sinnvoll, da es bei der Blitzfotografie

Kameraeinstellungen für perfektes Blitzen

zumeist um die Feinabstimmung zwischen Umgebungs- und Blitzlicht geht. Diese Feinabstimmung ist jedoch sehr viel leichter zu realisieren, wenn Sie das Bracketing ausschließlich für das Blitzlicht anwenden.

Sie aktivieren das Blitz-Bracketing über das Kameramenü in den Individualeinstellungen (*Belichtungsreihen*).

Nachfolgend sehen Sie eine Belichtungsreihe, bestehend aus drei Aufnahmen, die sich in ihrer Blitzleistung unterscheiden (–1 LW, 0, +1 LW).

▲ *Nikon D3 | 65 mm | f4.2 | $^1/_{500}$ Sek. | SB-800 im TTL-Modus | Blitz-Bracketing (–1 LW).*

Nikon D3 | 65 mm | f4.2 | ¹/₅₀₀ Sek. | SB-800 im TTL-Modus | Blitz-Bracketing (+1 LW).

Nikon D3 | 65 mm | f4.2 | ¹/₅₀₀ Sek. | SB-800 im TTL-Modus | Blitz-Bracketing (Nullstellung).

Kameraeinstellungen für perfektes Blitzen

Alle drei Aufnahmen entstanden innerhalb von einer Sekunde. Wie Sie erkennen können, ist keine der Aufnahmen komplett falsch belichtet. Gleichwohl sind die Unterschiede deutlich sichtbar. Die Entscheidung, welche Aufnahme schlussendlich favorisiert wird, ist – wie vieles im Leben – Geschmackssache. Gut aber, dass man wählen kann!

Das Einstelllicht

Auch erfahrene Fotografen tun sich mit dem Ausleuchten eines Motivs mithilfe von Blitzlicht manchmal etwas schwer, da ihnen ein Einstelllicht fehlt, wie man es von Studioblitzanlagen her kennt. Somit gibt es vermeintlich nichts, was den Lichtverlauf bereits vor der Aufnahme anzeigt. Dabei gibt es eine solche Funktion sogar an einigen Systemblitzgeräten von Nikon (siehe Abbildung).

Das Einstelllicht funktioniert mithilfe eines stroboskopartigen Dauerlichts, das für etwa 2–3 Sekunden vom Blitzgerät ausgesendet wird.

Problematisch wird es, wenn Sie mit mehreren Blitzgeräten arbeiten und kontrollieren wollen, ob die einzelnen Blitze richtig ausgerichtet sind. Es ist dann nicht nur mühsam, sondern auch wenig zielführend, wenn Sie zu jedem einzelnen Blitzgerät gehen müssen, um das Einstelllicht zu aktivieren – Sie könnten dann nur die Wirkung jeweils eines Blitzes kontrollieren.

Was viele nicht wissen: Sie können das Einstelllicht aller beteiligten Blitzgeräte durch Drücken der Abblendtaste gleichzeitig von der Kamera aus (!) auslösen.

Aktivieren können Sie diese Funktion in den Individualfunktionen (*Einstelllicht*).

Die Funktion Blitz aus

Nehmen wir an, der Blitz befindet sich auf der Kamera, ist eingeschaltet und Sie möchten jetzt unvermittelt eine Aufnahme zwischendurch ohne Blitzbelichtung machen (zum Beispiel weil das Available Light in der Situation einfach besser passt – jeder, der schon mal auf Hochzeiten fotografiert hat, weiß, dass das häufiger vorkommt, als man gemeinhin annimmt). Hierzu müssen Sie nicht unbedingt den Blitz ausschalten, Sie können alternativ auch einfach die FUNC-Taste an der Kamera drücken (sofern Sie die Option im Kameramenü aktiviert haben).

7.

Lichtformer & Co. – wichtiges Zubehör beim Blitzen

Lichtformer & Co. – wichtiges Zubehör beim Blitzen

Bisher habe ich mich in diesem Buch weitgehend auf die Einstellungsmöglichkeiten an Blitz und Kamera konzentriert. Aber auch das Licht kann „eingestellt" und angepasst werden. Wie Sie das – zum Teil mit einfachsten Mitteln – umsetzen und wie sich das Licht mit den verschiedenen Formern verändert, wird wesentlicher Bestandteil dieses Kapitels sein.

Zahlreiche Bildbeispiele zeigen die gravierenden Unterschiede zwischen den unterschiedlichen Lichtformern.

Ein großes Manko der ansonsten so praktischen Aufsteckblitze ist ihre harte, stark gerichtete Lichtcharakteristik, die sich konstruktionsbedingt (leistungsfähige Miniblitzröhre auf kleinstem Raum) auch nicht ändern lässt. Der Blitz gibt sein Licht kräftig, gerichtet und in einem bestimmten Strahlungswinkel ab. Er erzeugt dabei kräftige Kontraste, starke Reflexe und tiefe Schatten.

Genau wie bei professionellen Studioblitzen gibt es auch für die Aufsteckblitze verschiedene Lichtformer, die helfen, die charakteristische Wirkung des Aufsteckblitzes zu verändern. In diesem Kapitel möchte ich auf die verschiedenen Methoden eingehen, wie Sie – mit oder ohne Zubehör – dem Licht eine andere Charakteristik geben und es formen können.

Die Zubehörindustrie hat längst erkannt, dass die Strobisten eine durchaus umsatzträchtige Zielgruppe sind, und bringt daher in schöner Regelmäßigkeit neue Lichtformer für Systemblitze auf den Markt. Nicht alles, was im Handel erhältlich ist, kann mit echtem Nutzen überzeugen – soviel sei hier bereits angemerkt.

Wie sieht es eigentlich mit der Lichtcharakteristik der verschiedenen Lichtformer aus? Die unterschiedliche Wirkung ist bei den besseren Lichtformern sehr wohl zu erkennen, allerdings sollte man keine Vergleiche zu den Studioblitzsystemen mit ihren Lichtformern anstellen, die allein aufgrund ihrer Leistung ganz andere Möglichkeiten beinhalten.

Man sollte sich immer vor Augen halten, dass selbst die leistungsstärksten Aufsteckblitze nicht annähernd an die schwächsten Studioblitze herankommen, was die Blitzpower anbelangt. Und die ist insofern relevant, als jeder Lichtformer zum Teil ganz erheblich an der Blitzleistung „knabbert".

Dennoch hat das Thema Lichtformung beim Einsatz von Systemblitzen eine große Bedeutung und ich gehe so weit, dass ich sage, dass erst durch den Einsatz von Lichtformern das Potenzial unserer kleinen Helferlein richtig ausgeschöpft wird.

Bildaussage unterstützen

Wichtig ist dabei aber, dass die Lichtformung nicht zum Selbstzweck erfolgen darf, sondern stets die Bildaussage unterstützen soll.

Wenn meine Aufnahme gesoftetes Licht mit weichen Schattenverläufen erfordert, muss ich als Fotograf wissen, wie ich dieses weiche Licht schaffen kann. Gleiches gilt für den umgekehrten Fall, dass für eine Aufnahme hartes Licht mit Schlagschatten das Mittel der Wahl sein soll.

Es soll in diesem Kapitel nicht vordergründig um das Thema Zubehör gehen. Ich möchte Ihnen vielmehr anhand von zahlreichen Bildbeispielen näherbringen, dass es sich lohnt, den ein oder anderen Gedanken nicht nur auf das Motiv, sondern auch auf das Licht zu „verschwenden". Erst wenn Sie die Lichtsetzung im Griff haben, werden Sie durchgängig zu interessanten Bildergebnissen mit dem Wow-Faktor kommen.

Werbung? Sponsoring?

Lassen Sie mich an dieser Stelle bitte eines klarstellen: Bei der Besprechung der unterschiedlichsten Hardware in diesem Buch (und insbesondere in diesem Kapitel) komme ich nicht umhin, bei dem einen oder anderen Produkt den Hersteller explizit zu benennen.

Ich möchte dabei von vornherein dem Eindruck entgegentreten, Werbung für besonders „sponsoringfreundliche" Hersteller zu machen. Wenn ich ein Produkt positiv bespreche, tue ich dies aus ehrlicher Überzeugung. Das komplette von mir eingesetzte Fotoequipment habe ich zu ortsüblichen Konditionen erworben. Im Übrigen werden Sie sicher sehr schnell merken, dass ich den meisten „Zauberprodukten" auf dem Markt durchaus kritisch gegenüberstehe.

Bevor ich mit den unterschiedlichen Kategorien von Lichtformern beginne, will ich Sie auf einen Lichtformer hinweisen, den Ihr Blitzgerät bereits eingebaut hat – und hiermit meine ich nicht die kleine Streuscheibe, die man bei dem SB-600, SB-800 und SB-900 ausziehen kann.

Der Zoomreflektor – ein eingebauter Lichtformer

Die Aufsteckblitze von Nikon bringen (mit Ausnahme des SB-400) bereits einen „eingebauten Lichtformer" mit. Der Zoomreflektor – auf den ich bereits in Kapitel 5.2 eingegangen bin – ist in erster Linie dafür gedacht, den Ausleuchtungswinkel des Blitzlichts der verwendeten Kamerabrennweite anzupassen, sodass eine gleichmäßige Ausleuchtung des gesamten Bildfeldes gewährleistet ist.

Durch die Wirkungsweise des Zoomreflektors – der über einen verstellbaren Hohlspiegel funktioniert, der das Licht mehr oder weniger stark bündelt – lässt dieser sich prinzipiell auch als Lichtformer einsetzen. Immer dann, wenn Sie den Zoomreflektor des Blitzkopfes manuell auf eine längere Brennweite einstellen als die von Ihnen am Objektiv verwendete, erhält das Blitzlicht einen spotartigen Charakter. Mehr zu diesem Thema finden Sie in den Kapiteln 5.2 und 8.1.

Welche Arten von Lichtformern gibt es?

Man unterscheidet grundsätzlich zwei Arten von Lichtformern: **Lichtbündler** und **Lichtstreuer**. Lichtbündler erzeugen gerichtetes, hartes Licht und Lichtstreuer diffuses, weiches Licht. Zu den Lichtbündlern zählt man zum Beispiel Waben und Snoots.

Prominente Vertreter der Lichtstreuer sind etwa Schirme und Softboxen. Eine dritte Art von Lichtformern stellen die sogenannten **Lichtschlucker**

dar, auf die ich ebenfalls in diesem Kapitel eingehen werde.

Da die Systemblitze wie beschrieben bereits „von Haus aus" recht hartes und gerichtetes Licht mitbringen, beginne ich zunächst mit der Kategorie der Lichtstreuer. Später gibt es dann aber auch noch Hinweise auf Lichtbündler, die das Blitzlicht noch härter und noch gerichteter machen können.

7.1   Die Lichtstreuer

Die unangenehmste Eigenschaft von Systemblitzgeräten ist die Tatsache, dass sie systembedingt hartes und gerichtetes Licht produzieren.

In der Regel stört dabei weniger das Licht selbst (obwohl sich auch das negativ auswirken kann), sondern die daraus resultierenden harten Schatten – auch Schlagschatten genannt.

Ein Grund für unschöne Schattenwürfe ist bei Personenaufnahmen oft das ungünstige Abstandsverhältnis zwischen Blitz und Person sowie Person und Hintergrund.

Meist befindet sich die Person zu nah an einer Wand und der Blitz ist zu weit von der Person entfernt. In Kapitel 1 habe ich diese Zusammenhänge sehr ausführlich beschrieben.

Porträtaufnahme mit Systemblitz (SB-800) im TTL-Modus auf der Kamera. Das Model steht etwa 1 m vor der Wand. Der Abstand zwischen Kamera und Model beträgt ca. 3 m. Das Bildergebnis ist alles andere als berauschend. Das Model wirkt totgeblitzt. ▶

▼ Porträtaufnahme mit entfesseltem Systemblitz (SB-800) im TTL-Modus links von der Kamera (Steuerung durch integriertes Blitzgerät an der D300). Das Model steht jetzt etwa 3 m vor der Wand. Der Abstand zwischen Blitz und Model wurde auf 1 m reduziert. Die Schlagschatten sind etwas reduziert, aber immer noch deutlich sichtbar.

▲ Porträtaufnahme mit entfesseltem Systemblitz (SB-800) im TTL-Modus links von der Kamera (Steuerung durch integriertes Blitzgerät an der D300). Das Model steht etwa 1 m vor der Wand. Der Abstand zwischen Blitz und Model beträgt ca. 3 m. Das Model wirkt jetzt nicht mehr totgeblitzt, aber die heftigen Schlagschatten sind dem Bildergebnis nicht wirklich zuträglich.

▲ Porträtaufnahme mit entfesseltem Systemblitz (SB-800) im TTL-Modus links von der Kamera (Steuerung durch integriertes Blitzgerät an der D300) mit Aufsteckdiffusor. Das Model steht etwa 3 m vor der Wand. Der Abstand zwischen Blitz und Model beträgt 1 m. Die Schlagschatten sind reduziert, aber noch sichtbar.

In diesem Kapitel möchte ich vor allem auf einen zweiten Grund eingehen, und zwar wie Sie die Lichtcharakteristik durch den Einsatz von Lichtformern in den Griff bekommen. In Kombination mit dem Erfordernis, auf die richtigen Abstände

zu achten, können Sie sich nämlich so Ihr eigenes weiches Licht „basteln".

Der Aufsteckdiffusor

Bei dem letzten Foto kam erstmals ein Lichtformer zum Einsatz, und zwar der von Nikon bei allen SB-600, SB-800 und SB-900 mitgelieferte Aufsteck-diffusor (auch Joghurtbecher genannt).

▲ Die Abbildung zeigt den Aufsteckdiffusor SW-13H für den SB-900 (im Lieferumfang des Blitzes enthalten).

Primäre Aufgabe des Diffusors ist die Streuung des Blitzlichts, um das Licht insgesamt weicher zu machen und die Gefahr von Spitzlichtern (insbesondere auf reflektierenden Oberflächen) zu vermeiden. Diese Aufgabe erfüllt der Aufsteckdiffusor leidlich. Sein Vorteil, ihn aufgrund seiner Kompaktheit immer dabeihaben zu können, wird ihm gleichzeitig zum Nachteil, da die Fläche, an der sich das Blitzlicht brechen kann, einfach nicht groß genug für eine deutliche Verbesserung ist.

Vorsicht Hitze!

Hinzu kommt, dass man durch den gedankenlosen Einsatz des Aufsteckdiffusors möglicherweise ein zusätzliches Problem heraufbeschwört: Da der Blitzreflektor beim Aufstecken des Diffusors automatisch auf die äußerste Weitwinkelposition gefahren wird, verfügt der Blitz über die geringste Leitzahl und muss daher bereits bei wenigen Metern Reichweite an der Leistungsgrenze betrieben werden.

Hinzu kommt, dass die beim Blitzen entstehende Wärme bei der Zoomposition Weitwinkel nicht so gut entweichen kann. Die Hitze entsteht dann quasi direkt hinter der Frontscheibe, wodurch diese schmelzen kann – in Teleposition wird die Wärme gleichmäßiger verteilt. Das kann einen Blitz insbesondere bei längeren Serien („Dauerfeuer") unter Umständen sogar zerstören. Der SB-900 hat aus diesen Gründen eine Thermoüberwachung, die den Blitz ab einer bestimmten Höchsttemperatur abriegelt, damit er sich abkühlen kann.

Weiches Licht braucht große Fläche

Lassen Sie es mich noch einmal ganz deutlich betonen: **Weicheres Licht erhalten Sie ausschließlich durch eine Vergrößerung der Leuchtfläche.** Das kann in relativer Form (Blitz näher ans Motiv heran) oder absolut (durch einen Lichtformer, der die Leuchtfläche tatsächlich/absolut vergrößert) geschehen.

Das meiste, was der Zubehörmarkt an Diffusoren für Blitzgeräte bietet, ist leider rausgeschmissenes Geld. Die im Fachhandel erhältlichen Abwandlungen vom Nikon-Joghurtbecher sind in der Regel ebenfalls mit dieser grundsätzlichen Einschränkung behaftet. Überwiegend kann man die Wirkung nur im absoluten Nahbereich erkennen – des Öfteren nicht einmal dort.

Wenn Sie aufgrund der Mobilität auf keinen Fall auf einen Aufsteckdiffusor verzichten wollen, schauen Sie sich das Lightsphere von Gary Fong an (oder

einen seiner zahlreichen Klone), da er das Prinzip des Aufsteckdiffusors auf eine etwas andere Weise verfolgt.

▲ Lightsphere-Aufsatz in der Clear-Version (noch etwas weicher wird das Blitzlicht mit der Fog-Version, die allerdings auch mehr Licht schluckt).

Bei der Verwendung des Lightsphere wird der Blitzreflektor nach oben geschwenkt – das Blitzlicht wird an dem Deckel (der nach innen gewölbt ist) reflektiert und nach vorn abgestrahlt (gleichzeitig auch nach hinten und zu den Seiten). Die Fläche, an der sich das Licht bricht, ist deutlich größer als beim Aufsteckdiffusor und der indirekte Weg des Blitzlichts führt zusätzlich zu einer stärkeren Streuung des Lichts. Dies geht allerdings zulasten der Blitzleistung, die – wie bei allen (!) Lichtformern – hierdurch reduziert wird.

Lichtformer & Co. – wichtiges Zubehör beim Blitzen

Weniger Licht mit Diffusor

Gehen Sie bei allen Diffusoren je nach Ausgestaltung von einem Verlust von 1–2 Lichtwerten aus, was bei der normalen Fotodistanz in der Regel aber kein Problem darstellen sollte.

Sobald Sie einen derartigen Aufsteckdiffusor (oder vergleichbare Modelle) auf Ihren Systemblitz aufsetzen, funktioniert die manuelle Korrektur des Zoomreflektors an Ihrem Blitz nicht mehr. Dieser wird automatisch auf die größte Weitwinkelbrennweite eingestellt, die das Blitz-

gerät bietet. Dies ist natürlich schlüssig, da eine Telestellung des Zoomreflektors (und somit eine Bündelung des Lichts) die gewünschte Streuung des Lichts konterkarieren würde.

Sie müssen sich nur darüber im Klaren sein, dass dies die Blitzreichweite zusätzlich (deutlich!) mindert. Ich empfehle daher grundsätzlich, beim Einsatz von Lichtformern die ISO-Werte in Maßen zu erhöhen, um den Blitz zu schonen.

Bei allen Verbesserungen, die man im Detail mit dem Joghurtbecher erreichen kann, bleibt letztendlich doch festzuhalten: Er stellt im Prinzip lediglich eine Notlösung dar.

Ich wende mich in der Folge den wenigen Lichtformern für Systemblitze zu, die einen erkennbaren Einfluss auf die Lichtformung haben und somit eine sinnvolle Investition sind.

Der Schirm als Lichtformer

Schirme sind die preiswerteste Möglichkeit, das harte Blitzlicht weicher zu gestalten. Die Schirme sehen aus wie normale Regenschirme, haben aber statt des Handgriffs einen Metallstab.

Der Metallstab des Schirms passt in die entsprechenden Aufnahmen eines Schirmneigers (siehe Abbildung).

Der Faltmechanismus macht es einfach, die Schirme zu transportieren, ein langwieriges Zusammenbauen entfällt. Deswegen sind Schirme die idealen Lichtformer für den Einsatz on Location. Man unterscheidet zwei Varianten: den **Durchlichtschirm** und den **Reflexschirm**.

Beiden Schirmvarianten gemein ist die Auffächerung bzw. Streuung des Blitzlichts. Je größer die

Schirme im Durchmesser sind, desto größer ist der Grad der Streuung – zumindest theoretisch. Ein zu großer Schirm (> 120 cm Durchmesser) kann seine theoretischen Vorteile zumindest mit einem Systemblitzgerät kaum noch ausspielen, da hierfür ganz einfach der Abstrahlwinkel des Blitzgerätes nicht ausreicht.

▲ *Schirmneiger von Manfrotto. Gut zu erkennen ist zum einen die Neigungseinheit und zum anderen die Aussparung (oberhalb des Neigungsscharniers), in die der Metallstab des Schirms gesteckt wird.*

Schlagschatten ade

Schauen Sie sich das nachfolgende Bildbeispiel an – die gleiche Szene, die wir bereits hatten, nur sind diesmal die Schlagschatten praktisch kom-plett verschwunden. Zum Einsatz gekommen ist ein Schirmlichtformer, den ich zu den günstigs-ten und mobilsten zähle und daher immer mit da-beihabe.

Porträtaufnahme mit entfes-seltem Systemblitz (SB-800) im TTL-Modus links von der Kamera (Steuerung durch inte-griertes Blitzgerät an der D300) – eingesetzt wurde ein Durch-lichtschirm. Das Model steht etwa 2 m vor der Wand. Der Abstand zwischen Blitz und Model beträgt ca. 1,5 m. Die Schlagschatten sind praktisch verschwunden. Die Ausleuch-tung wirkt sehr homogen.

Der Reflexschirm

Wie mit einem Reflektor lassen sich Richtung und Farbe des Lichts mit einem Reflexschirm lenken. Dabei wird der Schirm, der lichtundurchlässig ist, direkt vor dem Blitz montiert, sodass das Blitzlicht in die Gegenrichtung umgelenkt wird. Die Art der Reflexion ist dabei abhängig von der Form und Größe des Schirms. Je größer und flacher die Schirmkrone (das ist das, was beim Schirm vor Regen schützt ...), desto breiter ist die Streuung des Lichts. Bei kleinen Schirmen und vor allem bei sogenannten Parabolschirmen (bei denen das Schirmdach stark nach unten gewölbt ist) wird das reflektierte Blitzlicht dagegen mehr oder weniger stark gebündelt und kann daher genauer ausgerichtet werden.

▲ *Ein typischer Vertreter der Parabolschirme – hier als Reflexschirm mit weißer Beschichtung (Quelle: Hensel).*

Weiß, gold oder silber?

Die Reflexschirme sind innen weiß, silber- oder goldfarben beschichtet. Damit erhöht sich die Lichtausbeute und die Farbe der Beschichtung hat Auswirkungen auf die Kontraste und die Lichtfarbe in Ihrem Foto.

Die Farbe der Reflexionsfläche ist für die Bildwirkung relevant. Während ein neutral weißer Reflexschirm das Blitzlicht ohne Farbverschiebung auf das Motiv zurückwirft, wird das Blitzlicht beim Einsatz eines goldenen Reflexschirms wärmer und bei der Verwendung eines silbernen Reflexschirms kühler. Was hier noch recht theoretisch klingt, wird bei der Betrachtung der nachfolgenden Bildbeispiele deutlicher.

Es ist gut zu erkennen, dass der Einfluss der Reflexionsfläche durchaus erheblich ist. Die goldene Fläche wird vor allem zur Simulierung warmen Sonnenlichts verwendet, da sie den Models gleichzeitig eine bronzefarbene Hautfarbe verleiht. Die silberne Reflexionsfläche kommt vor allem in der modernen Fashion-Fotografie häufig zur Anwendung, um den leicht unterkühlten Ausdruck zu unterstreichen. Weiß ist universal einsetzbar, da es für neutrale und weiche Bildergebnisse sorgt.

Höherer Wirkungsgrad bei Silber und Gold

Den silbernen und goldenen Reflexschirmen ist gemein, dass sie einen etwas höheren Wirkungsgrad als die weißen Reflexschirme haben. Bei den nachfolgenden Bildbeispielen ist dies gut zu erkennen an den Schattenpartien rechts hinter dem Model auf dem Hintergrund. Das Licht ist somit nicht ganz so weich wie beim weißen Reflexschirm. Andererseits eignen sich die silbernen und goldenen Reflexschirme (oder alternativ Reflektoren) damit besser für eine Ausleuchtung über eine längere Distanz bzw. zum Abschwächen von hartnäckigen Schattenpartien. Auch bewusste Spitzlichter (zum Beispiel in den Augen) gelingen gerade mit silbernen Reflexschirmen deutlich besser als mit weißen.

▼ Der Einsatz eines silbernen Reflexschirms sorgt für etwas „knackigeres" Licht – die Schattenpartien sind etwas konturierter. Die Farbgebung ist etwas kühler.

▲ Der goldene Reflexschirm produziert eine deutlich sichtbare Farbverschiebung in Richtung „warm". Die Haut bekommt einen Bronzeton. Ein wenig erinnert die Farbgebung an das Licht einer tief stehenden Sonne – nicht umsonst werden goldene Reflektoren gern bei Strandaufnahmen eingesetzt. Sie sollten rein-goldene Reflektoren sparsam einsetzen, da der Effekt – zumindest für unser mitteleuropäisches Empfinden – oft ein wenig zu stark ist und nur schlecht kontrolliert werden kann.

Bei Einsatz des weißen Reflexschirms sind keinerlei Farbver-
schiebungen zu beobachten.
Das Bildergebnis ist neutral –
die Schattenpartien sind diffus.

Der Reflektor

Eine sehr schöne Alternative zum Reflexschirm
ist der Einsatz eines Reflektors in Kombination
mit einem Systemblitz. Reflektoren gibt es in allen
Größen und Qualitäten – von 5-in-1-Sets für kleines Geld bis hin zu den ultimativen Reflektoren
von California Sunbounce, die zwar einiges teurer, aber ihr Geld wert sind. Die Firma California
Sunbounce (anders als der Name vermuten lässt,
handelt es sich um eine deutsche Firma mit Sitz in
Niedersachsen) hat vor einiger Zeit mit dem Flash-
Bracket eine prima Lösung für alle Strobisten auf
den Markt gebracht.

Mit diesem verstellbaren (ausziehbaren) Blitzhalter
(siehe Abbildung oben) können Sie einen Systemblitz zum Beispiel an den Micro-Mini-Reflektor von
Sunbounce adaptieren und erhalten so eine exzellente Lösung für ein indirektes Blitzlicht.

Das Ganze lässt sich entweder auf einem Stativ
befestigen oder zur Not mit der linken Hand halten.
Die Ergebnisse, die sich mit dieser Kombination
erzielen lassen, sind hervorragend.

▼ *Der Micro-Mini mit Flash-Bracket von California Sunbounce in der Praxis (Quelle: sunbounce.com).*

▲ Aufnahme ohne Blitz.　　　　　　　　▼ Aufnahme mit direktem Blitzlicht (Blitz auf Kamera).

▲ *Aufnahme mit Blitzlicht – über Micro-Mini reflektiert – Zebra-Bespannung (Quelle: sunbounce.com).*

Dabei können Sie auch noch mit verschiedenen Reflektorstoffen experimentieren. Empfehlen kann ich die „Zebra"-Bespannung, die sich die Firma hat patentieren lassen – ein ganz bestimmtes gold-weißes Zickzackmuster, das gerade bei Porträts für sehr schöne Ergebnisse sorgt. Die hier gezeigte Aufnahmereihe soll dies veranschaulichen.

Reflektoren sind grundsätzlich ein sehr empfehlenswertes Zubehör, da sie selbstverständlich – vor allem im Freien – auch ohne künstliche Lichtquelle wunderbar zur Lichtsetzung eingesetzt werden können.

Hier spielen die Reflektoren ihre zum Teil enormen Qualitätsvorteile gegenüber den günstigeren Wettbewerbsprodukten aus, was neben den sehr guten Reflexionsflächen wie Zebra vor allem an der sehr straffen Bespannung liegt, die auch nach mehrmaligem Ab- und Aufbau nicht nachgibt. Es ist mehr als erstaunlich, was diese Reflektoren selbst an relativ trüben Tagen noch an Sonnenlicht einsammeln und reflektieren können – probieren Sie es einmal aus.

Selbstverständlich gibt es aber auch in diesem Bereich eine Lösung für den kleinen Geldbeutel: Der populärste Low-Budget-Reflektor ist die gute alte Styroporplatte. Sie ist günstig, sie ist weiß und sie ist stabil – lediglich das Packmaß lässt zu wünschen übrig, aber für das Geld muss man einfach irgendwo Abstriche machen ... :) Man kann sie auch mit silberner oder goldener Alufolie bekleben.

Der Durchlichtschirm

Oft etwas belächelt, meist unterschätzt, aber einer der unkompliziertesten und günstigsten Lichtformer ist der Durchlichtschirm. Er reflektiert das Licht nicht, sondern streut es gleichmäßig und erzeugt eine große weiche Lichtquelle (ähnlich wie bei einer Softbox). Der Vorteil des Durchlichtschirms ist, dass er auch sehr nahe am Objekt eingesetzt werden kann.

Das Blitzlicht wird bei der Verwendung eines Durchlichtschirms stärker gestreut und wird somit weicher als bei der Verwendung eines Reflexschirms. Allerdings geht dies zulasten der Blitzleistung, da der Durchlichtschirm (ähnlich wie die Softbox) mehr Blitzlicht absorbiert als der Reflexschirm. Durchlichtschirme eignen sich aufgrund der starken Streuung des Blitzlichts zum Beispiel sehr gut zur gleichmäßigen Ausleuchtung von Räumen (siehe Kapitel 8) und überall dort, wo hässliche Schattenwürfe drohen.

Für eine differenzierte Ausleuchtung eignet sich ein Durchlichtschirm aufgrund seiner starken Aufspreizung des Lichts dagegen nicht so gut, daher kommt er in der Regel auch nicht im Verbund mit mehreren Blitzgeräten (Multiblitz-Aufbau) zum Einsatz.

Vielmehr stellt er eine prima Lösung für den unkomplizierten Aufbau einer Ein-Licht-Lösung dar. Einmal auf einem Stativ aufgebaut, eignet sich die Kombination aus Schirmneiger und Durchlichtschirm auch gut für die Ausleuchtung mehrerer Personen.

Durch die starke Streuung des Lichts ist die genaue Positionierung relativ unkritisch. Während Sie bei anderen Lichtformern darauf achten müssen, dass das Blitzlicht nicht zu sehr von der Seite kommt (hierbei geht es oft schon um einen Grad mehr oder weniger im Ausleuchtungswinkel), ist ein Blitzlicht mit Durchlichtschirm relativ genügsam.

Gut zu sehen ist dies auf der nächsten Seite. Obwohl das Blitzgerät etwa 1 m über dem Model positioniert war, wurde auch der Bereich unterhalb der Hutkrempe adäquat ausgeleuchtet. Ohne Schirm dagegen kam es zu hässlichen Schlagschatten, die die Augen verschwinden ließen (oberes Bild).

Der Schirm sorgt für eine deutlich ausgewogenere Beleuchtung ohne harte Schlagschatten. Selbst der Bereich unter der Hutkrempe (Haaransatz und Augenpartie) ist adäquat ausgeleuchtet.

◀ *Links ohne Durchlichtschirm (SB-800 ohne Lichtformer), unten mit Durchlichtschirm. Identische Kameraeinstellungen: f6.3 | 1/160 Sek. | ISO 200 | Blitz im TTL-Modus.*

Adaptersysteme für Aufsteckblitze

Alle nachfolgenden Lichtformer für Systemblitze werden über unterschiedlichste Arten von Adaptersystemen an das Blitzgerät angepasst. Stellvertretend dafür werde ich hier und da einen Bezug zum populärsten (und ersten) Lichtformersystem für Kompaktblitzgeräte herstellen: das von Cyrill Harnischmacher (*www.lowbudgetshooting.de*) entwickelte flash2softbox-System, das seit 2006 exklusiv von der Sambesigroup (*www.sambesigroup.de*) vertrieben wird.

Über ein spezielles Adaptersystem können Sie nahezu alle Lichtformer, die man auch aus der Studiofotografie kennt, am Systemblitz verwenden, wodurch sich die Einsatzmöglichkeiten unserer kleinen Helferlein erheblich verbessern. Selbstverständlich sind die passenden Lichtformer dabei auf ein sinnvolles Format geschrumpft. Die 1,80-m-Softbox aus Ihrem Heimstudio können Sie auch mit dem flash2softbox-System nicht an Ihren Aufsteckblitz adaptieren … ;)

Aufgrund des Pionierstatus des flash2softbox-Systems (Ehre, wem Ehre gebührt!) sowie seines wegweisenden modularen Charakters werde ich in diesem Kapitel immer mal wieder auf dieses System zurückkommen. Allerdings gehe ich im Laufe der nächsten Seiten auch auf Alternativen zum flash2softbox-System ein, ohne dass ich Ihnen einen kompletten Marktüberblick geben kann und will. In erster Linie soll es um die grundsätzliche Systematik und den Nutzwert der verschiedenen Lichtformer in der Praxis gehen.

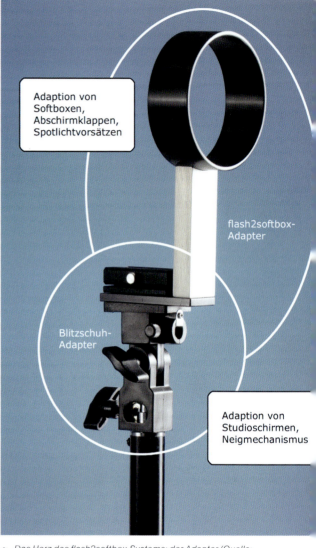

▲ *Das Herz des flash2softbox-Systems: der Adapter (Quelle: Sambesigroup).*

Der populärste Lichtformer: die Softbox

Softboxen sind rechteckige Boxen, die auf den Blitzkopf montiert werden. Sie sind üblicherweise quadratisch oder haben ein Seitenverhältnis von 1:2. Ab einem Seitenverhältnis von 1:3 bezeichnet man sie auch als Striplight.

Der hintere Teil einer Softbox ist lichtundurchlässig und innen normalerweise silberfarben beschichtet, um eine bessere Lichtreflexion zu erreichen. Die Vorderseite ist mit lichtdurchlässigem Stoff bespannt. Mit der Softbox erreichen Sie eine gleichmäßigere Ausleuchtung des Motivs und vermindern die Bildung harter Schatten. Durch den Einsatz mehrerer Softboxen erreicht man eine sehr gute Ausleuchtung des Motivs sowie des Hintergrunds und kann so Schatten vollständig vermeiden.

▲ In der Abbildung sehen Sie eine Softbox (in der Ausführung 50 x 70 cm), die über das flash2softbox-System an den Blitz adaptiert wurde (Quelle: sambesigroup.de).

Softboxen und Striplights erzeugen ein sehr weiches Licht, das wie diffuses Tageslicht wirkt. Je größer die Box ist, desto weicher wird das Licht. Dadurch entsteht ein sanftes Muster aus Licht und

Schatten, das ideal für die Porträt- und Personenfotografie ist. Um die Diffusion zu verstärken, lässt sich in einigen Softboxen neben dem Außendiffusor innen zusätzlich noch ein Diffusor anbringen, der die Weichheit des Lichts zusätzlich erhöht.

Exkurs: Die Octobox – warum acht Ecken?

Sofern Sie schon einmal eine Octobox gesehen haben, werden Sie sich möglicherweise über die achteckige Form gewundert haben. Die achteckige Konstruktion kommt natürlich nicht von ungefähr, sondern verfolgt durchaus einen Zweck: Glänzende Materialien, egal ob reflektierende Flächen oder auch das menschliche Auge, reflektieren das Umgebungslicht in der Form der Lichtquelle. Bei der Personenfotografie wird daher mit Octoboxen gearbeitet, da sie einen nahezu runden Lichtpunkt im Auge erzeugen, der an die Sonne erinnert und deshalb vom Betrachter als angenehm empfunden wird. Eckige Softboxen werden hauptsächlich bei der Sach- und Produktfotografie eingesetzt, hier erinnert der quadratische oder rechteckige Lichtfleck einer Reflexion an ein Fenster. Leider gibt es meines Wissens aktuell keine Octobox, die man an einen Systemblitz adaptieren kann.

Welche Softbox ist die richtige?

Es gibt mittlerweile eine Vielzahl von Softbox-Angeboten auf dem Markt, die sich oftmals nur im Detail unterscheiden, dafür aber recht große Preisunterschiede aufweisen. Ich möchte drei Vertreter der Kategorie Softbox herausgreifen und kurz vorstellen:

- flash2softbox
- Lastolite Ezybox
- Tristar Magic Square

Lichtformer & Co. – wichtiges Zubehör beim Blitzen

Eine Empfehlung für das eine oder andere Modell werde ich nicht aussprechen, da die Geschmäcker verschieden und die Geldbeutel unterschiedlich groß sind. Empfehlenswert sind nach meiner Einschätzung alle drei Modelle. Nachfolgend finden Sie ein paar grundsätzliche Überlegungen zum Thema Softbox.

Viel hilft viel, d. h., je größer die Softbox, desto weicher ist das Licht und vor allem die Schattenverläufe. Den Einfluss der Softbox-Größe können

Sie sehr gut an dem unten stehenden Beispiel erkennen, bei dem zwei verschiedene Softboxen aus dem flash2softbox-System zum Einsatz kamen (links 30 x 30 cm, rechts 50 x 70 cm; Abstand zum „Model" jeweils 1,50 m).

Die größere Softbox sorgt für deutlich harmonischere – weil weichere – Schattenverläufe. Daher gilt: Gerade in der Porträt- und Sachfotografie kann die Softbox eigentlich nie groß genug sein.

▼ *Fotos: Claudia Gitter.*

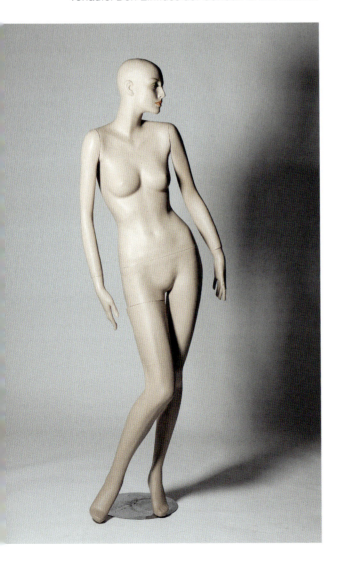

Die Ezybox gibt es in den Maßen 38 x 38 cm, 60 x 60 cm und 90 x 90 cm, den Magic Square ausschließlich in der Version 45 x 45 cm. Die größte Vielfalt gibt es bei flash2softbox. Hervorzuheben sind hier insbesondere die Softbox mit den Maßen 70 x 100 cm, die Octobox 95 cm sowie das Striplight 22 x 90 cm. Diese drei sehr großen Lichtformer sind allerdings hinsichtlich der Mobilität recht eingeschränkt – outdoor ergibt sich zudem eine sehr hohe Windanfälligkeit.

Das Thema „Aufbau/Abbau der Softbox" sollte nicht unterschätzt werden. Ich empfehle Ihnen, dieses mit den unterschiedlichen Angeboten auszuprobieren und das auszuwählen, mit dem Sie am besten klarkommen. Nach meinem Geschmack schneidet die Ezybox hier am besten ab, da sie mit dem simpelsten Auf- und Abbaumodus aufwartet (nomen est omen), was selbst Grobmotoriker nicht vor unlösbare Aufgaben stellt. Zudem hat sie das kleinste Packmaß unter den drei Kandidaten – unter Mobilitätsaspekten ein nicht zu unterschätzender Vorteil.

▲ *Magic Square von Tristar in der Ausführung 45 x 45 cm (Quelle: enjoyyourcamera.com).*

▲ *Ezybox von Lastolite – hier in der Ausführung 38 x 38 cm und mit optionalem Boomstick (Quelle: Lastolite).*

Eine Softbox mit zusätzlichem Innendiffusor macht das Licht noch einmal erheblich weicher, schluckt aber etwas mehr davon. Einen Innendiffusor bieten die Modelle von flash2softbox und Ezybox.

Softbox-Einsatz mit Streulichtscheibe
Beachten Sie, dass Sie bei der Verwendung einer Softbox den Zoomreflektor des Blitzkopfes manuell auf die Weitwinkelposition stellen. Besser noch ist es, die eingebaute Streulichtscheibe auszuziehen und somit für die bestmögliche Streuung des Blitzlichts zu sorgen. Erst dann kann die Softbox ihre Stärke so richtig ausspielen (Gleiches gilt bei der Verwendung eines Schirms).

7.2 Lichtformer im Einsatz – Teil I: Mit weichem Licht gestalten

Ich hatte bereits zu Beginn des Kapitels darauf hingewiesen, dass ich nicht nur eine trockene Auflistung der verschiedenen Lichtformer bringen will. Vielmehr will ich bereits jetzt – bevor es in Kapitel 8 im Praxisteil richtig zur Sache geht – das Ganze praxisorientiert darstellen, damit Sie ein Gefühl dafür bekommen, wie man die Lichtformer – egal ob Lichtstreuer oder Lichtbündler – am besten einsetzt.

Haupteinsatzgebiet für Lichtstreuer sind Bildmotive, die möglichst weiches Licht und eine nahezu schattenfreie Ausleuchtung erfordern.

Typische Beispiele sind hier u. a. die Baby- und Kinderfotografie, bei denen ein direktes Anblitzen schon aus gesundheitlichen Gründen verpönt sein sollte.

▼ *Nikon D2X | AF-D 50 | f8 | ¹/₂₅₀ Sek. | SB-800 im TTL-Modus | Durchlichtschirm.*

Ein weiteres klassisches Einsatzgebiet für Licht-streuer sind Aufnahmen von Motiven, die glän-zende, spiegelnde Flächen beinhalten, die auf unkontrolliertes Blitzlicht mit unschönen Refle-xen reagieren. Hier gilt: Das Licht sollte möglichst weich sein und die Lichtquelle möglichst groß. Bei-des minimiert die Gefahr von Reflexen. Im nach-

stehenden Beispiel ist der Einsatz des Blitzlichts (der zwingend erforderlich war, da der Aufnahme-ort überdacht und ziemlich dunkel war) kaum zu erkennen. Reflexionen in der Glaswand auf der rechten Seite fehlen komplett. Die Aufhellung der Gegenlichtaufnahme (betrachten Sie das von der Gegenseite einfallende Licht) gelang perfekt.

▼ *Nikon D3 | 35 mm | f2 | 1/125 Sek. | SB-800 im TTL-Modus mit Softbox.*

Einen ziemlich populären Lichtformer habe ich bisher zurückgehalten, da ich ihm eine eigene Sektion spendieren wollte:

Der Beauty Dish

Der Beauty Dish ist so eine Art Zwitter unter den Lichtformern. Er zählt zwar aufgrund seiner Bauweise zu den Reflektoren und wird daher von vielen den Lichtbündlern zugeordnet. Aufgrund seiner speziellen Konstruktion hat er aber eine ähnliche Lichtwirkung wie die Softbox, sodass man ihn theoretisch auch unter den Lichtstreuern subsumieren könnte.

Aufgrund seiner Lichtwirkung wird der Beauty Dish speziell in der Porträt- und Beautyfotografie eingesetzt, da er ein gleichmäßiges, weiches und trotzdem konturiertes Licht produziert, das im besten Fall Fältchen und Hautunreinheiten verschwinden lässt.

Der Beauty Dish kann sowohl mit einem Diffusor als auch mit einer Wabe kombiniert werden, was für zusätzliche interessante Lichteffekte sorgt. Er wird für Beautyporträts eingesetzt und erzeugt ein besonders gleichmäßiges, weiches Licht.

▲ *Der Beauty Dish (hier von flash2softbox) besteht aus einem großen, sehr flachen Reflektor und ist zusätzlich mit transluzenten Plastikscheiben ausgerüstet, die das Licht extrem weich gestalten und keinen Schatten zulassen. So verschwinden kleine Falten und Hautunreinheiten (Quelle: sambesigroup.de).*

7.3 Die Lichtbündler

Im Folgenden stelle ich Ihnen die beiden wichtigsten Vertreter der Lichtbündler vor, die immer dann zum Einsatz kommen, wenn man besondere Effekte in der Blitzfotografie erzielen möchte.

Engstrahlreflektoren (Snoots)

Snoots, auch Spots, Lichttubusse (engl. Tubes) oder Engstrahler genannt, verengen den Lichtkegel so, dass man eine punktgenaue Beleuchtung erreicht.

Häufigster Einsatzzweck für Snoots und deren spotartiger Beleuchtung ist das Setzen eines sogenannten Haarlichts (Bildbeispiele finden Sie im nächsten Kapitel).

Wenn Sie mit einem Snoot fotografieren, empfehle ich Ihnen, den Zoomreflektor des Blitzgerätes auf die Teleposition zu stellen, da Sie ansonsten zu viel Licht verschenken.

▲ Snoot über flash2softbox-System adaptiert.

Wabenvorsätze

Waben gibt es als eigenständige Lichtformer für den Systemblitz (über entsprechende Adaptersysteme) oder als Aufsatz für den Beauty Dish. Im Studiobereich spielen die Waben auch bei der Zusammenarbeit mit Standardreflektoren oder sogar Softboxen eine Rolle.

Der Wabenvorsatz bündelt das Licht, verringert das Streulicht und richtet das Licht so besser aus. Außerdem steigert er die Brillanz und den Kontrast. Mit einer Wabe, auch Richtgitter oder Honeycomb (engl.) genannt, erzielt man zwei Effekte: zum einen die Verringerung des Lichtwinkels, und zum anderen wird das Licht härter, am besten zu sehen an den ausgeprägteren Schatten. Waben sind Gitter aus quadratischen oder meist sechseckigen Zellen – daher auch der Name Waben. Es gibt unterschiedlich dichte Waben, das heißt, die Größe der einzelnen Wabe variiert. Die Faustregel lautet: Je kleiner die Waben, desto gerichteter und härter das Licht. Je größer der Leuchtkreis, desto weicher beziehungsweise diffuser sind die Schattenkanten. Waben für Softboxen sind zumeist aus Stoff und werden mittels Klettband vor der Softbox befestigt. Beim Fotografieren mit Waben gelten zwei Regeln:

- Je höher die Blitzleistung, desto stärker fällt der Schattenkontrast aus.
- Je näher sich das Objekt an der Kamera befindet, desto schmaler ist der Schatten.

◄ Wabenaufsätze aus dem Honl-System, auf das ich im Abschnitt 7.5 eingehe (Quelle: honlphoto.com).

7.4 Lichtformer im Einsatz – Teil II: Mit gerichtetem Licht gestalten

Nachdem ich die wichtigsten Vertreter der Lichtbündler vorgestellt habe, zeige ich Ihnen typische Anwendungsfelder und Szenarien, in denen der Einsatz von Snoot, Wabe & Co. sinnvoll ist.

Rechts sehen Sie ein typisches Beispiel für eine Porträtaufnahme, bei der eine einzelne gerichtete Lichtquelle zum Einsatz kam: SB-800 von oben (Höhe ca. 2,20 m) mit Wabenvorsatz von Walimex (siehe Kapitel 7.6). Die Licht-/Schattenverläufe machen bei dieser Aufnahme den besonderen Reiz aus – die Armmuskulatur wird hierdurch im besonderen Maße betont. Eine streuende Lichtquelle (wie z. B. mit einem Durchlichtschirm) oder eine Aufhellung mittels eines zweiten Blitzes von der anderen Seite hätte diesen Effekt verhindert.

Wichtig beim Einsatz einer gerichteten Lichtquelle als Hauptlicht in der Personenfotografie ist: Das Model sollte stets in Richtung der Lichtquelle schauen, um unschöne Schattenverläufe im Gesicht zu vermeiden.

Ich verwende gerichtetes Licht auch gern für meine Schwarz-Weiß-Aufnahmen. Es unterstützt gerade die kontrastreichen Umsetzungen der Aufnahmen ganz ausgezeichnet.

▲ *Nikon D300 | AF-D 85 | f10 | $1/200$ Sek. | ISO 400 | SB-800 im TTL-Modus mit Wabenvorsatz.*

7.5 Die Lichtschlucker

Für die Blitzfotografie sind die sogenannten Licht- schlucker (auch Abschatter genannt) mindestens genauso wichtig wie die Lichtformer, da oft erst mit ihrer Hilfe eine angepasste Lichtsetzung möglich ist. Sie werden beim regelmäßigen Blitzeinsatz ir- gendwann feststellen, dass nicht immer „zu wenig Licht" das Problem darstellt, sondern des Öfteren auch „zu viel Licht".

Mithilfe der Lichtschlucker werden Schatten er- zeugt, Kontraste verstärkt und Reflexionen ver- mieden.

Als Lichtschlucker kommen naheliegenderweise schwarze Flächen zum Einsatz. In der mobilen Blitzlichtfotografie haben sich dabei Reflektoren mit schwarzer Bespannung bewährt. Bei vielen Faltreflektoren ist eine schwarze Seite als Licht- schlucker vorgesehen; darüber hinaus gibt es zum Beispiel von **C**alifornia **S**un**b**ounce professionelle Lösungen (sämtliche Reflektoren von CSB sind auch mit schwarzer Bespannung erhältlich).

Wird der Lichtschlucker zwischen Lichtquelle und Objekt eingesetzt, wird die Lichtabstrahlung des Lichts beeinflusst und der Lichtschlucker wirft ei- nen Schatten in Richtung Objekt. Ist das Objekt zwischen der Lichtquelle und dem Lichtschlucker, werden die Schattenbildung und der Kontrast auf der von der Lichtquelle abgewandten Objektsei- te verstärkt.

Das nächste Bildbeispiel soll die Wirkungswei- se der Lichtschlucker illustrieren. Die Aufnahme scheint zunächst absolut in Ordnung zu sein. Auf den zweiten Blick erkennt man aber, dass das (ei- gentlich schwarze) Kleid des Models leicht gräulich wirkt. Die Ursache hierfür ist der spezielle Licht- aufbau bei diesem Set, der für einen reinweißen

Hintergrund sorgt (siehe Skizze auf der nächsten Seite).

Für eine „gleichweißige" Ausleuchtung des Hin- tergrunds (zur Erzielung eines reinweißen Hin- tergrunds ohne jeden Verlauf) wurde auf beiden Seiten je ein Durchlichtschirm eingesetzt, und zwar mit einer Blitzbelichtungskorrektur von +2 LW (TTL).

Lichtformer & Co. – wichtiges Zubehör beim Blitzen

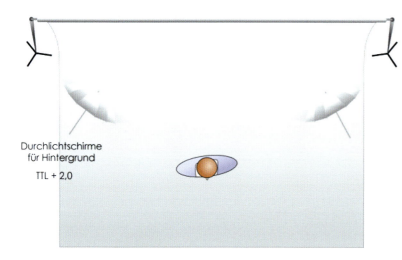

Durchlichtschirme
für Hintergrund

TTL + 2,0

Obwohl die Belichtung so bemessen wurde, dass es zu keinen Überstrahlungen kommt, macht sich das Streulicht der Schirme dahin gehend bemerkbar, dass sie für eine (nicht gewollte) zusätzliche Belichtung des Hauptmotivs sorgen, was verhindert, dass das Kleid des Models tiefschwarz abgebildet wird.

F/8, 1/160s, ISO 200

Softbox als
Hauptlicht
TTL +0,7

Verhindert werden kann dies bei einem solchen Lichtaufbau nur durch Lichtschlucker oder Abschatter, die jeweils zwischen dem Model und den Durchlichtschirmen positioniert werden. Die nebenstehende Skizze soll dies veranschaulichen:

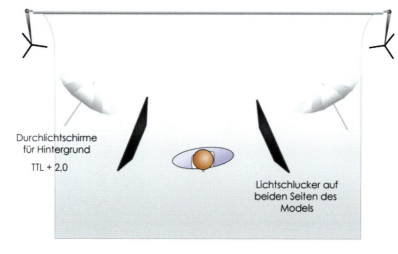

Durchlichtschirme
für Hintergrund

TTL + 2,0

Lichtschlucker auf beiden Seiten des Models

F/8, 1/160s, ISO 200

Softbox als
Hauptlicht
TTL +0,7

Das Kleid bleibt tiefschwarz, und auch die Schattenpartien am linken Arm des Models sind etwas ausgeprägter als bei dem Beispiel ohne Lichtschlucker.

7.6 Lichtformer-Sets

Es gibt auf dem Zubehörmarkt eine Vielzahl von Lichtformer-Sets, die mehrere verschiedene Lichtformer beinhalten, die allerdings zum Teil von fragwürdigem Nutzen sind. Dennoch lohnt sich hier und da ein Blick auf solche Sets. Ein bekanntes Beispiel für diese Lichtformer-Sets ist das siebenteilige Set von Walimex, das es für unter 100 Euro sowohl für den SB-600/800 als auch für den SB-900 gibt.

Das Set beinhaltet eine Mini-Softbox (20 x 30 cm), einen Mini-Beauty-Dish (18 cm Durchmesser), eine Diffusorkugel (14 cm Durchmesser), einen Wabenaufsatz (11 cm Durchmesser), einen Snoot und Abschirmklappen. Herzstück des Systems ist der Adapter, den es für verschiedene Blitzgeräte gibt und der einzeln nachgekauft werden kann, sodass sämtliche Lichtformer auf verschiedenen Aufsteckblitzen eingesetzt werden können. Das ist gut zu wissen, da der SB-900 und der SB-800 in den Reflektormaßen deutlich voneinander abweichen (dagegen haben der SB-800 und der SB-600 das gleiche Maß).

Zur Veranschaulichung der Wirkung der verschiedenen Lichtformer habe ich eine komplette Serie mit einem Model geshootet, das schön stillhält ... ;)

Der Abstand zum Hintergrund (weißer Karton) betrug ca. 2,50 m. Zum Einsatz kamen ein entfesselter SB-800 im Remote-Betrieb von vorn links (ca. 35°) mit ca. 1 m Abstand zum Model (TTL-Modus, f5.6, $1/_{160}$ Sek., ISO 800, um den Blitz zu schonen).

Nacheinander habe ich die sechs verschiedenen Lichtformer eingesetzt und dabei sämtliche Kameraeinstellungen unverändert gelassen (womit die TTL-Belichtungssteuerung gleichzeitig eindrucksvoll unter Beweis stellt, dass sie sich von den verschiedenen lichtschluckenden Aufsätzen nicht irritieren lässt).

▼ *Walimex-Blitzvorsatz-Set (siebenteilig).*

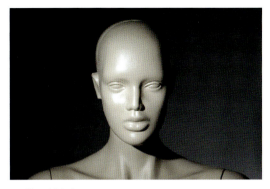

▲ Ohne Lichtformer.

▲ Mit Softbox.

▲ Mit Diffusorkugel.

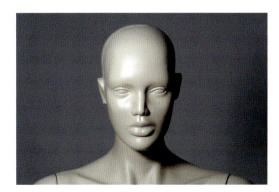

▲ Mit Beauty Dish.

▲ Mit Wabenaufsatz.

▲ Mit Snoot.

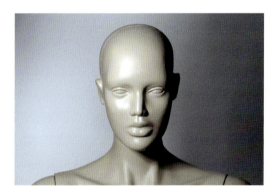

▲ Mit Abschirmklappe.

Mein Fazit: Softbox und Diffusorkugel sorgen für das weicheste Licht (beachten Sie die Schattenverläufe), wobei die Softbox das Licht allerdings viel zu sehr streut und einen Großteil ihrer Leistung auf den Hintergrund abgibt.

Lichtformer & Co. – wichtiges Zubehör beim Blitzen

Der Beauty Dish ist leider eine komplette Fehlkonstruktion. Da die innere Diffusionsscheibe nicht groß genug ist, gelangt ein Teil des Blitzlichts direkt an der Diffusorscheibe vorbei und sorgt dadurch für inakzeptable Lichtringe (siehe folgende Abbildungen).

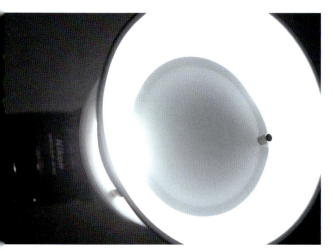

Sehr gute Effekte erreicht man dagegen mit Wabe und Snoot, da hiermit das Licht sehr gerichtet wird und somit auf das Motiv fokussiert werden kann, ohne dass es ungewünscht streuen kann (z. B. auf den Hintergrund, der mit dem Einsatz dieser beiden Lichtformer im Schwarz „absäuft"). Die Abschirmklappe verbuche ich unter dem Aspekt „Gimmick" – eine wirklich sinnvolle Verwendung

ist nicht erkennbar, da sich die partielle Abschattung sehr viel besser mit anderen Hilfsmitteln wie zum Beispiel zwei Stück schwarzen Kartons realisieren lässt.

Bewertung des Walimex-Sets

Bei meiner Bewertung des Walimex-Sets bin ich zwiegespalten: Einerseits erhält man für relativ wenig Geld ein Set mit sechs Lichtformern, mit denen man durch ein wenig Probieren abwechslungsreiche Lichtsettings erzielen kann, andererseits sind nicht alle Lichtformer aus dem Set wirklich sinnvoll einsetzbar.

Dies bringt mich abschließend zu einem letzten Lichtformer-System, das ich stellvertretend für vergleichbare Systeme vorstellen möchte und das ich selbst in der Praxis regelmäßig nutze.

Honl Photo Kit

Dieses System, das von dem amerikanischen Profifotografen David Honl entwickelt wurde, zeichnet sich durch eine hohe Verarbeitungsqualität (die Vorsätze werden aus ballistischem Nylon gefertigt) und große Flexibilität aus.

▲ *Der „Adapter" im Honl-System: ein Klettband, das auf der anderen Seite mit einem rutschfesten Belag beschichtet ist.*

Aufgrund der Adaption der verschiedenen Lichtformer über Klettbänder können Sie die Lichtformer an allen Blitzgeräten auf dem Markt verwenden und sind nicht von der Reflektorgröße abhängig. Der eigentliche Vorteil des Systems ist sein modularer Aufbau.

Sie können die Klettbänder sowie die Lichtformer nach Ihrem Gusto einzeln kaufen. Dabei stehen Ihnen folgende Lichtformer zur Auswahl:

Die sogenannten Speed Gobos können beidseitig verwendet werden – entweder als große Bounce Card (weiße Seite) oder als Abschatter (schwarze Seite). Bei gleichzeitigem Einsatz von zwei Speed Gobos können Sie den sogenannten Barn-Doors-Effekt erzielen – ähnlich wie bei dem Abschirmklappen-Aufsatz von Walimex (hier aber deutlich effektiver). Alles in allem handelt es sich um eine einfache, in der Praxis aber sehr gut funktionierende Lösung für eine kontrollierte Lichtsetzung.

▲ *Honl Photo Speed Gobo/Bounce Card (Quelle: honlphoto. com).*

Die Speed Gobos gibt es übrigens neben der weißen auch mit einer silbernen oder goldenen Beschichtung.

Auf die Wabenaufsätze (bei Honl Grids genannt) bin ich in Kapitel 7.3 schon einmal eingegangen. Sie sorgen für eng fokussiertes Licht mit kontrastreichem Übergang zu den Schattenpartien. Honl liefert die Grids in zwei Varianten mit unterschiedlicher Wabengröße.

Ebenfalls in zweifacher Ausführung gibt es die Snoots von Honl – einmal in der normalen, 8 Inch langen Version und einmal in der kürzeren, 5 Inch langen Version. Wenn Sie nur eine Variante kaufen wollen, rate ich Ihnen zur längeren Ausführung, wie Sie sie auch in dem obigen Foto sehen können. Gut zu erkennen ist ebenfalls, dass Sie bei zweckentfremdeter Nutzung des Snoots eine große Reflektorfläche wie zum Beispiel bei dem Lumiquest Pocket Bouncer erhalten.

Abgerundet wird das Honl-System durch eine Softbox, die ich anders als die anderen Lichtformer nur für bedingt praxistauglich halte, da sie mit einem Durchmesser von lediglich 23 cm daherkommt.

Die Ultrakompaktheit (für den Transport wird sie einfach zusammengerollt) rechtfertigt in meinen Augen zudem nicht den relativ stolzen Preis von ca. 70 Euro.

Die anderen hier vorgestellten Lichtformer von Honl gibt es einzeln für ca. 30 Euro oder aber in einem Set (zusammen mit den Farbfiltern) für knapp 200 Euro. Für (fast) alle Preise, die ich hier angebe, gilt: Mit ein wenig Internetrecherche lassen sich mindestens 10 % sparen.

7.7 Der Handbelichtungsmesser

Auch wenn Sie sich aktuell einen „Investitionsstopp" auferlegt haben sollten, möchte ich Sie bitten, die nachfolgenden Ausführungen aufmerksam zu lesen, da ich noch einmal ganz dezidiert auf das Thema „richtige (Blitz-)Belichtung" eingehen werde. Insbesondere diejenigen, die vorhaben, sich künftig ein wenig intensiver mit dem Thema Studiofotografie auseinanderzusetzen, werden viele nützliche Informationen erhalten.

Zunächst stellt sich die Frage, warum ich an dieser Stelle das Thema Handbelichtungsmesser aufwerfe, das in manchen Augen reichlich anachronistisch anmutet. Ist der Handbelichtungsmesser nicht eher ein Relikt aus vergangenen (analogen) Zeiten?

Das ist keineswegs so, und um das zu belegen, müssen wir uns noch einmal vor Augen führen, wie Belichtungsmessung – sowohl mit der Kamera als auch mit Handbelichtungsmessern – funktioniert.

Die in den Kameras eingebauten Belichtungsmesser liefern aufgrund ihrer Art zu messen (Objektmessung) immer Kompromisswerte, die gleichwohl in normalen Situationen zu ausgezeichneten Ergebnissen führen.

Sind die Lichtverhältnisse aber extremer, kommt es zu Fehlmessungen – die Bilderergebnisse sind dann unbefriedigend. Gleiches gilt für die Objektfotografie im Nah- und Makrobereich sowie in der Langzeit- und Blitzfotografie.

▲ Sekonic L-758DR – einer der besten Handbelichtungsmesser auf dem Markt.

Vieles von dem ist im digitalen Zeitalter nicht mehr ganz so tragisch, da die gerade gemachte Aufnahme sofort am Kameramonitor kontrolliert werden kann. Zusätzlich gibt es die Möglichkeit, zur Kontrolle das dazugehörige Histogramm zur Ermittlung der korrekten Belichtung hinzuzuziehen. Beide Aspekte sind nicht ganz von der Hand zu weisen, sie sind gleichzeitig aber auch mit deutlichen Schwächen behaftet.

Zunächst einmal taugt der Kameramonitor trotz mittlerweile erheblich verbesserter Auflösung streng genommen nicht wirklich zur Kontrolle der Belichtung. Das liegt einmal daran, dass die Monitore bei sämtlichen DSLR-Modellen von Nikon, die ich kenne, ab Werk zu hell eingestellt sind, weshalb ich im Systemmenü grundsätzlich einen Monitorhelligkeitswert von –1 bis –2 eingestellt habe (je nach Kamera).

Perfiderweise gilt dies aber nur für die Nutzung des Kameramonitors in normal beleuchteten Innenräumen. Sobald Sie raus in die Sonne gehen, wird es stellenweise selbst bei einem Helligkeitswert von +3 manchmal schwer, auch nur ansatzweise zu erkennen, ob das Bild richtig belichtet ist oder nicht.

Bleibt noch das Argument mit dem Kamerahistogramm. Selbst wenn Sie mit dem Lesen und Interpretieren von Histogrammen vertraut sind, der Schwachpunkt dieses Ansatzes ist, dass das Kamerahistogramm die Helligkeitsverteilung des gesamten Bildes abbildet. Zur Beurteilung der Belichtung eines Teilbereichs (zum Beispiel des Motivs, das in den seltensten Fällen das gesamte Bildfeld ausfüllt) ist es dagegen nicht geeignet.

Beispiel: Wenn Sie eine Körperkontur auf schwarzem Hintergrund fotografieren, ist die Aufnahme laut Histogramm unterbelichtet. Ein Bild mit einem Model auf einem reinweißen Hintergrund zeigt eine vermeintliche Überbelichtung. In beiden Fällen kann das Hauptmotiv allerdings durchaus richtig belichtet sein. Mit einem Blitzbelichtungsmesser und Lichtmessung sind beide Fälle problemlos zu meistern. Grundsätzlich spricht natürlich nichts gegen die Verwendung des Kamerahistogramms – es ist ein intuitives Hilfsmittel, das auch ich gern und regelmäßig nutze. Allerdings sollte man sich über die Grenzen dieser Technik im Klaren sein.

Gründe für Handbelichtungsmesser

Drei wesentliche Gründe sprechen für den Einsatz eines Handbelichtungsmessers:

Erstens: Handbelichtungsmesser beherrschen im Gegensatz zu kamerainternen Belichtungsmessern die sogenannte Lichtmessung. Im Gegensatz zur Objektmessung, wie sie die Kamera vornimmt, wird dabei das Licht gemessen, das auf das Bildmotiv fällt, und nicht das, das von diesem reflektiert wird. Messfehler durch sehr helle oder sehr dunkle Motivpartien werden so wirkungsvoll vermieden (denken Sie an mein Bildbeispiel mit den unterschiedlichen Shirtfarben in Kapitel 2).

Zweitens: Nur mit Handbelichtungsmessern können Sie auch die Blitzbelichtung messen. Dies ist weniger relevant, wenn Sie ausschließlich im TTL-Modus arbeiten – dann sorgt die Blitzautomatik in den meisten Fällen für eine richtige Belichtung. Sobald Sie aber anfangen, mit mehreren Blitzgeräten zu arbeiten, die Sie streng unabhängig voneinander einstellen wollen, wird das mit TTL schwierig. Dann bleibt nur der Weg über die manuelle Blitzsteuerung, wie sie aus gutem Grund in der Studiofotografie gang und gäbe ist. Und spätestens wenn wir über die manuelle Blitzsteuerung sprechen, gibt es nur noch zwei Modi Operandi: „Versuch macht klug" (oder auf Neudeutsch „trial and error") – wenn Sie viel Zeit und Nerven haben – oder eben die Blitzbelichtungsmessung mit einem Handbelichtungsmesser.

Lichtformer & Co. – wichtiges Zubehör beim Blitzen

Wenn Sie zudem mit Blitzgeräten arbeiten, die gar keine TTL-Blitzsteuerung unterstützen, müssen Sie sich sowieso dem Thema „manuelle Blitzsteuerung" stellen. Das hat aber auch durchaus Vorteile, denn Blitzgeräte, die zwar kein i-TTL, aber den manuellen Modus unterstützen, gibt es wie Sand am Meer – für extrem kleines Geld. Für den Neupreis eines SB-900 können Sie sich schon eine kleine Studioblitzanlage, bestehend aus drei bis vier Blitzgeräten, kaufen. Dabei müssen Sie noch nicht einmal auf zweifelhafte Fabrikate zurückgreifen. Die Nikon-Blitzgeräte der letzten und vorletzten Generation (SB-80DX, SB-28, SB-26 etc.) sind absolute Spitzengeräte, die man auf dem Gebrauchtmarkt in sehr gutem Zustand für zum Teil deutlich unter 50 Euro erwerben kann.

Drittens: Das letzte Argument für den Handbelichtungsmesser ist ein (für mich) sehr wichtiges. Nur mit diesem Instrument bin ich in der Lage, Beleuchtungskontraste auszumessen. Um Ihnen dieses Thema näherzubringen, zeige ich Ihnen die klassische Vorgehensweise bei der Blitzbelichtungsmessung in der Studiofotografie, bei der man nichts anderes kennt als die manuelle Blitzsteuerung. Aber keine Angst: Auch wenn die Studiofotografie für Sie nicht ganz oben auf Ihrer Prioritätenliste steht, dürfte die nachfolgende Beschreibung für Sie von großem Nutzen sein, zumal ich en passant aufzeige, wofür der Einsatz mehrerer Lichtquellen gut sein kann.

Blitzbelichtungsmessung in der Praxis

Das Einrichten des Lichts beginnen Sie mit dem Hauptlicht. In unserem Beispiel ist ein Blitzgerät im Winkel von 45° von vorn auf das Model gerichtet. Das Blitzgerät wird im manuellen Modus betrieben – als Blitzleistung ist ein Wert von $1/4$ eingestellt (Tipp: niemals mit voller Blitzstärke beginnen, um den Blitz nicht an seiner Leistungsreserve zu betreiben und um später ggf. noch Reserven zu haben).

Mit dem Belichtungsmesser messen Sie die Stärke des eingerichteten Hauptlichts. Platzieren Sie dazu den Belichtungsmesser am Gesicht der zu porträtierenden Person mit der Messkalotte Richtung Hauptlichtquelle. Aktivieren Sie die Blitzmessung und lösen Sie den Blitz aus (nur das Hauptlicht). Vorgegeben haben Sie sinnvollerweise eine Verschlusszeit unterhalb der maximalen Synchronzeit – sagen wir $1/160$ Sek. – und ISO 200. Der Belichtungsmesser zeigt als Ergebnis die Blende an, die für eine korrekte Belichtung an der Kamera einzustellen ist. Nehmen wir an, dass dies in unserem Beispiel Blende 11 sei. Dies ist unser Referenzwert und zugleich der Wert, den wir an der Kamera einstellen – die Stärke aller anderen Lichtquellen wird relativ zu dieser Messung eingestellt.

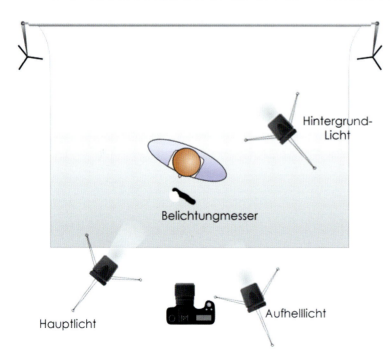

Hintergrund-Licht

Belichtungmesser

Hauptlicht

Aufhelllicht

Aufhelllicht/Beleuchtungskontrast

Die Schaffung einer gewünschten Stimmung im Bild gehört zu den wichtigsten Aufgaben der Lichtführung. Ein bestimmter Beleuchtungskontrast — das ist der Beleuchtungsunterschied von ausgeleuchteten und in Schatten liegenden Partien — trägt dazu entscheidend bei. Den Beleuchtungskontrast steuern Sie über die Stärke des Aufhelllichts. Hierzu einige Anhaltspunkte:

■ **Schwacher Kontrast**

Die Schatten sind nur minimal zu erkennen. Das Aufhelllicht ist höchstens eine Blende (= LW) schwächer als das Hauptlicht. Ein High-Key-Foto wäre ein typisches Einsatzbeispiel für diesen Beleuchtungskontrast. Auch Frauen- oder Kinderbilder, die romantisch wirken oder Zärtlichkeit vermitteln sollen, können von diesem Kontrast profitieren.

■ **Normaler Kontrast**

Das Aufhelllicht ist eine bis zwei Blenden (= Lichtwerte) schwächer als das Hauptlicht. Der daraus resultierende Beleuchtungskontrast ist im Prinzip der Klassiker der Studiofotografie. Er bietet neben einer guten Modellierung auch eine gute Schattenzeichnung, weshalb der Einsatzzweck eines solchen Lichtaufbaus sehr vielseitig ist.

■ **Starker oder dramatischer Kontrast**

Die Schatten sind sehr stark ausgeprägt. Das Aufhelllicht ist 3 LW (= Blenden) schwächer als das Hauptlicht. Mit diesem Kontrast bringen Sie Dramatik oder Unruhe ins Bild. Gut geeignet ist dieser Kontrast beispielsweise für Low-Key- oder Männerporträts.

Bei der Messung des Aufhelllichts gehen Sie genauso vor, wie Sie das Hauptlicht gemessen haben.

Sie platzieren den Belichtungsmesser am Modell und führen eine Messung in Richtung Aufhelllicht durch. Anschließend vergleichen Sie das Messergebnis mit Ihrer Referenzmessung und korrigieren die Stärke des Aufhelllichts (über die Teilwerte am Blitzgerät). Je nachdem, was für einen Kontrast Sie anstreben, muss der Belichtungsmesser jetzt einen Blendenwert von 8 (schwacher Kontrast), 5.6 (normaler Kontrast) oder 4 (starker Kontrast) anzeigen. Ist dies nicht der Fall, korrigieren Sie die Blitzleistung des Aufhellblitzes über die Plus-/Minuseinstellungen am Blitzgerät.

Übrigens: Sollten Sie bei der Messung des Aufhelllichts das Hauptlicht anlassen, müssen Sie bei der Messung die Kalotte am Belichtungsmesser versenken (siehe Abbildung nächste Seite), damit der Belichtungsmesser nur eine Lichtquelle sieht und nicht vom mitblitzenden Hauptlicht irritiert wird.

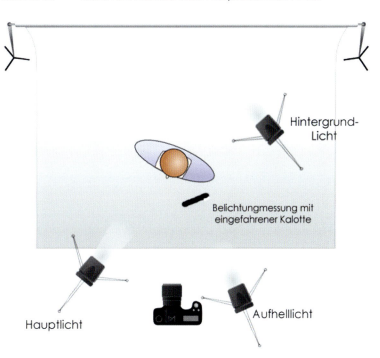

Hintergrund-Licht

Belichtungmessung mit eingefahrener Kalotte

Hauptlicht

Aufhelllicht

Lichtformer & Co. – wichtiges Zubehör beim Blitzen

Der Vorteil dieser Methode (bei der das Hauptlicht nicht während des Messvorgangs für das Aufhelllicht abgeschaltet wird) liegt darin, dass eventuell vorhandenes Streulicht für die Messung berücksichtigt wird, womit diese letztendlich etwas genauer ist. Das gilt auch für den Fall, dass Sie für das Aufhellen keine Lichtquelle, sondern einen Reflektor verwenden oder dass Sie (was im Studio allerdings selten vorkommt) nicht nur Blitz-, sondern auch Umgebungslicht berücksichtigen möchten.

Hintergrundlicht

Bei der Messung des Hintergrundlichts kontrollieren Sie den Beleuchtungskontrast zwischen Ihrer Referenzmessung und dem Licht, das auf den Hintergrund fällt. Bei der Messung platzieren Sie den Belichtungsmesser mit der ausgefahrenen Kalotte am Hintergrund. Der Unterschied zur Messung des

Aufhelllichts besteht darin, dass Sie nicht nur die explizit für den Hintergrund bestimmte Lichtquelle messen, sondern das gesamte Licht, das auf dem Hintergrund landet (und das ist oft reichlich – unter anderem vom Hauptlicht). Deswegen wird hierfür auch wieder die Messkalotte ausgefahren.

Hier ein paar praktische Tipps für die Hintergrundbeleuchtung:

Streben Sie einen reinweißen Hintergrund an, müssen Sie einem weißen Hintergrund ca. 1,5 Blenden (LW) mehr Licht als Ihre Referenzmessung geben. Bei weniger Licht erscheinen manche Stellen vielleicht grau (siehe Abbildung rechts oben). Bei mehr Licht kann es bereits zu Überstrahlungen durch Streulicht kommen (siehe Abbildung rechts unten), was vermieden werden sollte, da es sich negativ auf die Motivbelichtung auswirkt. Sinnvollerweise sollten Sie den Hintergrund mit zwei Lichtquellen ausleuchten, um eine gleichmäßige Beleuchtung zu erhalten. Mit dem Belichtungsmesser können Sie die Gleichmäßigkeit der Ausleuchtung an den verschiedenen Stellen schnell überprüfen.

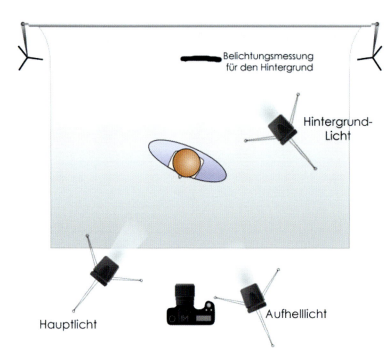

Ein grauer Hintergrundkarton, der 2–3 Blenden (LW) weniger Licht als das Hauptlicht bekommt, wird im Bild schwarz.

Bei einem Low-Key-Bild kann der Hintergrund mit einem Lichtspot leicht aufgehellt werden. Richten Sie das Licht so ein, dass die beleuchtete Stelle eine Blende weniger Licht als das Hauptmotiv bekommt. Hintergrundbereiche, die nicht beleuchtet sind, können 2–3 Blenden (LW) weniger Licht erhalten.

▲ *Nikon D3 | 60 mm | f8 | ¹/₁₆₀ Sek. | ISO 200 | TTL-Blitz für Hintergrund ohne Korrekturwert. Eine Aufhellung des Hintergrunds ist erkennbar, wirkt aber unregelmäßig und beinahe fleckig.*

▼ *Nikon D3 | 60 mm | f8 | ¹/₁₆₀ Sek. | ISO 200 | TTL-Blitz für Hintergrund – Korrekturwert +3 LW. Der Hintergrund ist zwar schön weiß, es kommt allerdings bereits zu Überstrahlungen am Model selbst. Der Grund hierfür sind die vom Blitzlicht verursachten Reflexionen am weißen Hintergrundkarton.*

Haarlicht

Wenn Sie ein sogenanntes Haarlicht verwenden, messen Sie es genauso wie das Aufhelllicht. Sie platzieren den Belichtungsmesser mit dem flachen Aufsatz am Kopf des Models und messen in Richtung Haarlicht.

Bei blonden Haaren empfehle ich einen Wert von 1–1,5 Blenden (LW) unter dem Referenzwert. Bei höherer Blitzleistung riskieren Sie eine Überbelichtung. Bei dunklen Haaren kann das Haarlicht etwas stärker ausfallen – etwa genauso stark wie der Referenzwert.

Wie auch bei anderen Lichtquellen können Sie hier mit der Lichtstärke experimentieren. Wer aber schon einmal versucht hat, passendes Haarlicht einzurichten, weiß den Handbelichtungsmesser zu schätzen, weil man damit den Effekt des Haarlichts punktgenau steuern kann und Fehlbelichtungen vermeidet.

Abfall der Lichtstärke messen

Die Gleichmäßigkeit der Ausleuchtung können Sie natürlich nicht nur am Hintergrund, sondern an beliebigen Stellen prüfen. Wie Sie nach einem aufmerksamen Studium der vorhergehenden Kapitel bereits wissen, fällt die Lichtintensität quadratisch mit der Entfernung ab. Je näher die Hauptlichtquelle zum Motiv ist, umso ausgeprägter wirkt der Lichtabfall an diesem Motiv.

Mit dem Belichtungsmesser sind Sie in der Lage, die Stärke des Abfalls zu messen und je nach Bedarf anzupassen. So können Sie beispielsweise bei einem Gruppenporträt den Abstand zwischen der Hauptlichtquelle und den zu porträtierenden Personen so lange vergrößern, bis Sie an allen Gesichtern die gleiche Lichtmenge messen. Oder Sie entscheiden sich dazu, die Hände des Models nicht so stark zu betonen. Machen Sie Messungen an der Stirn und den Händen des Models und richten Sie das Hauptlicht so ein, dass der Lichtabfall wahrnehmbar wird.

Hintergrund- und Haarlicht und TTL

Im Übrigen ist die diffizile Lichtsteuerung beim Hintergrund- und Haarlicht – auch wegen der Wechselwirkung mit Haupt- und Aufhelllicht – der Grund, warum ich selbst in einem per TTL gesteuerten Blitzset diese beiden Lichter grundsätzlich im manuellen Betrieb steuere, da hier die an sich sehr zuverlässige TTL-Steuerung in den meisten Fällen nicht das liefert, was ich beabsichtige.

Der große Vorteil des AWL von Nikon ist ja der Umstand, dass ich die unterschiedlichen Blitzgruppen in verschiedenen Modi betreiben kann. Während Haupt- und Aufhelllicht absolut unkritisch im TTL-Modus gesteuert werden können, kann man Aufhell- und Haarlicht in eine Gruppe mit manueller Blitzsteuerung stecken. (Die unterschiedliche Blitzleistung, die bei beiden gegebenenfalls gewünscht ist, löst man dann einfach mit unterschiedlichen Abständen zwischen Blitz und Motiv bzw. Blitz und Hintergrund.)

7.8 Sonstiges Zubehör für die Blitzfotografie

Stative

Zum Thema Stative möchte ich gar nicht viele Worte verlieren. Nur so viel: Wenn Ihnen die Blitzfotografie nachhaltig Spaß bereiten soll, kommen Sie um die Anschaffung mindestens eines Stativs nicht herum – das Fotografieren bei gleichzeitigem Blitzhalten mit dem anderen Arm ist auf Dauer ermüdend und führt selten zu optimalen Ergebnissen.

▲ *Manfrotto 1051BAC – das perfekte Strobisten-Stativ.*

Wichtig ist, dass Sie sich kein Kamerastativ, sondern ein sogenanntes Lampenstativ kaufen, das dort, wo die Kamerastative einen Kugelkopf o. Ä. haben, ein Spigot hat, an dem Sie den Blitz befestigen können.

◀ *⁵/₈-Zoll-Spigot mit ¹/₄-Zoll-Gewinde.*

Zur Befestigung nutzen Sie am besten die Standfüße, die Nikon bei seinen Blitzgeräten mitliefert (AS-19 bei SB-600 und SB-800 und AS-21 beim SB-900).

▲ *Standfuß AS-21 für den SB-900.*

Eine der wichtigsten Eigenschaften, die ein Stativ haben kann, ist ein geringes Packmaß und somit eine große Portabilität. Was nutzt das beste Stativ, wenn man es nicht mitnehmen mag, weil es schwer und/oder sperrig ist? Hierbei gilt es, einen vernünftigen Kompromiss zu finden, da am Ende des Tages die Tragfähigkeit des Stativs noch ausreichen muss für einen Systemblitz nebst Lichtformer.

Meine absolute Empfehlung kommt aus dem Hause Manfrotto, in dem man sich auf den Bau von hochwertigen und dennoch bezahlbaren Stativen versteht. Das Modell 1051BAC erfüllt all die Anforderungen, die ich an ein Lampenstativ für meine Aufsteckblitze habe. Es hat ein Packmaß von lediglich 67 cm, kann auf eine Länge von 2,11 m ausgezogen werden, wiegt 1 kg und hat eine Traglast von 4 kg.

Das Ministativ von Manfrotto wird für den Transport flach zusammengeklappt und passt somit in fast jede Fototasche. Tolles Zusatzgimmick: Sofern Sie mehrere Stative besitzen (was nicht so abwegig ist, wenn Sie erst einmal ganz tief eintauchen in das Thema Multiblitz-Aufbau), können Sie diese zusammenstecken.

Funkauslöser

Immer dann, wenn die IR-Steuerung an ihre Grenzen kommt, was insbesondere im Freien schnell der Fall ist, da Sender und Empfänger stets Sichtkontakt haben müssen, stellt die Kommunikation über Funk eine sinnvolle Alternative dar.

Funkauslöser gibt es mittlerweile in einer großen Vielzahl von Ausführungen auf dem Markt. Die Vorstellung aller würde hier den Rahmen sprengen, weshalb ich stellvertretend für die anderen Lösungen den YongNuo RF-602 vorstellen möchte, einen Funkauslöser mit exzellentem Preis-Leistungs-Verhältnis. Für einen größeren Überblick über die verfügbaren Geräte verweise ich auf die Strobist-Hardware-FAQ von Dietmar Belloff, die Sie unter dem Weblink *http://faq.d-r-f.de/wiki/Strobist-Hardware-FAQ* finden.

Der RF-602 von YongNuo ist ein kombinierter Funkauslöser für Blitz und Kamera, der auf dem 2,4-GHz-Band funkt und 16 Kanäle hat. Er ist dazu in verschiedenen, systemangepassten Sets zu haben.

Um einen Blitz per Funk auszulösen, müssen Sie lediglich den Sender an den Blitzschuh Ihrer Kamera und den Empfänger an Ihr Blitzgerät stecken.

Die Reichweite der Funkauslöser von YongNuo liegt bei bis zu 100 m. Betrieben werden die Auslöser mit regulären AAA-Batterien.

Ohne manuelle Blitzsteuerung geht nichts

Wichtig: Sobald Sie mit Funkauslösern arbeiten, müssen Sie sich von der komfortablen TTL-Blitzsteuerung verabschieden, da sämtliche bisher am Markt erhältlichen Funkauslöser das offenbar sehr komplexe i-TTL-Protokoll von Nikon nicht unterstützen. Die einzelnen Blitzgeräte, die Sie per Funk ansteuern, müssen somit in den manuellen Blitzsteuerungsmodus M umgestellt werden und funktionieren dann im Prinzip genauso wie Studioblitzgeräte.

Die Steuerung der Blitzleistung erfolgt dann (wie Sie bereits in Kapitel 1.3 lesen konnten) über die Blende, den Abstand zwischen Blitz und Motiv, den ISO-Wert sowie die Blitzleistungsregulierung am Blitzgerät.

Das alles hört sich komplizierter an, als es ist. Nicht umsonst fotografiert eine große Anzahl von Fotografen nahezu ausschließlich im manuellen Blitzmodus, wenn sie sich erst einmal ein wenig mit der Materie vertraut gemacht haben. Gründe für den manuellen Blitzbetrieb habe ich bereits in Kapitel 2.3 aufgeführt. Daneben gibt es aber noch handfeste Argumente unter wirtschaftlichen Gesichtspunkten.

Wenn Sie nicht auf die TTL-Blitzsteuerung angewiesen sind und statt der IR-Steuerung auf Funk setzen (wofür es in der Praxis – gerade outdoor – sehr gute Gründe gibt), reicht im Prinzip jedes Blitzgerät aus, das über einen manuellen Blitzleistungsbetrieb verfügt.

Ich habe mir zu diesem Zweck bei eBay & Co. jede Menge alter Nikon-Blitzgeräte aus der letzten und vorletzten Generation zusammengekauft. Für den Neupreis eines SB-900 bekommen Sie mit ein wenig Glück mindestens vier (!) von diesen Blitzgeräten, die ähnlich leistungsfähig sind wie das neue Flaggschiff von Nikon.

In Kapitel 8 zeige ich Ihnen die manuelle Blitzsteuerung in Kombination mit Funkauslösern in der Praxis.

Farbfolien

Das Thema Filterfolien habe ich bereits in Kapitel 1.5 (Weißabgleich) angesprochen – ein kleines Filterset gehört bei Nikon zum Lieferumfang der aktuellen Blitzgeräte dazu. Ich weiß, dass viele Fotografen dieses Thema für ein untergeordnetes in

der Blitzfotografie halten – dem ist definitiv nicht so. In der Folge zeige ich Ihnen, wie Sie Korrekturfilter in der Praxis verwenden und wann diese zum Einsatz kommen sollten. Auf Effektfilter gehe ich nicht näher ein – da sollten Sie Ihrer Kreativität einfach mal freien Lauf lassen.

▲ *Das Musterheft von Lee ist für kleines Geld zum Beispiel bei Thomann (www.thomann.de) erhältlich und beinhaltet alle von Lee erhältlichen Filter in numerischer Sortierung. Die Größe der einzelnen Filter passt sehr gut auf die Köpfe der Systemblitze (Befestigung am besten mit Klebeband).*

Bei den Korrekturfiltern unterscheidet man grundsätzlich zwei Kategorien. Die orangefarbenen Filter haben die Bezeichnung CTO (**c**onvert **t**o **o**range). Mit ihnen verschiebt man die Farbtemperatur in Richtung „warm" (daylight to tungsten = Tageslicht zu Kunstlicht). So kann man zum Beispiel das Blitzlicht mit einer Farbtemperatur von ca. 5.500 K in Richtung Glühlampenlicht (ca. 3.000 K) verschieben – sinnvoll immer dann, wenn man in Innenräumen blitzt.

Das Gegenstück zum CTO ist der Filter mit der Bezeichnung CTB (**c**onvert **t**o **b**lue). Mit ihm verschiebt man die Farbtemperatur in Richtung „kühl" (tungsten to daylight = Kunstlicht zu Tageslicht). CTO- und CTB-Filter gibt es in unterschiedlichen Intensitäten (full, half, quarter etc.) für volle, halbe und Viertelstärke.

Welcher Filter passt wozu?

Auf der Webseite der Firma Lee finden Sie einen sehr praktischen Rechner, der Ihnen bei der Angabe von Ausgangs- und Zielwert bezüglich der Farbtemperatur (in Kelvin) den passenden Filter angibt. Sie finden den Rechner unter *www.leefilters.com/architectural/products/mired*.

Mischlichtsituationen meistern

Die meisten Fotografen kennen das Problem mit dem Weißabgleich. Gerade bei Mischlichtsituationen macht sich dieses Problem stark bemerkbar. Typisches Beispiel sind Aufnahmen, die man in einer Kneipe oder in einem Bistro macht. Der Blitz zerstört oft die ganze Lichtstimmung. Mittlerweile wissen Sie zwar, was Sie tun müssen, um die Hintergrundbeleuchtung angemessen in die Gesamtbelichtung einzubauen (Verschlusszeit verlängern).

Es bleibt aber das Problem, dass die angeblitzten Personen mitunter unter einem massiven Blaustich leiden, während der Hintergrund von gelben und roten Lichttönen bestimmt wird – die Bilder wirken definitiv unausgewogen. Wie Sie dieses Problem in den Griff bekommen, zeige ich Ihnen nachfolgend.

Jedes Licht hat ein gewisses Lichtspektrum (siehe hierzu auch meine Ausführungen in Kapitel 1 zum Thema Farbtemperatur). Ist bei einem Licht

der Blauanteil höher (z. B. Blitzlicht), bekommt das Bild einen Blaustich. Ist der Rotanteil größer (z. B. Glühlampenlicht), bekommt das Bild einen Gelbstich. Um das zu verhindern, macht man in der Kamera einen Weißabgleich. Damit wird der Verstärkungsfaktor der einzelnen Farbkanäle exakt so eingestellt, dass eine weiße Fläche auch weiß ist, also in der Bilddatei alle Farben auf die gleiche „Menge" der jeweiligen Lichtfarbe abgestimmt werden.

Der Weißabgleich bei den modernen DSLR ist mittlerweile sehr zuverlässig und meistens gelingt es sogar, mit dem automatischen Weißabgleich (AWB = **A**utomatic **W**hite **B**alance) problemlos einen sauberen Weißabgleich zu realisieren (ein weißer Gegenstand würde im gesamten Bild als „weiß" wahrgenommen werden).

Achtung: Aber nur dann, wenn man es mit nur einer einzigen Lichtquelle mit einer festen Farbtemperatur zu tun hat!

Problematisch wird es, wenn Sie es mit zwei verschiedenen Lichtquellen zu tun haben, zum Beispiel mit Blitz und Glühlampenlicht. Der Blitz erzeugt bläuliches Licht, die Glühlampe gelbliches Licht. Welcher Weißabgleich wäre in diesem Fall der richtige?

Vorab: Den AWB können Sie in so einem Fall von vornherein vergessen. Der bringt es fertig, Ihnen bei drei Aufnahmen drei verschiedene Farbgebungen zu erzeugen.

Nehmen wir an, Sie wählen als Weißabgleich das Glühlampen-Symbol (alternativ können Sie bei den meisten Kameras auch manuell einen Wert von ca. 3.300 K eingeben). Das Ergebnis zeigt, dass alle Gegenstände, die vom Blitz beleuchtet werden, einen starken Blaustich bekommen. Stellen Sie dagegen den Weißabgleich auf das Blitz-Symbol (oder alternativ auf einen Wert von ca. 5.500 K), bekommen alle von den Glühlampen angestrahlten Gegenstände einen starken Gelbstich. Sie erkennen jetzt das Problem – wir bekommen die verschiedenen Farbtemperaturen nicht ohne Weiteres unter einen Hut.

Jetzt gibt es zwei Möglichkeiten: Entweder gleicht man die Farbtemperatur der Glühlampe der Farbtemperatur des Blitzlichts an oder umgekehrt. Ersteres funktioniert on Location so gut wie nie. Daher müssen wir die Farbtemperatur des Blitzlichts auf die Farbtemperatur der Glühlampe ändern. Am Ende sollen beide Lichtquellen die gleiche Farbtemperatur haben. Am einfachsten geht das mit einem Filter, der blaues Licht herausfiltert.

Zu diesem Zweck behelfen wir uns mit Farbfiltern. Relativ günstig zu bekommen sind Testheftchen der Firma Lee. Aus dieser Fülle von Filterfolien ist jetzt für jede Farbtemperatur die richtige herauszusuchen. Und das geht wie folgt:

- Lichtquelle im Raum: Farbtemperatur ca. 3.300 K
- Lichtquelle SB-800: Farbtemperatur ca. 5.500 K

Das Licht des Systemblitzes soll also von 5.500 K zu 3.300 K „gefiltert" werden.

Zuerst müssen die Kelvin-Werte in Mired-Werte umgerechnet werden. (Mired ist der millionenfache Kehrwert des Kelvin-Wertes.)

- 1.000.000 / 3.300 K = 303 Mired
- 1.000.000 / 5.500 K = 182 Mired

Die Differenz beträgt 121 Mired.

Zu den 182 Mired des Blitzlichts müssen also 121 Mired dazugezählt werden, damit wir ein Halogenlicht von 303 Mired bekommen. Das heißt, wir benötigen einen Filter mit einem Mired-Shift von +121.

Diesen Filter müssen wir jetzt im Lee-Katalog suchen. Zuerst einmal wissen wir, dass wir einen gelblichen Filter benötigen (weil wir ja Blauanteil aus dem Licht herausfiltern möchten).

Also suchen wir bei den gelben Filterfolien nach einem passenden Filter. Hier sind von zwei Filtern die „Datenblätter" zu sehen (ganz unten steht der Mired-Shift-Faktor):

Da es keinen Filter mit einem Mired-Shift von +121 gibt, nehmen wir den nächstgelegenen Wert und werden bei der Lee-Nummer 204 fündig (Mired-Shift: +159).

Jetzt können wir zurückrechnen, in welche Farbtemperatur das Blitzlicht genau konvertiert wird:

- 182 Mired + 159 Mired = 341 Mired
- 341 Mired --> Kelvin:
- 1.000.000 / 334 Mired = 2.932 K

Unser Blitzlicht wird also von 5.500 K zu 2.932 K konvertiert. Diesen Filter (Lee-Nummer 204) montieren wir vollflächig vor die Scheibe des Blitzlichts. Der Weißabgleich der Kamera wird auf 3.300 K eingestellt (alternativ Glühlampen-Symbol wählen).

Mischlichtsituationen bewusst herbeiführen

Angenommen, Sie möchten die „warme" Ausstrahlung einer Person vor einer „kalten" Schneelandschaft verstärken. Dann stellen Sie in der Kamera einen warmen Weißabgleich ein (z. B. 3.000 K) und blitzen die Person mit einem Lee-204-Filter an. Die Person wird dann mit diesem warmen Licht angeblitzt, der Hintergrund wird vom Tageslicht (ca. 5.500 K) beleuchtet. Damit bekommt der Hintergrund einen Blaustich, der Vordergrund (Gesicht) wird normal abgebildet.

[CTB] Blau (Kunstlicht - > Tageslicht)	Lee Filter #	Verschiebung	Mired	Y	F-Stop	Seite/Musterheft	Bemerkung
2/1 C.T. Blue	200	3200K → 26000K	-274	16,2%	2 2/3	256	
1/1 C.T. Blue	201	3200K → 5700K	-137	34,0%	1 2/3	253	
3/4 C.T. Blue	281	3200K → 5000K	-112	45,5%	1	249	
1/2 C.T. Blue	202	3200K → 4300K	-78	54,9%	1	248	
1/4 C.T. Blue	203	3200K → 3600K	-35	69,2%	2/3	245	
1/8 C.T. Blue	218	3200K → 3400K	-18	81,3%	1/3	244	

[CTO] Orange (Tageslicht -> Kunstlicht)	Lee Filter #	Verschiebung	Mired	Y	F-Stop	Seite/Musterheft	Bemerkung
1/1 C.T. Orange	204	6500K → 3200K	+159	55,4%	1	169	
3/4 C.T. Orange	285	6500K → 3600K	+124	61,3%	2/3	171	
1/2 C.T. Orange	205	6500K → 3800K	+109	70,8%	2/3	177	
1/4 C.T. Orange	206	6500K → 4600K	+64	79,1%	1/3	182	
1/8 C.T. Orange	223	6500K → 5550K	+26	85,2%	1/3	186	

Strohfarben (Tageslicht -> Kunstlicht)	Lee Filter #	Verschiebung	Mired	Y	F-Stop	Seite/Musterheft	Bemerkung
1/1 C.T. Straw	441	6500K → 3200K	+160	57,3%	1	168	Tendenz zu Gelbstich
C.T. Eight Five	604	6500K → 3200K	+160	55,9%	3/4	165	Tendenz zu Rotstich
1/2 C.T. Straw	442	6500K → 4300K	+81	71,2%	2/3	178	Tendenz zu Gelbstich
1/4 C.T. Straw	443	6500K → 5100K	+42	79,8%	1/3	183	Tendenz zu Gelbstich
1/8 C.T. Straw	444	6500K → 5700K	+20	83,1%	1/3	187	Tendenz zu Gelbstich

8.
Die typischen Blitzszenarien sicher meistern

Die typischen Blitzszenarien sicher meistern

Nachdem Sie in den vorangegangenen Kapiteln die Grundlagen der Blitzfotografie kennengelernt und Tipps zu passendem Zubehör erhalten haben, konzentriert sich in diesem Kapitel alles auf den praktischen Umgang mit der Nikon-Blitztechnik. Frei nach dem Fußballmotto „Theorie ist wichtig, aber entscheidend ist auf dem Platz" zeige ich, wie Sie das Erlernte im täglichen Umgang mit der Materie umsetzen können.

Die schwierigste Aufgabe bei der Gestaltung des Praxisteils dieses Buches war die Strukturierung. In vielen anderen Büchern zu diesem Thema würden jetzt diverse Kapitel zu den verschiedenen fotografischen Genres folgen, in deren Kontext die Blitzfotografie erläutert wird (Blitzen in der Tierfotografie, Landschaftsfotografie, Architekturfotografie, Personenfotografie etc.).

Ich habe mich aus mehreren Gründen dagegen entschieden, und zwar vor dem Hintergrund, dass es in der Praxis keine Rolle spielt, ob Sie Personen oder Architektur mit Blitz fotografieren. Wie Sie einen Raum mit Blitzen ausleuchten, kann für beide Genres interessant sein und funktioniert in exakt der gleichen Form.

Ich werde stattdessen anhand typischer Aufgabenstellungen wie zum Beispiel „Wie fotografiere ich mehrere Personen auf einmal?" oder „Wie gehe ich mit Gegenlicht um?" das Thema praxisorientiert behandeln. Der Schwerpunkt in diesem Praxisteil wird die Personenfotografie sein, da dieses Genre erwiesenermaßen den größten Anteil an der Blitzfotografie ausmacht – sei es bei der Hochzeitsfotografie, bei der Arbeit im Studio oder beim Porträt während eines Sonnenuntergangs. Darüber hinaus lässt sich ein Thema wie das Aufhellblitzen nun einmal erheblich besser anhand eines Porträts veranschaulichen, als wenn ich hierfür eine Waldlichtung als Motiv wähle.

Bei einer Großzahl der Bildbeispiele zeige ich Ihnen neben den obligatorischen Exif-Daten (Kamera- und Blitzeinstellungen) zusätzlich den Lichtaufbau anhand eines Diagramms – so wird für Sie als Leser klar erkennbar, wie ich es gemacht habe. Die Diagramme wurden mit dem praktischen Tool von Nguyen Dinh Quoc-Huy erstellt, mehr Informationen dazu finden Sie auf seiner Webseite *www. lightingdiagrams.com*.

Übrigens: Es ist überhaupt nichts dagegen einzuwenden, zum Einarbeiten in die Materie das eine oder andere Bildbeispiel nachzustellen – oftmals werden die Zusammenhänge dadurch noch klarer und der Lerneffekt größer.

Beginnen werde ich mit einem Aspekt der Blitzfotografie, der mir besonders am Herzen liegt, da er aufzeigt, dass gute Bildergebnisse nicht unbedingt von viel Equipment abhängig sind. Bei all den tollen Möglichkeiten, die das Creative Lighting System von Nikon vor allem mit dem Advanced Wireless Lighting bietet, sollte nicht in Vergessenheit geraten, dass bereits mit einem Blitzgerät ganz hervorragende Aufnahmen möglich sind.

Ich gehe sogar noch einen Schritt weiter: Sie werden nach Durchsicht dieses Praxiskapitels (möglicherweise verblüfft) feststellen, dass eine Vielzahl der Aufnahmen, die ich Ihnen hier präsentiere, mit lediglich einem Blitzlicht gemacht wurden.

Ursächlich dafür, dass in der Regel dennoch spannende Bildergebnisse realisiert wurden, war die sinnvolle Nutzung des vorhandenen Lichts. Denn merke: Das Blitzen sollte (bis auf wenige Ausnahmen) nicht zum Selbstzweck werden, sondern lediglich eine Hilfestellung bei der richtigen Belichtung des Motivs geben.

Nikon D3X | 135 mm | f2 |
$^1/_{100}$ Sek. | ISO 100 | SB-800
(TTL-Modus) mit Durchlichtschirm
von rechts, Tageslicht von links.

8.1 Das Arbeiten mit einem Blitzlicht

Ich bin oft erstaunt, mit welchem Equipment ein Großteil meiner Workshop-Teilnehmer aufwarten kann. Selbst in den Anfänger-Workshops ist es keine Seltenheit, dass der ein oder andere Teilnehmer zwei, drei und mehr Blitzgeräte in der Fototasche hat. Nicht immer aber ist der Einsatz mehrerer Blitzgeräte sinnvoll – manches Mal ist er gar unmöglich. Es gibt mehrere Gründe dafür, sich intensiv mit der Ein-Blitz-Technik auseinanderzusetzen. Zwei davon möchte ich in diesem Kapitel hervorheben – einen weiteren, das finanzielle Argument, dürfen Sie sich dazudenken ... ;)

Argument Nr. 1: nicht immer klappt's ohne Fessel

Bei aller Euphorie über die Möglichkeit des entfesselten Blitzens mithilfe des Advanced Wireless Lighting, das die drahtlose TTL-Blitzsteuerung unterstützt, sollte man nicht verkennen, dass es immer wieder Momente gibt, in denen es die Möglichkeit des Entfesselns des Blitzgerätes – also des Trennens von der Kamera – nicht gibt. In vielen Fällen können Sie das Blitzgerät dennoch gewinnbringend einsetzen – insbesondere wenn Sie die Möglichkeiten des indirekten Blitzens (Bouncing) konsequent ausschöpfen.

Argument Nr. 2: die Flexibilität

Grundsätzlich gilt, dass zunächst einmal der Umgang mit einem Blitzgerät beherrscht sein will, bevor man weiter aufrüstet. Darüber hinaus vertrete ich die (vielleicht etwas provokante) These, dass das Nikon CLS seinen großen Vorteil der Flexibilität so richtig eigentlich nur mit einem Blitzgerät ausspielt.

Diese These möchte ich nachfolgend gern begründen und dabei den Vergleich mit einer Studioblitzanlage heranziehen. Der große Vorteil des CLS von Nikon gegenüber großen Studioblitzanlagen ist die Mobilität und Flexibilität. Dabei beziehen sich diese Argumente nicht allein auf das geringe Gewicht der Systemblitze, sondern vielmehr auf die automatisierte Blitzbelichtungsmessung. Anders als Studioblitze, die ausschließlich im manuellen Blitzmodus betrieben werden können, können wir beim CLS die automatische TTL-Blitzsteuerung nutzen.

Was bedeutet das in der Praxis? Manuelle Blitzsteuerung bedeutet, dass Sie das Motiv ausmessen und die Blitze dann in der gewünschten Leistung einstellen – abhängig von Blende und ISO-Wert an Ihrer Kamera. Wenn Sie einen dieser Werte ändern, müssen Sie die Blitzleistung an den Blitzköpfen entsprechend anpassen. Das Gleiche ist aber auch dann notwendig, wenn sich Ihr Fotomotiv (nehmen wir an, dass es sich hierbei um eine Person handelt) bewegt und den Abstand zwischen sich und dem Blitzkopf verändert.

Das nachfolgende Beispiel aus dem Studio soll dies veranschaulichen. Zwischen der ersten und zweiten Aufnahme hat sich bei gleichen Kameraeinstellungen der Abstand zwischen Modell und Blitzlicht halbiert – die zweite Aufnahme ist aus diesem Grund deutlich überbelichtet.

Wenn Sie in der gleichen Situation mit dem CLS von Nikon im entfesselten Betrieb arbeiten und die TTL-Steuerung an Ihrem Blitzgerät nutzen, können Sie Blende und ISO-Wert an Ihrer Kamera verändern – Ihr Blitz wird dies stets mit einer angepassten Blitzleistung kompensieren. Gleiches passiert, wenn sich Ihr Motiv bewegt – die Aufnahmen sind stets gleichbleibend (richtig) belichtet.

Nutzen Sie diesen Vorteil. Gerade bei der Personenfotografie ist es von unschätzbarem Vorteil, wenn Ihr Model nicht an einer Position verharren

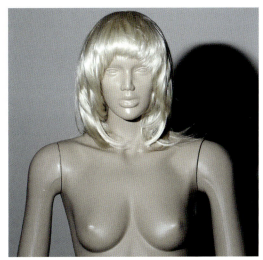

▲ Oben die korrekt belichtete Aufnahme, die im manuellen Blitzbetrieb ausgemessen wurde. Darunter ein Foto mit identischen Kamera- und Blitzeinstellungen. Lediglich der Abstand zwischen Blitz und Puppe wurde halbiert.

▲ Die gleiche Aufnahmesituation wie zuvor – diesmal mit der TTL-Blitzsteuerung.

muss. Lebendige Porträts sind erst durch diese Technik leicht umsetzbar.

Zwischen der ersten und zweiten Aufnahme wurde der Abstand zwischen Blitz und Puppe halbiert. Sämtliche Kamera- und Blitzeinstellungen blieben unverändert. Das Motiv (die Puppe) ist bei beiden Aufnahmen richtig belichtet. Der kürzere Abstand

zwischen Blitz und Puppe ist erkennbar am dunkleren Hintergrund (da der Blitz aufgrund des kürzeren Abstands mit geringerer Leistung betrieben werden konnte, gibt es einen drastischeren Abfall des Lichts hinter dem Motiv). Und der Schattenverlauf hinter der Puppe ist deutlich weicher als bei der ersten Aufnahme.

Die typischen Blitzszenarien sicher meistern

Ich arbeite unter anderem auch auf Hochzeiten und anderen Festen gern mit dieser Methode, indem ich ein Blitzgerät im Remote-Modus (Gruppe A, TTL-Blitzsteuerung) auf eines meiner portablen Stative klemme (siehe Kapitel 7.8). Das Ganze erfolgt oft in Kombination mit einer kleinen Softbox. Mit einem Schirm ist man nämlich nicht mehr so mobil und größere Menschenansammlungen hat man meist nicht an dem Platz, den diese Kombination erfordert. So kann ich mit meiner Kamera durch die Tischreihen gehen und Porträtaufnahmen von den Gästen machen.

Die Kamera habe ich vorher in den manuellen Belichtungsmodus gestellt, Verschlusszeit, Blende und ISO-Wert in Abhängigkeit vom vorhandenen Umgebungslicht vorgegeben, und den Rest macht dann das Blitzlicht, das von der Seite kommt (das Stativ stelle ich meist seitlich von mir) und das entweder durch den integrierten Blitz der Kamera oder durch einen zweiten Blitz auf der Kamera angesteuert wird (siehe hierzu auch die Ausführungen in Kapitel 3). Die Trefferquote bezüglich der Belichtung liegt mit dieser Methode bei ca. 99 % – und zwar egal ob ich einen Meter von der abgelichteten Person entfernt stehe oder zwei oder drei, die TTL-Blitzsteuerung gleicht diese Variable stets aus.

In dem Moment, in dem beim CLS ein zweites Blitzlicht dazukommt, kann es je nach Positionierung der zweiten Lichtquelle sein, dass die Bewegungsfreiheit des Porträtierten wieder ein wenig eingeschränkt wird. Wenn das Aufhelllicht auf einmal zum Hauptlicht mutiert, weil das Model sich in Richtung des Aufhelllichts bewegt, wird das flexible Konzept des CLS auf einmal ad absurdum geführt. Daher rate ich dazu, mehrere Lichtquellen stets mit Bedacht einzusetzen, denn nicht immer gilt das Prinzip „viel hilft viel".

8.2 Indirektes Blitzen

Gründe für das Bouncing habe ich bereits in Kapitel 1.1 beschrieben. Durch das indirekte Blitzen über eine Reflexionsfläche wird das Blitzlicht erheblich gestreut und erhält dadurch eine weichere Charakteristik. Schlagschatten werden reduziert und Personen müssen nicht direkt angeblitzt werden (Ihre „Modelle" werden es Ihnen danken).

Grundsätzlich gibt es drei Arten des Bouncens, die in der Praxis relevant sind. Ich empfehle Ihnen, sich mit allen drei Varianten auseinanderzusetzen, da in Abhängigkeit vom jeweiligen Motiv mal die eine und mal die andere Herangehensweise die besseren Bildergebnisse erzeugt.

Beim indirekten Blitzen (Bouncing) gibt es zwei wesentliche Anforderungen an das verwendete Blitzgerät: schwenkbarer Blitzkopf und hohe Leitzahl.

▲ Je mehr der Blitzreflektor verschwenkt werden kann, desto besser für das indirekte Blitzen (Quelle: Metz).

Schwenkreflektor ist Pflicht

Selbstverständlich funktioniert das indirekte Blitzen aus naheliegenden Gründen nicht mit dem eingebauten Blitzgerät Ihrer Kamera. Hier geht nichts ohne einen Aufsteckblitz, wobei ich von allen CLS-kompatiblen Nikon-Systemblitzen nur die Modelle SB-600, SB-800 und SB-900 empfehlen kann. Der SB-400 verfügt zwar ebenfalls über einen Schwenkreflektor, allerdings ist dieser nur eingeschränkt nutzbar, da er lediglich über eine vertikale Verschwenkung (nach oben) verfügt, die zudem auf 180° beschränkt ist (steil nach oben). Ein rückwärtiges Verschwenken sowie das Schwenken zur Seite ist nicht möglich.

Indirektes Blitzen braucht Blitzpower

Nicht zu unterschätzen beim Bouncing ist der Aspekt der Blitzreichweite. Da diese beim indirekten Blitzen über Wand oder Decke mindestes doppelt so hoch sein muss, sollte das Blitzgerät nicht zu schwachbrüstig sein. Der SB-800, SB-900, aber auch der 58 AF-1 von Metz sind diesbezüglich sicher eine gute Wahl.

TTL oder A

Bezüglich der Einstellungen am Blitzgerät für das indirekte Blitzen gilt, dass in 90 % aller Fälle die automatische Blitzsteuerung TTL die beste Wahl ist. Über die im Vorfeld der Aufnahme versendeten Messblitze ermittelt die Kamera die notwendige Blitzdosierung – eine Anpassung der Blitzleistung durch den Fotografen ist in der Regel nur aus gestalterischen Gründen erforderlich.

In seltenen Fällen kann es sein, dass die TTL-Blitzsteuerung beim indirekten Blitzen Ausreißer produziert. Hier hat sich gezeigt, dass die blitzinterne Belichtungsautomatik (A bzw. AA) zuverlässiger sein kann. Sollten Sie beim indirekten Blitzen regelmä-

Die typischen Blitzszenarien sicher meistern

ßig Über-/Unterbelichtungen des Motivs feststellen, empfehle ich die Umschaltung am Blitzgerät. Da weder der SB-400 noch der SB-600 über die Blitzautomatik A verfügen, sind die Modelle SB-800 und SB-900 auch aus diesen Gründen die bessere Wahl für das indirekte Blitzen.

Die Varianten des indirekten Blitzens

Die erste Variante dürfte die populärste sein: das Blitzen über die Decke (Bouncing off the Ceiling). Der Blitzreflektor wird zu diesem Zweck nach oben geschwenkt.

▲ *Bouncing off the Ceiling.*

Zoomposition beim indirekten Blitzen

Ich werde oft gefragt, welche Position des Zoomreflektors die richtige beim indirekten Blitzen ist. Ein „Richtig" oder „Falsch" gibt es hierbei zwar nicht unbedingt, aber ich halte es für wenig sinnvoll, wenn der Blitzreflektor trotz Hochklappens weiter in Abhängigkeit von der verwendeten Brennweite an der Kamera mitzoomt.

Ich empfehle daher die Aktivierung des manuellen Zooms am Blitz und das Einstellen der mittleren Brennweite von 50 mm, die sich als vernünftiger Kompromiss erwiesen hat. Sie ist nicht zu weitwinklig (dabei geht zu viel Blitzleistung auf dem Weg zur Reflexionsfläche verloren), aber auch nicht zu lang (wenn die Gefahr droht, dass das Licht nicht ausreichend gestreut wird).

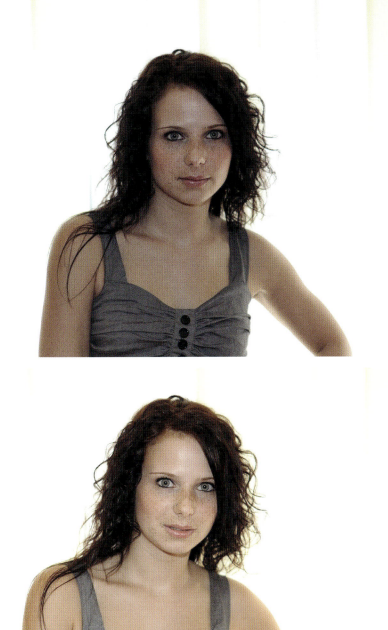

▲ *Ein typisches Ergebnis des Bouncing off the Ceiling (oben). Zum Vergleich das gleiche Motiv direkt angeblitzt (siehe Abbildung unten).*

Die typischen Blitzszenarien sicher meistern

Nicht immer gelingt das Bouncing über die Decke. Etwa bei sehr hohen Räumen (Extrembeispiel Kirchen) kann es sein, dass die Blitzreichweite nicht ausreicht (beim Bouncen legt der Blitz die doppelte Entfernung zurück). Ein anderes klassisches Beispiel sind holzvertäfelte Decken, dabei reflektiert nicht viel zurück.

Eine Alternative zum Bouncing off the Ceiling ist das Blitzen über eine Wand (Wall Bounce oder Side Bounce). Wenn diese in einem möglichst neutralen Farbton gehalten ist, kann sie ebenfalls als großflächige (und dadurch weiche) „Lichtquelle" herhalten.

Die mit dieser Methode erzeugten Schatten befinden sich nicht mehr unter dem Motiv, sondern auf der (der Reflexionswand abgewandten) Seite.

▼ *Side Bounce über die linke Wand.*

Mein Favorit beim indirekten Blitzen in geschlossenen Räumen ist das sogenannte Reverse Ceiling Bouncing, das indirekte Blitzen über die rückwärtige Wand und Decke, bei dem der Blitzreflektor im 45°-Winkel nach hinten geschwenkt wird (siehe Abbildung).

Der Vorteil dieser Variante ist die größtmögliche Diffusion des Blitzlichts, das zudem durch die Reflexion über die rückwärtige Wand und von oben relativ natürlich wirkt. Die Schattenbildung wird auf ein Minimum reduziert, da das Streulicht von oben und von vorn kommt. Anders als beim Blitzen über die Decke entstehen bei Porträtaufnahmen somit keine Schattenpartien in den Augenhöhlen oder unter der Nase. Alle anderen Varianten des indirekten Blitzens sind nur für das entfesselte Blitzen relevant und werden von mir daher beschrieben, wenn es um die Kombination von Blitzlicht mit Aufhellern geht.

▼ *Reverse Ceiling Bounce.*

8.3 Das Fotografieren von Gruppen

Das Problem beim Fotografieren von mehreren Menschen in einer Gruppe (was spätestens auf dem nächsten Familienfest wieder auf Sie zukommt) ist die gleichmäßige Ausleuchtung aller Personen, die sich auf dem Bild befinden. Dies ist bereits schwer genug beim Fotografieren mit Available Light, wenn Sie vermeiden wollen, dass einer der Protagonisten im Schatten steht. Beim Einsatz von Blitzlicht kann die Aufgabenstellung noch deutlich komplizierter werden.

Das Szenario „mehrere Personen nebeneinander" lässt sich in der Regel noch recht unkompliziert handhaben. Hier genügt theoretisch sogar ein Blitz mit Zoomreflektor, der für eine breitere Streuung in die Weitwinkelposition gefahren werden kann.

Um auf Nummer sicher zu gehen, stelle ich den Zoomreflektor auf eine kleinere Brennweite als die, mit der ich fotografiere. Beispiel: Wenn Sie eine größere Gruppe mit einem gemäßigten Weitwinkel von 35 mm fotografieren, können Sie den Zoomreflektor Ihres Blitzgerätes auf die Stellung 28 mm bringen.

Der Ausleuchtwinkel sollte dann groß und gleichmäßig genug sein, um allen Porträtierten die gleiche Lichtmenge zukommen zu lassen.

Alternativ arbeiten Sie mit dem SB-900 von Nikon, der als einziges CLS-kompatibles Blitzgerät auf dem Markt über verschiedene Ausleuchtungsprofile verfügt (siehe Kapitel 5). Das richtige Profil für das Fotografieren von Gruppen ist Even (engl. für gleichmäßig).

Deutlich schwieriger wird es, wenn Sie eine Personengruppe fotografieren, die nicht nur neben, sondern zusätzlich auch noch hintereinander steht.

Die Abbildung auf der nächsten Seite zeigt eine Vielzahl der Probleme, die Sie möglicherweise aus der Vergangenheit kennen. Sie sind alle der Tatsache geschuldet, dass mit einem Blitz auf der Kamera frontal in die Personengruppe geblitzt wurde.

Zunächst das Offensichtliche: Die Personen in der ersten Reihe wirken leicht überblitzt, während die Personen in der letzten Reihe bereits unterbelichtet sind. Der Grund hierfür ist der Lichtabfall über die Entfernung, wie ich es bereits in Kapitel 1 erläutert habe.

Weitere Probleme: unschöne Reflexionen auf den Brillengläsern – insbesondere bei der Person in der hinteren Reihe gut zu erkennen. Zudem ist bei mindestens zwei Personen zumindest ansatzweise das Problem der roten Augen sichtbar. Eine Person (rechts außen) hat die Augen geschlossen, und zwar als Reaktion auf den Vorblitz beim TTL-Blitzen. Und zu guter (schlechter) Letzt „säuft" auch noch der Hintergrund im Dunklen ab, da es versäumt wurde, das vorhandene Umgebungslicht in die Belichtung einzubringen.

Die gute Nachricht ist: Sämtliche Probleme lassen sich mit sehr wenig Aufwand und nur einem Blitzgerät vermeiden. Tatsächlich ist es so, dass Sie bei einer Gruppe dieser Größe nur ein Blitzgerät für eine gleichmäßige Ausleuchtung benötigen – aber nur dann, wenn Sie sowohl den Abstand zwischen der Lichtquelle und der Personengruppe vergrößern als auch das Licht weicher machen.

Größerer Abstand hilft

Beginnen wir mit dem Abstand zwischen Blitz und Motiv (Personengruppe). Wenn Sie nicht gleichzeitig auch den Abstand zwischen Kamera und Motiv vergrößern wollen, funktioniert dies nur, in-

▲ *Nikon D3 | 50 mm | P-Modus | f5 | $1/60$ Sek. | ISO 400 | SB-900 (TTL-Modus).*

dem Sie entfesselt blitzen (den Blitz also von der Kamera nehmen).

Den Abstand sollten Sie dahin gehend vergrößern, dass Sie das Blitzgerät nicht weiter nach hinten, sondern nach oben positionieren. Dadurch erreichen Sie gleichzeitig eine natürlichere Ausleuchtung (die die Anmutung von Sonnenlicht hat).

Indem Sie den Abstand zwischen Blitz und Gruppe vergrößern, reduzieren Sie den Lichtabfall zwischen erster und letzter Reihe.

Die neue Positionierung des Blitzlichts löst übrigens zwei zusätzliche Probleme. Aufgrund des veränderten Winkels, in dem das Licht jetzt auf das Motiv fällt, gibt es keine Reflexe mehr in den Brillengläsern und die roten Augen stellen auch kein Problem mehr dar.

Lichtabfall und Entfernung

Je kürzer der Abstand zwischen Blitz und Motiv, desto stärker ist der Lichtabfall hinter dem Motiv.

Die typischen Blitzszenarien sicher meistern

Weiches Licht = große Fläche

Das zweite Erfordernis – nämlich das Licht weicher zu machen – lösen Sie, indem Sie die Leuchtfläche vergrößern, wie ich es bereits in Kapitel 7 erläutert habe. Für solche Fälle, in denen ich keinerlei Abgrenzung des Lichts benötige und die starke Streuung sogar ausdrücklich erwünscht ist, setze ich einen Durchlichtschirm ein – je größer, desto weicher. Eine praktikable Größe on Location ist ein Durchmesser von 120 cm. Der Schirm streut das Licht so, dass wirklich alle Personen in einer Gruppe genügend Licht für eine ausreichende Belichtung abbekommen.

Das folgende Foto ist bei exakt gleichen Kameraeinstellungen entstanden. Allerdings wurde der

SB-900 entfesselt und mit einem Durchlichtschirm auf einem Stativ mit Schirmneiger befestigt, das auf volle Höhe ausgezogen wurde, sodass das Blitzlicht von oben in einem Winkel von etwa 45° zum Motiv abgefeuert wurde. Der SB-900 wurde im Remote-Modus von einem SU-800 auf der Kamera angesteuert.

Gut zu sehen ist Folgendes: Die Gruppe ist sehr homogen ausgeleuchtet, die Reflexionen auf den Brillengläsern sind verschwunden, und rote Augen sind auch bei keinem der Beteiligten mehr zu sehen. Eine zusätzliche Verbesserung gegenüber der ersten Aufnahme ist die erheblich verbesserte Durchzeichnung der dunklen Anzüge, die aus dem

▼ *Nikon D3 | 50 mm | P-Modus | f5 | 1/60 Sek. | ISO 400 | SB-900 entfesselt (TTL-Modus) mit Durchlichtschirm von oben.*

Streiflichtcharakter des gesofteten, weiter oben positionierten Blitzlichts resultiert.

Übrigens: Einen ähnlichen Bildeffekt können Sie durch das indirekte Blitzen über die Decke (Bouncing off the Ceiling) realisieren, sofern Ihnen eine (weiße) Zimmerdecke zur Verfügung steht (in meinem Fall war dies nicht so).

Dann können Sie die hier beschriebene Optimierung bei der Aufnahme von Personengruppen sogar ohne entfesselten Blitz umsetzen.

Abschließend verbleibt noch eine letzte Optimierungsmöglichkeit, die mit dem Umgebungslicht zu tun hat, das bisher nicht nennenswert in die Belichtung eingebunden wurde.

Längere Zeit = mehr Umgebungslicht

Hierzu habe ich die Kamera in den M-Modus geschaltet und die Aufnahme mit gleicher Blende, aber langsamerer Verschlusszeit gemacht.

Statt mit $1/60$ Sek. habe ich mit $1/15$ Sek. fotografiert (keine Angst vor Verwacklungen; der Blitz friert das Motiv unabhängig von der gewählten Verschlusszeit an der Kamera ein). Da dies nicht ausreichte, um wirklich genügend Umgebungslicht einzufangen (die Location war sehr dunkel), habe ich den ISO-Wert von ISO 400 auf ISO 1600 erhöht.

Das Ergebnis sehen Sie nachfolgend: eine unverändert homogene Ausleuchtung der Gruppe bei gleichzeitig deutlich mehr Location-Feeling.

Die typischen Blitzszenarien sicher meistern

Besser als sein Ruf: der integrierte Blitz

In der allergrößten Not können Sie auch mit dem integrierten Blitzgerät der Kamera zu ansprechenden Ergebnissen kommen. Lassen Sie sich da nicht von anderslautenden Publikationen verrückt machen. Natürlich bleibt das Problem der frontalen Ausleuchtung und der fehlenden Verschwenkungsmöglichkeit. Wenn Sie sich aber über die Einschränkungen des eingebauten Blitzgerätes im Klaren sind und immer ein wenig Umgebungslicht mit in die Gesamtbelichtung einbauen, ist der kleine Blitz besser als nichts.

Das hier gezeigte Motiv wurde mit dem integrierten Blitz der D300 aufgehellt. Durch eine gezielte Überbelichtung des Hintergrunds (Belichtungskorrektur +2 LW) und gleichzeitiger Minuskorrektur der Blitzleistung (–3 LW) ergab sich eine relativ harmonische Ausleuchtung.

▼ *Nikon D300 | 50 mm | f2 | $^1/_{320}$ Sek. | ISO 200 | A-Modus (+2 LW) | integrierter Blitz (TTL –3 LW).*

Problem Reflexionen – und wie das indirekte Blitzen dagegen hilft

Bisher habe ich das indirekte Blitzen für eine weichere Ausleuchtung des Motivs angepriesen. Weiches Licht mit nur einem Aufsteckblitz – Sie wissen jetzt, wie es geht. Aber das Bouncing hilft auch bei einem anderen Problem, das Ihnen in der Praxis häufiger begegnet, als Ihnen lieb sein wird. Sie lauern an jeder Ecke: Chromflächen, Fensterglas, lackierte Oberflächen – einfach alles, was schon von Natur aus glänzt. Das ist in Kombination mit Blitzlicht eine tückische Sache, da der sich daraus ergebende Effekt in den meisten Fällen nicht förderlich für die Bildaussage ist und schlimmstenfalls sogar die Belichtungsmessung negativ beeinflusst. Wie ich in diesem Buch bereits beschrieben habe, arbeitet die kcamerainterne Belichtungsmessung mit der Objektmessung, bei der die Reflexionen vom Motiv gemessen werden.

Gerade dann, wenn Sie mit nur einem Blitzgerät unterwegs sind, laufen Sie sehr viel schneller Gefahr, sich mit dem Thema Reflexionen beschäftigen zu müssen.

Schauen Sie sich die folgende Aufnahme an. Dafür, dass hier ein Blitz auf der Kamera zum Einsatz kam, ist sie gar nicht mal so schlecht.

▼ *Nikon D3 | 85 mm | f2 | 1/60 Sek. | ISO 200 | SB-800 (auf der Kamera) | TTL/BL, Korrektur –1,7 LW.*

▲ *Nikon D3 | 85 mm | f2 | 1/60 Sek. | ISO 200 | SB-800 (auf der Kamera) | TTL-Modus, Korrektur –1,7 LW | Bouncing off the Ceiling.*

Der Grund für die recht natürliche Bildwirkung ist (wieder einmal) die richtige Einbindung des vorhandenen Lichts durch eine längere Verschlusszeit – denn davon gab es eine Menge. Die Sonne kam durch zwei Fenster hinter dem Model und seitlich. Der Blitzeinsatz war erforderlich, da ansonsten das Gesicht im Schatten „abgesoffen" wäre.

Wie bereits gesagt: Im Prinzip ist die Aufnahme schon ziemlich in Ordnung, allerdings stören spätestens auf den zweiten Blick die Reflexionen auf dem Aluprofil des Fensters, die sich unangenehmerweise auch noch direkt auf Kopfhöhe des Models befinden.

Ein kurzes Verschwenken des Blitzreflektors nach oben (Bouncing off the Ceiling) und schon war das Problem gelöst (siehe Abbildung oben). Und das Beste: Aufgrund der TTL-Steuerung des Blitzes war keinerlei Korrektur des Blitzes erforderlich. Insgesamt kamen exakt die gleichen Einstellungen an Kamera und Blitz zum Einsatz.

Direktes Blitzen mit dem gewissen Etwas

In 90 % aller Fälle, in denen Sie – aus welchen Gründen auch immer – gezwungen sind, den Blitz auf der Kamera zu belassen, ist das indirekte Blitzen über Wand, Decke und Reflektoren die richtige Maßnahme.

In bestimmten Situationen kann es sich aber lohnen, ganz bewusst die hier in diesem Buch aufgestellten Regeln zu brechen und das Motiv eben doch direkt anzublitzen. Mit einem kleinen Trick lassen sich auch ohne Verschwenkung des Reflektors ansprechende und interessante Aufnahmen realisieren, obwohl der Blitz auf der Kamera ist.

Dieser Trick hat mit dem Zoomreflektor des Blitzgerätes zu tun. Ich hatte bereits in Kapitel 7 darauf hingewiesen, dass es sich hierbei quasi um einen eingebauten Lichtformer handelt. Das möchte ich Ihnen jetzt in der Praxis demonstrieren.

Zunächst zeige ich Ihnen das Motiv, das ich für diesen Kunstgriff ausgewählt habe. Ein hübsches Model steht vor einer Graffitiwand. Dieses Motiv hätte sicher eine interessantere Ausleuchtung verdient als in dem ersten Beispiel. Das Motiv ist flach ausgeleuchtet, irgendwie fehlt der Aha-Effekt – nett, aber belanglos.

Fotografiert habe ich diese Aufnahme mit einem gemäßigten Weitwinkelobjektiv, um mehr von der interessanten Graffitiwand in das Bild zu integrieren. Der Blitz wurde im TTL-Modus dazugeschaltet. Mangels Gegenlichts und kaum vorhandenen Lichts von der Seite fungiert er als Hauptlicht.

▼ Nikon D300 | AF-S 18-70 bei 24 mm | f8 | $^1/_{125}$ Sek. | ISO 200 | SB-900 im TTL-Modus | Auto-Zoomreflektor.

Die typischen Blitzszenarien sicher meistern

Das gezeigte Motiv lässt sich mit sehr geringem Aufwand pimpen, und dafür musste ich den Zoomreflektor des Blitzgerätes zweckentfremden – wie ich es bereits in Kapitel 7 beschrieben habe. Standardmäßig befindet sich der Zoomreflektor des Blitzgerätes im Automatikmodus, er passt seinen Ausleuchtungswinkel der verwendeten Brennweite an der Kamera an. Und das ist im Normalfall ja durchaus sinnvoll.

Manchmal kann es aber auch sinnvoll sein, einen anderen Ausleuchtungswinkel am Blitzgerät einzustellen, als dies eigentlich aufgrund der verwendeten Brennweite erforderlich wäre. Zu diesem Zweck müssen Sie den manuellen Modus des Zoomreflektors aktivieren (im entsprechenden Systemmenü des Blitzgerätes). Anschließend verändert der Zommreflektor seine Position (Ausleuchtungswinkel) nicht mehr automatisch – Sie können den Wert nach eigenem Gusto verändern.

Und das habe ich bei der nachfolgenden Aufnahme getan. Die Kameraeinstellungen blieben absolut unverändert inklusive der verwendeten Brennweite von 35 mm. Allerdings habe ich jetzt den Blitzreflektor am SB-900 manuell auf eine Brennweite von 200 mm eingestellt. Der Ausleuchtungswinkel ist jetzt sehr eng. Das Ergebnis ähnelt einer spotartigen Ausleuchtung, die an ein Theater erinnert.

▼ *Nikon D300 | AF-S 18-70 bei 24 mm | f8 | 1/125 Sek. | ISO 200 | SB-900 im TTL-Modus | Zoomreflektor bei 200 mm.*

Reflexion verbessern

Um ein derartiges Motiv umzusetzen, empfehle ich eine Wand mit leicht glänzender Beschichtung (ggf. lackiert). Durch die dadurch verbesserte Reflexion des Blitzlichts wird jedweder Schattenwurf des Models auf den Hintergrund vermieden. Der Lichtkegel wird zudem noch stärker betont.

Sollten Sie ein Blitzgerät verwenden, das keinen manuell einstellbaren Zoomreflektor besitzt, können Sie den dargestellten Effekt mithilfe eines geeigneten Lichtformers – Wabe oder Snoot – erzielen.

Kombination mit Aufhellern

Bevor Sie sich ernsthaft mit der Anschaffung eines weiteren Blitzgerätes auseinandersetzen, rate ich Ihnen, sich mit dem Thema Aufheller bzw. Reflektor zu beschäftigen. Oftmals ist ja der Wunsch nach einem zweiten Blitzgerät von dem Erfordernis des Aufhellens geprägt. Beim entfesselten Blitzen mit nur einem Blitzgerät kommt diese Erkenntnis relativ schnell, wenn man sich das typische Setting vor Augen hält. Entweder das Blitzlicht kommt von oben oder von der Seite. Die jeweils gegenüberliegende Seite kann dann schnell unschöne Schattenpartien aufweisen.

Nicht immer muss man diese Schattenpartien mit einem zweiten Blitzgerät wegblitzen. Ich empfehle vielmehr, dies auf keinen Fall zu tun, da die Gefahr von hässlichen Kreuzschatten groß ist (siehe Abbildung rechts).

Viel effektiver und vor allem natürlicher ist der Einsatz eines Aufhellers, der an der dem Blitzlicht gegenüberliegenden Seite zum Einsatz kommt. Die naheliegende Variante ist die Einbindung eines Reflektors, was ich in der Folge auch noch beschreiben werde.

Wenn Ihnen ein solches Zubehör nicht zur Verfügung steht, kann unter Umständen auch eine Begleitperson aushelfen, die ein weißes Shirt, Hemd oder Ähnliches trägt (sogenanntes Bouncing off a Person). Ich habe in meinen Workshops schon Papierservietten als Aufheller eingesetzt. Seien Sie kreativ. Was sich in der Beschreibung einigermaßen skurril anhört, funktioniert in der Praxis erstaunlich gut.

▲ *Nikon D3 | 85 mm | f2.8 | $^1/_{50}$ Sek. | ISO 200 | entfesselter Blitz (TTL ohne Korrektur) von links (45°-Winkel zum Model).*

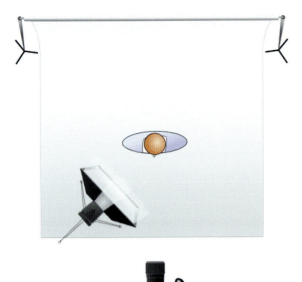

▲ *Aufnahme ohne Reflektor.*

Bei der folgenden Aufnahme habe ich ein Blitzgerät als Hauptlicht im klassischen 45°-Winkel zum Model eingesetzt. Die Schattenpartien insbesondere an der Nase wurden durch einen weißen Reflektor, der von der anderen Seite zum Einsatz kam, aufgehellt. Übrigens funktioniert hierfür auch eine Styroporplatte ganz ausgezeichnet.

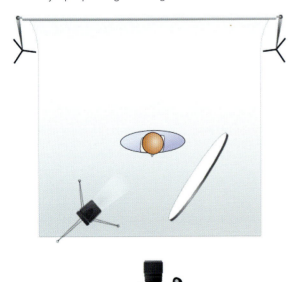

Die Aufhellung ist sichtbar – die Schatten sind in ihrem Verlauf und ihrer Ausprägung deutlich abgemildert –, aber noch vorhanden (was für einen plastischen Bildeindruck ganz wesentlich ist). Deutlich werden die Verbesserungen im Vergleich zur Aufnahme ohne Reflektor. Achten Sie vor allem auf den linken Arm des Models sowie den unschönen Nasenschatten („zweite Nase").

▲ *Nikon D3 | 85 mm | f2.8 | ¹/₅₀ Sek. | ISO 200 | entfesselter Blitz (TTL ohne Korrektur) von links (45°-Winkel zum Model) | Reflektor von rechts (Sunbounce mit Zebra-Bespannung).*

Die Alternative zum Aufheller: größere Lichtquelle

Die Tatsache, dass der Einsatz eines Aufhellers bei diesem Lichtaufbau überhaupt erforderlich war, lag wieder einmal an der relativ kleinen Lichtquelle, die der Systemblitz nun einmal darstellt.

Selbstverständlich hätte ich alternativ auch einen Lichtformer für den SB-900 verwenden können,

der das Licht auffächert und die Lichtquelle somit vergrößert. Das nachfolgende Foto ist bei identischer Aufstellung mit einer Softbox am SB-900 entstanden (Ezybox 60 x 60 cm). Es ist gut zu erkennen, dass die Schattenverläufe relativ weich und harmonisch sind. Eine Aufhellung von der anderen Seite ist nicht erforderlich.

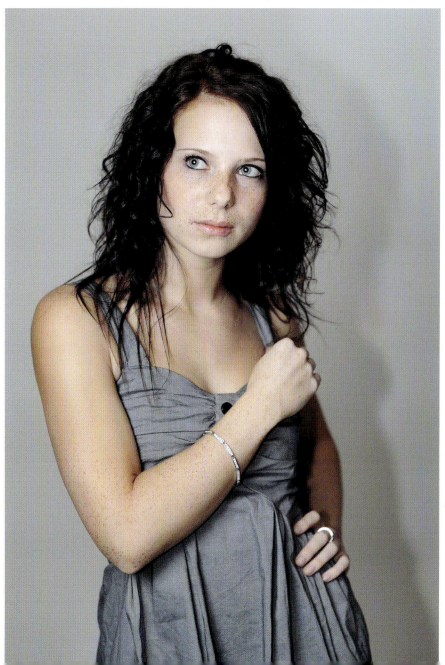

◀ *Nikon D3 | 85 mm | f2.8 | $^1/_{50}$ Sek. | ISO 200 | entfesselter Blitz (TTL ohne Korrektur) mit Softbox von links (45°-Winkel zum Model).*

Spot von oben – so wird's gemacht

Eine sehr spannende Form der Ausleuchtung – und das mit nur einem einzigen Blitzgerät – ist die Ausleuchtung von oben und damit quasi über dem Model. Sie wirkt meist sehr natürlich, da wir den daraus resultierenden Licht-/Schattenverlauf aus der Natur gewohnt sind (Sonnenlicht).

Natürlich bietet sich diese Form der Ausleuchtung nicht für jedes Motiv an, aber bei der Aufnahme auf der nächsten Seite konnte allein durch das Licht-Setup ein sehr spannendes Ergebnis erzielt werden.

Bei einem konventionellen Blitzlicht von vorn hätte das Hauptaugenmerk auf dem Vordergrund gelegen, den ich aber ausgeblendet haben wollte, da er nichts Entscheidendes zur Bildaussage beigetragen hat (schwarzes Ledersofa).

Der Hintergrund dagegen war mir wichtig, da dort einige Kissen lagen und vor allem die rötliche Wand einen perfekten Kontrapunkt zum Schwarz des Sofas bot. Ich musste also dafür sorgen, dass Model und Hintergrund adäquat herausgearbeitet werden, was ich mit einer Lichtquelle von vorn (die nach hinten stark abfällt) nicht erreicht hätte.

Die schwierige Aufgabenstellung war also, einerseits ein weiches Licht zu setzen, das andererseits einigermaßen eng umrissen ist. Und genau für dieses Erfordernis gibt es einen Lichtformer: eine Softbox, in die eine Art Wabe eingebaut ist.

Wir erinnern uns: Die Softbox ist prädestiniert dafür, ein schönes weiches Licht zu machen, erkauft sich diese Fähigkeit in der Regel aber mit der Tatsache, dass sie das Licht dadurch relativ weit streut.

Eine Wabe hingegen richtet das Licht und so sind beide Charaktere in einem Lichtformer vereint –

weiches Licht, das dennoch relativ gerichtet und konturiert ist. Sie können übrigens die meisten Softboxen auf dem Markt durch ein sogenanntes Grid-Gitter nachrüsten.

Ich selbst habe für die Aufnahme auf der nächsten Seite die Softbox zusätzlich mit einer Rundmaske versehen, um den runden Lichtkegel im Hintergrund projizieren zu können.

▲ Grid-Softbox.

Der Blitz wird inklusive Softbox an einem sogenannten Boomstick befestigt und von einem Assistenten so über dem Model positioniert, dass die Softbox nach unten zeigt und gleichzeitig leicht in Richtung Hintergrund gekippt ist.

◄ Boomstick von Sunbounce.com.

SB-900
Softbox w/ Grid
TTL +0,7 LW

F/4,5
1/30s
ISO 200

Die Lichtwirkung variiert dabei sehr stark, je nachdem, wie Sie bzw. Ihr Assistent die Softbox über dem Model platziert.

Alternativ zum Boomstick können Sie auch ein Galgenstativ verwenden, das spart den Assistenten.

Das Ergebnis unten ist das beste aus einer Serie von etwa zehn Aufnahmen, die sich lediglich durch die Position des Lichtkegels unterschieden haben. Hier kommt es auf jeden Grad des Neigungswinkels an, den die Softbox in Richtung Hintergrund hat. Es lohnt sich, einfach verschiedene Positionen auszuprobieren.

▼ *Nikon D3 | 50 mm | f4.5 | $^{1}/_{30}$ Sek. | ISO 200.*

8.4 Blitzlicht mit vorhandenem Licht kombinieren

Halten Sie sich immer vor Augen, dass Sie – mit sehr wenigen Ausnahmen (Beispiel Studiofotografie) – es immer anstreben sollten, das vorhandene Licht zu nutzen und in das Bild einzubauen. Die Bildergebnisse werden fast immer besser, als wenn Sie dem Blitzlicht allein die Belichtung des Fotos überlassen. Wie Sie das in der Praxis umsetzen können, zeige ich Ihnen anhand einer Schritt-für-Schritt-Anleitung.

1 Umgebungslicht messen

Lassen Sie den Blitz zunächst ausgeschaltet und schauen Sie, was Ihnen die Kamera für Werte in Bezug auf Blende und Verschlusszeit angibt. Alternativ können Sie einen Handbelichtungsmesser nutzen – siehe Kapitel 7.7.

2 Blitz dazuschalten

Jetzt schalten Sie den Systemblitz (in TTL-Stellung) dazu. Bei ausreichendem Licht im Hintergrund bringt die zusätzliche Option BL die besseren Ergebnisse.

3 Auslösen

Jetzt machen Sie die Aufnahme. Als Ergebnis erhalten Sie ein Foto mit ausgewogener Belichtung von Objekt und Umgebung.

Dieser Drei-Stufen-Plan dient allerdings nur als Groborientierung. Dass im Einzelfall leichte Variationen zu besseren Ergebnissen führen können, liegt auf der Hand. Dies gilt aber nicht nur für die Blitzleistung, die ich relativ häufig für den Abgleich mit vorhandenem Licht mit einer Negativkorrektur versehe. Auch ein Abweichen von dem als „korrekt" ermittelten Wert für das Umgebungslicht kann sich als vorteilhaft erweisen – auf beide Varianten (bewusstes Über- und Unterbelichten) gehe ich in diesem Kapitel dezidiert ein.

Zunächst möchte ich auf eine Grundvoraussetzung hinweisen, die es zu beachten gilt, wenn Sie künftig wie beschrieben vorgehen wollen: **Das beschriebene Vorgehen funktioniert nur unter der Voraussetzung, dass die Kamera die einmal gemessenen Werte nicht verändert, wenn der Blitz dazugeschaltet wird.**

Das ist der Grund, warum ich Ihnen empfehle, bei der Blitzfotografie auf die Belichtungsautomatiken der Kamera zu verzichten und den manuellen Modus (M) zu wählen. Denn nur im manuellen Modus bleiben die einmal eingestellten Werte für Blende und Zeit beim Zuschalten des Blitzes unverändert.

▲ *Lichtwaage beim manuellen Belichtungsmodus.*

Alles, was Sie tun müssen, ist, in Schritt 1 die manuelle Belichtungssteuerung (M) an der Kamera zu aktivieren und die richtigen Werte für Blende und Verschlusszeit über die Lichtwaage zu ermitteln (Nullstellung = korrekte Belichtung).

Nachfolgend sehen Sie ein Beispiel für eine typische Vorgehensweise beim Abgleich von Blitz- und Umgebungslicht.

Bei der Kombination von Blitzlicht mit Available Light (also vorhandenem Licht) ist es ganz entscheidend für eine natürliche Bildwirkung, einen guten Mix zwischen beiden Lichtquellen hinzubekommen. Folgendes Bildbeispiel soll dies veranschaulichen.

Belichtet wurde das erste Foto (oben) korrekt auf die hellen Glanzstellen an der Schulterpartie. Diese ist jetzt korrekt belichtet. Dadurch säuft natürlich der Schattenbereich ohne Blitzlicht total ab.

▲ f2 | ¹/₄₀₀ Sek. | ISO 200.

Das zweite Foto wurde etwas heller belichtet (Korrektur +1 LW). Der Hintergrund ist jetzt überbelichtet. Dadurch erhält das Bild bereits einiges von seiner späteren Lichtstimmung, wenngleich das Gesicht des Models immer noch teilweise im Schatten liegt.

▲ f2 | ¹/₂₀₀ Sek. | ISO 200.

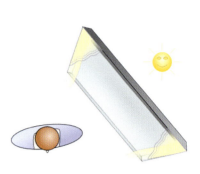

SB-900 (TTL)
Durchlichtschirm (-1 LW)

D3, AF-D 85
f2 | 1/200s | ISO 200

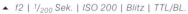

▲ f2 | ¹/₂₀₀ Sek. | ISO 200 | Blitz | TTL/BL.

Nachdem wir den Blitz hinzugeschaltet haben (TTL-Modus), haben wir das dritte Bild (oben) erhalten. Es wirkt platt und nicht mehr natürlich. Der Blitz hat im Prinzip „richtig" belichtet, und trotzdem ist das Ergebnis nicht besonders ansprechend. Dies ändert sich erst, nachdem wir einen Korrekturwert von –1,7 LW vorgenommen haben.

▼ f2 | ¹/₂₀₀ Sek. | ISO 200 | Blitz | TTL/BL. | –1,7 LW.

Dieses Bild ist ein schönes Beispiel für einen dezenten Einsatz von Blitzlicht und die Nutzung vorhandener Lichtquellen. Hauptlichtquelle war das durch das Fenster kommende Tageslicht, das durch die vorgezogenen Vorhänge gesoftet wurde. Von der gegenüberliegenden Seite kam ein SB-800 mit Durchlichtschirm zum Einsatz, dessen Blitzleistung um 1,3 LW reduziert wurde, um den aufhellenden Charakter zu wahren.

Durch den Einsatz eines Durchlichtschirms wurde gleichzeitig vermieden, dass das Blitzlicht in

dem geöffneten Fenster zu unschönen Reflexionen führt. Die weit geöffnete Blende (f2) führt zu einem angenehmen Schärfe-/Unschärfeverlauf. Der Hintergrund (gemusterte Tapete hinter dem geöffneten Fenster) wirkt so nicht störend, sondern fügt sich vielmehr harmonisch in die Farbgebung der (blau-weißen) Vorhänge ein.

Die nächste Aufnahme ist mit identischem Setup und den gleichen Einstellungen an Kamera und Blitz entstanden, sogar das Model ist dasselbe ... ;)

Welchen Unterschied es macht, mit welcher Philosophie man als Fotograf on Location mit Blitzeinsatz fotografiert, wird an den nächsten beiden Bildbeispielen besonders deutlich.

Die Location ist ein Schwimmbecken (ohne Wasser) in einem alten – längst stillgelegten – Hallenbad; ein sonniger Spätsommertag gegen Abend

(die Aufnahme auf dieser Seite entstand gegen 20:00 Uhr und die Aufnahme auf der nächsten Seite etwa eine Stunde früher).

Die Lichtstimmung der Szenerie könnte unterschiedlicher nicht sein: Beide Modelle sind durch das eingesetzte Blitzlicht richtig belichtet. Aber das war es dann auch schon an Gemeinsamkeiten.

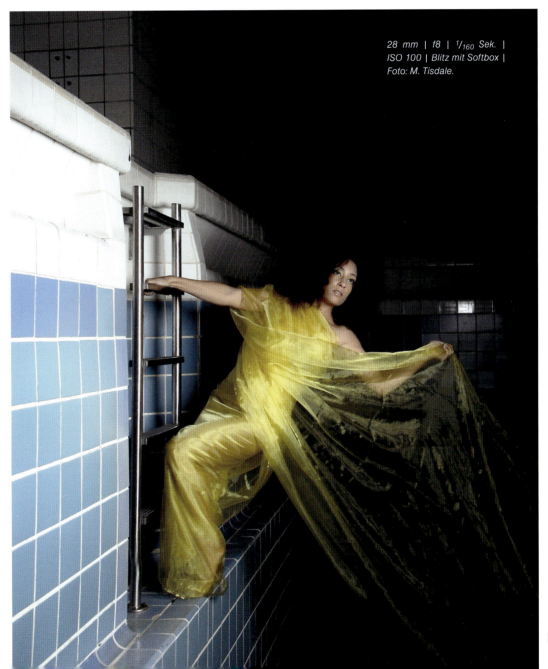

28 mm | f8 | ¹/₁₆₀ Sek. |
ISO 100 | Blitz mit Softbox |
Foto: M. Tisdale.

Die typischen Blitzszenarien sicher meistern

Selbstverständlich resultiert die Abweichung nicht aus der zeitlichen Differenz von ungefähr einer Stunde, denn derart schnell verschwindet die Sonne zumindest in unseren Breitengraden nicht vom Himmel. Streng genommen spiegeln beide Bilder nicht die tatsächlichen Lichtverhältnisse zum Zeitpunkt der Aufnahme wider. Das Foto auf dieser Seite vermittelt den Anschein von mehr Umgebungslicht, als die Wahrnehmung vor Ort tatsächlich war – ein Blick auf die Exif-Daten und den verwendeten ISO-Wert von 1600 lässt diesbezüglich schon tief blicken.

Es war aber auch nicht derart dunkel, wie es den Anschein bei dem Foto auf der vorherigen Seite hat. Der Grund hierfür ist der starke Lichtabfall des eingesetzten Blitzlichts hinter dem Model und

das komplette Ignorieren des Umgebungslichts bei der Bestimmung der Aufnahmeparameter für Zeit, Blende und ISO-Wert. Wenn Sie die Exif-Daten beider Aufnahmen vergleichen, werden Sie feststellen, dass hier eine Differenz von mehr als 8 Blenden (LW) zugrunde liegt.

Selbst wenn man aufgrund des zeitlichen Verlaufs schwächeres Umgebungslicht als bei der Aufnahme unten unterstellen muss, dürfte die Szenerie – unabhängig vom eingesetzten Blitzlicht – auf dem ersten Foto um ca. 5 Blenden (LW) unterbelichtet sein. Logisch, dass da ohne Blitzlicht alles in dunklen Tonwerten „absäuft".

Das erste Bild ist eine interessante Fashion-Aufnahme, wie sie streng genommen aber auch fast

▼ *Nikon D3 | 35 mm | f5 | $1/15$ Sek. | ISO 1600 | SB-800.*

im Studio aufgenommen sein könnte. Das zweite Foto dagegen lässt erkennen, wo sich das Ganze abgespielt hat. Ich habe die Belichtung nicht nur an das Umgebungslicht angepasst, sondern zusätzlich auch noch das Available Light visuell in die Aufnahme einbezogen, indem ich die Fenster, durch die das Licht fällt, mit in das Blickfeld integriert habe.

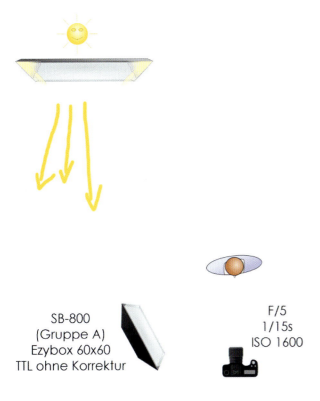

SB-800
(Gruppe A)
Ezybox 60x60
TTL ohne Korrektur

F/5
1/15s
ISO 1600

Dadurch wird für den Betrachter auch sofort erkennbar, woher der Lichtverlauf auf dem Boden des Schwimmbeckens kommt. Dieser „Kunstgriff" – nämlich offene Fenster und Türen in eine solche Aufnahme mit einzubauen – erleichtert dem Betrachter häufig das Verständnis für eine besondere Lichtsituation. Probieren Sie es aus und lassen Sie die Aufnahme mal mit und mal ohne Fenster auf sich wirken. Ich bin sicher, Sie werden sich auch für die erste Variante entscheiden. Dass es dabei zu ausgebrannten Stellen an den Fensteröffnungen kommt, gehört für mich zur logischen

Konsequenz und wird bei mir in aller Regel auch nicht in der späteren Nachbearbeitung (z. B. durch eine HDR-Aufnahme) korrigiert – zumal es in den meisten Fällen künstlich aussehen würde.

Korrekt ist nicht immer optimal

Bei den beiden letzten Bildbeispielen habe ich lediglich die Blitzleistung korrigiert, und zwar jeweils als Minuskorrektur, um die natürliche Lichtstimmung nicht zu gefährden und wirklich nur ganz dezent aufzuhellen. In vielen Fällen kann es aber auch sinnvoll sein, mit dem Available Light zu spielen, indem man bewusst Unter- oder Überbelichtungen beim Hintergrundlicht in Kauf nimmt.

Beginnen möchte ich mit dem Thema „dezente Überbelichtung". Ich habe bewusst dezent geschrieben, da bei diesem Thema – wie so häufig in der Fotografie – oft bereits $1/3$ Blende zwischen gutem und weniger gutem Bild entscheidet. Die obere Aufnahme auf der nächsten Seite ist mit Aufsteckblitz auf der Kamera entstanden (SB-800 im TTL-Modus) – ein weiterer Beleg dafür, dass auch mit der nicht entfesselten Variante natürliche Aufnahmen entstehen können.

Hierzu haben gleichwohl zwei „Kunstgriffe" beigetragen: Erstens wurde das Umgebungslicht (Fenster auf der rechten Seite) durch eine relativ lange Verschlusszeit von $1/60$ Sek. hinreichend für die Belichtung berücksichtigt, und zweitens habe ich für den Blitz eine Negativkorrektur von –1,7 LW eingestellt.

Der Hintergrund wurde vorab ausgemessen und per Lichtwaage auf den korrekten Wert eingestellt. Dadurch ergab sich bei ISO 200 eine passende Blende von f5. Nachteil: Trotz der verwendeten Brennweite von 85 mm ist mehr Schärfentiefe vorhanden, als ich mir gewünscht hatte. Zudem würde das Bild noch ein wenig schöner wirken, wenn der Fenstereffekt noch etwas deutlicher zum Tragen käme.

▲ *Nikon D3 | 85 mm | f5 | ¹/₆₀ Sek. | ISO 200 | SB-800
(on Cam) im TTL-Modus | Korrektur –1,7 LW.*

▼ *Nikon D3 | 85 mm | f2.8 | ¹/₃₀ Sek. | ISO 200 | SB-800
(on Cam) im TTL-Modus | Korrektur –1,7 LW.*

Bei der zweiten Aufnahme (linke Seite unten) habe ich die Blende auf einen Wert von f2.8 geöffnet, um einen stärkeren Schärfeabfall nach hinten zu realisieren. Zudem habe ich die Verschlusszeit auf $1/30$ Sek. geändert, wodurch noch mehr Umgebungslicht eingebunden wurde. Dies können Sie leicht erkennen: Das durch das Fenster hereinscheinende Licht zeigt sich am Hinterkopf und Hals des Models – dies gibt dem gesamten Körper etwas mehr Plastizität. Und das trotz der Tatsache, dass der Blitz auf der Kamera befestigt war. Ich habe mir einfach das vorhandene Licht zunutze gemacht und es quasi wie ein zweites Blitzgerät von der Seite (als Streiflicht) eingesetzt.

Aufgrund des etwas helleren (und unschärferen) Hintergrunds wirkt das Model nicht mehr wie in die Szenerie hineinkopiert. Ein im Prinzip ganz nettes Bild wurde durch diese Maßnahmen aufgewertet. Man hat kaum noch den Eindruck, dass die Aufnahme geblitzt ist.

Korrekt ist nicht immer möglich (und nötig)

Eine Variante des vorhergehenden Bildbeispiels ist eine Szenerie, in der das vorhandene Tageslicht streng genommen gar nicht in den Griff zu bekommen ist – was einem spektakulären Bildergebnis aber nicht im Weg steht. Im Gegenteil führen häufig diejenigen Lichtsituationen, die vom Kamerasensor mangels eines grenzenlosen Dynamikumfangs nicht vollumfänglich abgebildet werden können, zu den interessanteren Ergebnissen.

Das nächste Foto ist ein gutes Beispiel für diese These, da es veranschaulicht, was da stellenweise auf uns Fotografen zukommen kann. Am frühen Abend ist in dieser Location (die ansonsten eher düster war) das Licht der tief stehenden Sonne hereingefallen. Die Abbildung unten veranschaulicht dies etwas besser. Es ist gut zu erkennen, wo dieser Lichtstreifen herkommt und wie sehr er sich in seiner Helligkeit vom restlichen Umfeld abhebt.

Die typischen Blitzszenarien sicher meistern

Es gibt jetzt mehrere Möglichkeiten, sich dieser Szenerie fotografisch zu nähern. Man könnte auf den hellen Lichtstreifen belichten, wodurch alles andere in Dunkelheit „absaufen" würde. Dies müsste man dann durch den Einsatz von Blitzlicht zu kompensieren versuchen. Allein beim Lesen dieser Beschreibung wird Ihnen klar sein, dass das nicht nach einem guten Plan klingt.

Wenn Sie sich vor Augen halten, was hier eigentlich das Hauptmotiv ist, kommen wir der Sache schon ein wenig näher. Das Fotomodell soll gut (ausreichend) belichtet werden – so weit ist das klar.

Da es de facto im Gegenlicht steht, ist eine Aufhellung von vorn eine logische Konsequenz. Sehr wichtig dabei ist aber, dass Sie das Model bei einer solchen Aufnahme nicht in den Lichtstrahl stellen. Sie können erkennen, dass ich mein Model einen guten Meter von der Wand weg positioniert habe, damit es nicht einmal teilweise von der Sonne angestrahlt wird. Warum das so ist, erkläre ich Ihnen etwas später in diesem Buch. Nur so viel: Im Prinzip hat es damit zu tun, dass sich die beiden Lichtquellen (Sonne und Blitzlicht) addieren würden, was das Model nicht mehr ganz so gut aussehen lassen würde ...

▼ *Nikon D3 | 40 mm | f4 | 1/125 Sek. | ISO 200 | SB-800 | TTL +0,3 LW.*

Nachdem klar ist, dass für die Belichtung des Models nur indirektes Sonnenlicht von hinten und von der Seite (Reflexion von der Wand) sowie das Aufhellblitzen von vorn zuständig sind, richten wir das Augenmerk auf die restlichen Bildbestandteile, die hier – anders als in der Beautyfotografie – einen großen Anteil am Gesamtbild haben (schließlich soll man erkennen können, wo diese Aufnahme gemacht wurde). Und das ist einfach zu beantworten: Alles andere soll vom Umgebungslicht ausgeleuchtet werden, und zwar in dem Rahmen, in dem wir es vor Ort tatsächlich vorfinden. Da darf es dann in den Ecken auch dunkler werden. Und – so ist zumindest meine persönliche Meinung – darf es bei einem derartigen Lichtschein auch partiell in den Lichtern ausbrennen. Wozu noch Zeichnung im grellen Sonnenlicht?

SB-800
Gruppe A
Ezybox 60x60
TTL +0,3

F/4
1/125s
ISO 200

Nur wenn Sie sich diese Notwendigkeit eingestehen, können Sie mit Sonnenlicht – gerade innerhalb von Gebäuden – ein wenig spielen und interessante Lichtstimmungen auf den Sensor bannen. Mich stören die partiell ausgefressenen Partien an der Wand jedenfalls nicht.

Ein weiteres Beispiel für eine bewusste Abweichung von der „korrekten" Belichtung für das Umgebungslicht stelle ich Ihnen im Folgenden vor.

Dramatik durch Unterbelichtung

Eine verbreitete Vorgehensweise bei der Blitzfotografie ist es, das Umgebungslicht um ein bis zwei Blendenwerte unterzubelichten. Populäre Beispiele sind Gegenlichtaufnahmen bei untergehender Sonne oder Fotostrecken aus Modemagazinen, bei denen die Models auf Hochhäusern stehen und hinter der Skyline im Hintergrund offensichtlich jeden Moment die Sonne untergeht.

Die Umsetzung ist ziemlich einfach, wenn man einmal die Systematik dahinter kennt. Den Umstand, dass die Belichtungsmessung der Kamera (für das Umgebungslicht) und die Blitzbelichtungsmessung durch die Kamera in Kombination mit dem Blitzgerät (für das Hauptmotiv) voneinander entkoppelt sind, machen wir uns zunutze.

Sie müssen nichts anderes tun, als die vorhandene Szenerie mit dem kcamerainternen Belichtungsmesser auszumessen, dabei bewusst unterbelichten und anschließend den Blitz im TTL-Modus dazuzuschalten. Das Ganze funktioniert am besten im M-Modus der Kamera, da Sie bei der Belichtungsmessung (ohne Blitz) durch Anpassung der Blende, Verschlusszeit und/oder des ISO-Wertes die Lichtwaage einfach nur in den Minusbereich führen müssen (siehe Abbildung).

Vorsicht bei Belichtungsautomatiken

Sollten Sie sich trotz meiner Empfehlung gegen den M-Modus und für eine der Belichtungsautomatiken entscheiden, beachten Sie Folgendes: Eine Korrektur des gemessenen Belichtungswertes funktioniert in den Belichtungsautomatiken (anders als im M-Modus) nur über die Belichtungskorrektur der Kamera.

Da die Belichtungskorrektur an der Kamera bei der Blitzfotografie aber Auswirkungen auf Umgebungs- und Blitzlicht hat, müssen Sie bei einer Belichtungskorrektur an der Kamera von zum Beispiel –2 LW gleichzeitig eine Blitzbelichtungskorrektur (am Blitz) von +2 LW vornehmen, da ansonsten auch die Blitzleistung um 2 LW reduziert wird.

Das ist ein weiterer Aspekt, der eindeutig für die Verwendung des M-Modus beim Blitzen spricht.

Anschließend müssen Sie den Blitz im TTL-Modus dazuschalten und die Aufnahme machen. Das Motiv wird durch den Blitz korrekt belichtet und der Hintergrund wird durch die bewusste Unterbelichtung dramatischer dargestellt.

Ich zeige Ihnen das Ganze einmal systematisch anhand eines Beispiels, das ich extra für dieses Buch angefertigt habe (mein Dank geht an den Triumph Flagshipstore in Dortmund für die freundliche Leihgabe des „Accessoires").

Entstanden ist die Aufnahme Ende Juli gegen 20 Uhr und somit ca. 1,5 Stunden vor Sonnenuntergang. Es war also noch ziemlich hell, was die hier dargestellte Aufnahme ziemlich gut dokumentiert.

Für diese Aufnahme waren folgende Kameraeinstellungen notwendig: Blende 4, Verschlusszeit $1/250$ Sek. bei ISO 200. Die Lichtwaage der Kamera hat mir bei der Einstellung dieser Werte im M-Modus eine korrekte Belichtung vorausgesagt (Nullstellung), was sich ja beim Blick auf die Aufnahme auch bewahrheitet hat.

Für den beabsichtigten Effekt habe ich beschlossen, das Umgebungslicht um 2 Blenden (= LW) unterzubelichten. Wie Sie wissen, haben wir prinzipiell drei Stellschrauben an der Kamera, um dies

zu tun: Blende, Verschlusszeit und ISO-Wert. Die Verschlusszeit scheidet in unserem Fall als Stellschraube aus, da ich aufgrund der Beschränkung bei der Synchronisationszeit keinen Spielraum mehr habe. Schneller als $^1/_{250}$ Sek. funktioniert im Zusammenspiel mit Blitzlicht nur mithilfe der FP-Kurzzeitsynchronisation, die aber für unser Beispiel zu viel Leistung kostet.

Tageslicht = viel Blitzleistung erforderlich

Das Argument der zu geringen Blitzleistung bei der FP-Kurzzeitsynchronisation ist bei der Tageslichtfotografie ein immanentes. Unterschätzen Sie nicht die Blitzleistung, die benötigt wird, um eine Szenerie wie die hier beschriebene bei Tageslicht auszuleuchten – insbesondere dann, wenn Sie (wie ich in diesem Beispiel) mit einem Durchlichtschirm bzw. einer Softbox hantiert haben, um möglichst weiches Licht zu realisieren. Der Grund liegt auf der Hand: Ich wollte nicht zu viele Spitzlichter auf dem glänzenden Lack und den Chromteilen des Motorrads riskieren. Hier hilft weiches Licht aus einer möglichst großen Lichtquelle.

Um genügend Blitzleistung zu haben, war ich somit sogar gezwungen, den ISO-Wert der Kamera auf ISO 800 zu erhöhen, was gegenüber unserer Ausgangsmessung somit eine Überbelichtung von 2 LW (ISO 200 bis ISO 800 sind zwei Blendenstufen) ergibt. Da mein Ziel eine Unterbelichtung von 2 LW (Blendenstufen) war, musste ich somit also noch 5 Blendenstufen in die Minusrichtung schrauben, wofür mir nur noch der Blendenwert als Stellschraube übrig blieb. Dies habe ich durch die Änderung der Blende von f4 auf f22 erreicht.

Durchdenken Sie noch einmal in aller Ruhe, wie ich von der Ausgangssituation (richtige Belichtung) auf die gewünschte Unterbelichtung gekommen bin. Wenn Sie diese Systematik verinnerlicht haben, ist alles andere ein Kinderspiel.

Denn nach diesen ganzen Vorbereitungen war jetzt „nur" noch das Blitzlicht zu positionieren und einzuschalten. Zunächst habe ich einfach einen SB-800 mit einem großen Durchlichtschirm leicht schräg von vorn vor dem Motorrad (Winkel ca. 30°) positioniert. Die nachfolgende Skizze kann dies für Sie besser veranschaulichen.

▲ *Ein Blitz in Gruppe A, gesteuert vom SU-800, der auf der Kamera befestigt war.*

Es ist gut zu erkennen, dass der Effekt wie geplant umgesetzt wurde. Der Hintergrund ist deutlich unterbelichtet, wodurch der Himmel tiefblau wurde und die Wolken sich deutlich davon abgezeichnet haben. Unser Motiv (Model plus Motorrad) ist durch das Blitzlicht mit dem Durchlichtschirm perfekt belichtet. Die kleine Blende sorgt für eine knackige Schärfe und die gewaltige Schärfentiefe, die normalerweise für einen unruhigen Hintergrund sorgen würde, stört hier nicht, weil der Hintergrund durch die Unterbelichtung quasi ausgeblendet ist.

▲ *Nikon D3 | 60 mm | f22 | ¹/₂₅₀ Sek. | ISO 800 | Blitz (entfesselt) im TTL-Modus (keine Korrektur).*

Für die nächste Aufnahme habe ich ein paar Dinge geändert, und zwar zunächst meine Aufnahmeposition, da ich das Motiv aus einem etwas spitzeren Winkel und ohne Anschnitt fotografieren wollte. Das Hauptlicht (SB-800 mit Durchlichtschirm) ist dann mit meiner Position mitgewandert und kommt ebenfalls aus einem deutlich spitzeren Winkel als bei meiner letzten Aufnahme. Da ich aus diesem Grund mit einem deutlichen Lichtabfall hinter dem Model rechnen musste, habe ich einen zweiten Blitz in das Set integriert, der erstens für eine ausreichende Belichtung des Motorradhecks und zweitens für ein Effektlicht (Haarlicht) beim Model sorgen sollte.

Hierfür kam eine kleine Softbox (Ezybox 60 x 60 cm) zum Einsatz. Das Hauptlicht von vorn habe ich in Gruppe A belassen, und dem hinteren Blitz habe ich als Aufhelllicht Gruppe B zugeordnet, und zwar mit einer Korrektur von –1,7 LW.

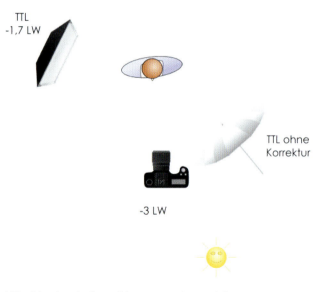

Wie Sie der Aufbauskizze entnehmen können, habe ich für die nachfolgende Aufnahme eine Unterbelichtung von 3 Blendenwerten festgelegt. Dies geschah aber nicht etwa durch eine weitere Anpassung an der Kamera, sondern allein aufgrund der Tatsache, dass mittlerweile eine weitere halbe Stunde vergangen war und es somit schon etwas dunkler war.

Allerdings ist „dunkel" eigentlich nicht der korrekte Begriff, wie Sie dem Making-of-Foto (rechts) entnehmen können. Noch immer war es ziemlich hell. Den Aufbau des Sets können Sie hier ebenfalls gut erkennen, wobei Sie berücksichtigen müssen, dass wir das Motorrad im Anschluss an diese Aufnahme noch einmal etwas anders positioniert haben (Vorderrad in Richtung Durchlichtschirm).

▼ Nikon D3 | 45 mm | f22 | ¹/₂₅₀ Sek. | ISO 800 | ein Blitz (entfesselt) in Gruppe A mit Durchlichtschirm, TTL-Modus ohne Korrektur | ein Blitz (entfesselt) in Gruppe B mit Softbox, TTL-Modus, −1,7 LW.

Die typischen Blitzszenarien sicher meistern

Es folgt ein weiteres Beispiel für diese Technik, bei dem ich wieder einmal das Umgebungslicht bewusst unterbelichtet habe – dieses Mal nicht, um eine Nachtatmosphäre zu simulieren, sondern um den Wolkenhimmel ein wenig imposanter darzustellen. Um diesen Effekt noch zu unterstützen, habe ich mich mit einem Weitwinkelobjektiv bewaffnet (24 mm an FX) und eine niedrige Position knapp über der Asphaltdecke eingenommen. Das Model habe ich so platziert, dass es unter der Autobahnbrücke steht, wodurch eine schöne Freistellung gelungen ist.

Als zusätzlichen Gag habe ich zwei Blitzgeräte mit reichlich Abstand hinter das Model gestellt. Die Blitzlichter geben der Aufnahme den gewissen Kick, den es manchmal braucht, um ein Foto etwas nachhaltiger im Gedächtnis zu behalten.

Um jegliche Kontur des Blitzgerätes auszulöschen und nur den Lichtkegel selbst zu behalten, war eine Pluskorrektur von 2 LW erforderlich (beiden Blitzen hatte ich die Gruppe B zugeordnet).

Aber auch diese bewusst vorgenommene Überstrahlung hat nicht ausgereicht, um die beiden Stative verschwinden zu lassen, auf denen die Blitzlichter befestigt waren – da musste ich dann doch noch einmal mit Photoshop ran.

Achtung Weitwinkel

Personenfotografie mit Weitwinkelobjektiven ist ein heikles Thema. Meist kommt es zu unschönen Verzeichnungen, die dem Abgebildeten nicht wirklich schmeicheln. Bei der Aufnahme auf der vorherigen Seite (die von unten erfolgte) hätte eine normal stehende Position des Models zwar lange Beine, aber einen kurzen Oberkörper und einen viel zu kleinen Kopf ergeben. Um dies zu vermeiden, habe ich das Model angewiesen, sich bei der Aufnahme vorzubeugen. Dadurch habe ich vermieden, dass sich der Körper nach oben „verjüngt".

Gruppe B
TTL
+2 LW

Gruppe B
TTL
+2 LW

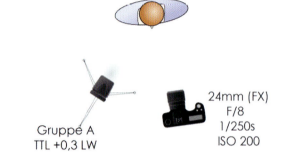

Gruppe A
TTL +0,3 LW

24mm (FX)
F/8
1/250s
ISO 200

Ich möchte Sie mit diesem Beispiel zu der einen oder anderen kreativen Spielerei ermutigen. Gerade die bewusste Hereinnahme von Blitzlichtern in Richtung Kamera kann hier und da sehr sinnvoll sein. Ich habe etwas später im Buch ein Beispiel, bei dem dies sogar für eine professionelle Fotoproduktion eingesetzt wurde.

▼ *Nikon D3 | 24 mm | f8 | 1/250 Sek. | ISO 200.*

8.5 Available Light und Blitz

Auf den letzten Seiten habe ich erläutert, wie man Blitzlicht sinnvoll mit dem vorhandenen Licht kombinieren kann bzw. sollte. Um die Einbindung dieses sogenannten Available Light geht es auch auf den nächsten Seiten. Mit Available Light ist diesmal aber kein Tageslicht, sondern vielmehr das vorhandene Licht einer Location gemeint.

Für mich ist dieses Thema mit das Spannendste, was die Blitzfotografie zu bieten hat, da die Kombination mit anderen Lichtern, die nur indirekt zur Ausleuchtung einer Szenerie beitragen, viele unerwartete (und meist positive) Überraschungen bereithält – wenn man ein paar Regeln beachtet, auf die ich nachfolgend noch einmal kurz eingehe. „Noch einmal" deswegen, weil es sich in weiten Teilen um Wiederholungen aus den vorangegangenen Kapiteln handelt.

▼ *Nikon D3 | 85 mm | f2.2 | $^1/_{80}$ Sek. | ISO 400 | SB-800 (entfesselt) | TTL –0,7 LW.*

Grundlagen der Location-Fotografie

Bevor Sie an einer neuen Location frisch ans Werk gehen, machen Sie sich mit dem neuen Umfeld vertraut. Analysieren Sie die Lichtsituation. Gibt es Fenster, durch die Tageslicht einfällt? Welche Lichtquellen sind ansonsten vorhanden? Glühbirnen, Leuchtstoffröhren oder eventuell Kerzen? Aus welcher Richtung kommt das Licht?

On Location zu fotografieren heißt, mit Mischlichtsituationen umzugehen. Dabei können Korrekturfilter helfen, die ich Ihnen in Kapitel 7 nähergebracht habe. Aber korrigieren Sie nicht zu viel. Gerade die unterschiedlichen Lichtfarben machen häufig den Reiz dieser Fotografie aus.

In aller Regel sind die Anforderungen an die Quantität der Lichtquellen, die Sie zusätzlich einsetzen wollen, gar nicht so groß. Meist reicht ein einziges Blitzlicht aus, wenn Sie ansonsten das vorhandene Licht geschickt einsetzen.

Bei der Aufnahme links wurde lediglich ein einziges Blitzgerät eingesetzt. Gleiches gilt für die Bilder auf den nächsten Seiten – teilweise sogar ohne Lichtformer, allerdings bis auf eine Ausnahme immer entfesselt von der Kamera.

Blende, Zeit und ISO – so tasten Sie sich an die richtige Belichtung heran

Meine wichtigste Maßnahme bei der Findung der richtigen Kameraeinstellungen ist stets, eine relativ lange Verschlusszeit zu wählen, was – wie Sie aufgrund der mehrfachen Wiederholung in diesem Buch natürlich wissen – den Anteil des Umgebungslichts an der Belichtung des Fotos erhöht.

Die Wahl der Blende sollten Sie davon abhängig machen, wie viel an Schärfentiefe Sie haben möchten. Ich persönlich arbeite meist mit Werten nahe der Offenblende meines Objektivs, da ich es mag, wenn ich mein Motiv durch die selektive Schärfe aus dem Umfeld herauslösen kann. Da ich ein Freund eines cremigen Bokehs bin, arbeite ich fast ausschließlich mit Festbrennweiten – aber das ist natürlich wie so oft im Leben Geschmackssache.

Dadurch, dass die Werte für Verschlusszeit und Blende aufgrund der oben genannten Präferenzen weitgehend vorgegeben sind (ich selbst arbeite ausschließlich im manuellen Modus und habe daher die Freiheit, beide Werte direkt einzugeben, ohne dass mich irgendeine Kameraautomatik „anmeckert" oder gar „bevormundet"), haben Sie als Stellschraube nur noch den ISO-Wert, den Sie immer als Letztes regulieren sollten.

Da es in diesem Abschnitt darum geht, das Umgebungslicht für die Gesamtbelichtung zu berücksichtigen, ist die Maßgabe klar. Sie müssen den ISO-Wert so lange erhöhen, bis Ihnen die Lichtwaage eine korrekte Belichtung voraussagt (Nullstellung). Von dieser Nullstellung können Sie dann

▲ Nikon D3 | 85 mm | f1.6 | $^1/_{15}$ Sek. | ISO 200 | SB-900 (on Cam) | TTL ohne Korrektur.

nach persönlichem Gusto um etwa +/–1 LW abweichen. (Eine Überbelichtung ab 2 LW führt bereits zu heftigen Überstrahlungen und eine Unterbelichtung ab 2 LW macht das Blitzlicht zur primären Lichtquelle – etwas, das zumindest in diesem Abschnitt des Buches nicht gewünscht ist und das Sie auch nur dann anstreben sollten, wenn es einen guten Grund dafür gibt.)

Bei der Aufnahme auf dieser Seite habe ich zum Beispiel die Lichtwaage in Richtung Überbelichtung um 1 LW geschoben. (Dafür brauchte ich im Übrigen noch nicht einmal den ISO-Wert anzupassen, da die von mir gewählte Zeit-Blenden-Kombination hierfür bereits ausreichte.)

▲ *Nikon D3 | 85 mm | f2.8 | 1/60 Sek. | ISO 800 | SB-900 (entfesselt) | TTL –0,7 LW.*

Nun, da diese Vorarbeiten erledigt sind, müssen Sie sich nur noch um das Blitzlicht kümmern. Lassen Sie mich hier noch einmal zwei Aspekte aufgreifen, die mir am Herzen liegen.

Die Findung der „richtigen" Werte für Blende, Zeit und ISO, wie ich sie im Vorhergehenden beschrieben habe, hört sich für Sie möglicherweise viel komplizierter an, als sie tatsächlich ist.

Zusätzlich gilt, dass Sie gerade in Innenräumen, in denen sich die Lichtverhältnisse in der Regel nicht abrupt ändern, mit den einmal eingestellten Werten ganze Serien fotografieren können, ohne dass eine Anpassung erforderlich ist. Natürlich gilt dies nur, wenn Sie meinen Ratschlag beherzigen und im manuellen Modus fotografieren.

Blitz und Available Light nicht mischen

Diese Überschrift mag Sie möglicherweise irritieren, da ich ja bisher „gepredigt" habe, dass gerade das Einbinden des Umgebungslichts so reizvoll ist, und dabei bleibe ich auch. Worauf Sie allerdings achtgeben müssen, ist, dass Sie das Available Light möglichst als Hintergrundbeleuchtung, nicht aber als Haupt- oder Führungslicht in Kombination mit dem Blitzlicht einsetzen. Denn dann kommt es schnell zu unschönen Überstrahlungen.

Bei dem Foto auf der nächsten Seite können Sie diesen Effekt ganz gut an den Beinen des Models erkennen – hier aber noch im vertretbaren Bereich. Ich wollte nämlich ganz bewusst die Bodenstrahler in die Belichtung des Models einbinden. Um die Überstrahlungen zu minimieren, durfte ich kein großflächiges Blitzlicht einsetzen (dann wären die gesamten Beine viel heller als der Oberkörper geworden), weshalb ich einen Wabenvorsatz (Honl) vor meinen SB-900 geschnallt habe, den ich dann im Winkel von etwa 45° rechts vom Model im relativ nahen Abstand positioniert habe.

SB-900
Wabe
Gruppe A
TTL ohne Korrektur

F/1,8
1/25s
ISO 800

Durch die Wabe habe ich das Blitzlicht eng umrissen (fast spotartig) auf den Oberkörper geführt. Diese Art der dramatischen Ausleuchtung ist eher typisch für Männerporträts, macht hier im Zusammenhang mit den Bodenstrahlern aber fast eine Art

Fashion-Licht – hart am Rande des Zuviel (Licht), für dieses Motiv aber absolut passend. Überhaupt ist das bereits die Königsklasse der Blitzlichtfotografie: nicht nur wissen, wie man welches Licht setzt, sondern auch noch passend zum Motiv.

Ich zeige Ihnen auf dieser und den nächsten Seiten drei verschiedene Aufnahmen, die innerhalb einer Stunde an der gleichen Location entstanden sind und die alle jeweils eine Besonderheit bei der Ausleuchtung haben.

Nikon D3 | 50 mm | f1.8 | 1/25 Sek. | ISO 800.

Die typischen Blitzszenarien sicher meistern

Das Besondere an dem ersten Bild aus der Serie auf der vorherigen Seite ist die Beimischung von Available Light (Bodenstrahler) zum Hauptlicht sowie die Wabe als Lichtformer.

Die Aufnahme unten auf dieser Seite hat wieder eine etwas klassischere Ausleuchtung mit einer Softbox als Führungslicht. Sie passt besser zum Outfit und Make-up des Models und ist eigentlich meine „Allzweckwaffe" bei der Ablichtung weiblicher Models. Zusätzlich kam ein zweites Blitzgerät (auf dem Boden positioniert) zum Einsatz, das für die Ausleuchtung des Hintergrunds auf der linken Seite (Treppenaufgang) sorgte.

Gruppe B
TTL - 0,7 LW

Gruppe A
TTL
ohne Korrektur

F/2
1/25s
ISO 200

▼ *Nikon D3 | 85 mm | f2 | ¹/₂₅ Sek. | ISO 200.*

Und das dritte Bild schließlich hat neben der Soft-box als Hauptlicht ein zweites Blitzgerät, das in Richtung Kamera leuchtet und neben dem interes-santen Effekt auch ein dezentes Haarlicht setzt.

Sie sehen: Der Kreativität sind keine Grenzen ge-setzt – und das mit relativ wenig Aufwand. Der heimliche „Star" der Bilder ist das vorhandene Licht, das in allen Aufnahmen den Akzent setzt.

Nikon D3 | 85 mm | f1.8 |
1/30 Sek. | ISO 200.

8.6 Systematisches Arbeiten mit Systemblitzen im Studio

Viele der Aufnahmen im letzten Kapitel sind mit nur einem einzigen Blitzgerät entstanden und Sie konnten (hoffentlich) erkennen, dass nicht immer ein großer Gerätepark für die Umsetzung einer guten Bildidee notwendig ist.

Bei vielen Fotografen, die sich ein wenig intensiver mit der Blitz- und irgendwann dann auch mit der Personenfotografie beschäftigen, entsteht der Wunsch, sich ein kleines Heimstudio einzurichten. Flexible Hintergrundwände, die Platz in der kleinsten Wohnung haben, aber auch die extrem günstigen Preise für Mietstudios sind die Gründe dafür, dass dies heute nicht mehr einem kleinen exklusiven Kreis von gut betuchten Fotografen vorbehalten ist.

So ein Studio ist aber Fluch und Segen zugleich. Einerseits sind Sie vollkommen unabhängig vom Available Light und können sich das Licht in aller Ruhe ganz nach Ihrem Geschmack selbst einrichten. Andererseits kann so eine Studioatmosphäre sehr schnell extrem langweilig werden, wenn Sie es nicht schaffen, mit einer vernünftigen Lichtsetzung das Foto aufzuwerten.

Die Sterilität des Studios ist der Grund, warum hier oft mehr Lichtquellen eingesetzt werden als on Location. Aber auch im Studio gilt folgende Regel:

> **Studioblitzregel**
> So wenige Lichtquellen wie möglich und so viele wie nötig.

Es ist keinesfalls eine Selbstverständlichkeit, dass der Einsatz mehrerer Blitzgeräte zu einem besseren Bildergebnis führt. Vielmehr ist es so, dass die planlose Verwendung mehrerer Lichtquellen (Blitzgeräte) leider auch schnell mal nach hinten losgehen kann.

Aber was bedeutet schon „nötig" in der Studioblitzregel? Die Aussage setzt voraus, dass Sie mit einer gewissen Planung an die Gestaltung einer Aufnahme herangehen. Dieses Kapitel wird sich daher neben der Lichtsetzung an sich auch mit der Frage der systematischen Herangehensweise an das Thema Bildidee und -umsetzung befassen.

Damit Sie ein Gespür für das Sinnvolle und Machbare entwickeln können, nehme ich bewusst ein relativ triviales Motiv, bei dem ich neben dem Hauptlicht stufenweise weitere Blitzgeräte in das Lichtsetting einbaue – jeweils mit einer Erklärung, warum ich dies tue. So möchte ich Sie als Leser an das Thema Multiblitz-Aufbau heranführen und Ihnen en passant erklären, wie Ihnen die Technik des Creative Lighting Systems von Nikon dabei hilft. Ziel ist ein typisches Lichtsetting, wie ich es (wie auch viele meiner Kollegen) regelmäßig im Studio verwende.

Nachfolgend das Ausgangsbild: Zum Einsatz kam ein Hauptlicht von links vorn (45°-Winkel zum Model).

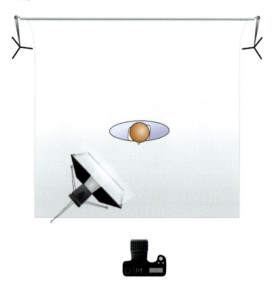

Hauptlicht und Akzentlicht

Um noch mehr Plastizität und räumliche Tiefe bei dieser Porträtaufnahme zu schaffen, setzen wir ein sogenanntes Akzentlicht, das nach seinem Adressaten oft auch Haarlicht genannt wird. Ich setze das Akzentlicht in den meisten Fällen in einer Achse (und somit gegenüberliegend) zum Hauptlicht, wenngleich hier natürlich auch Varianten zulässig sind.

Ziel ist es, das Haar des Models von schräg hinten anzublitzen, sodass das Haar konturiert wird und sich gleichzeitig ein Saum um die angestrahlten Körperteile bildet (achten Sie bei dem Bild auf der nächsten Seite auf den Unterarm des Models).

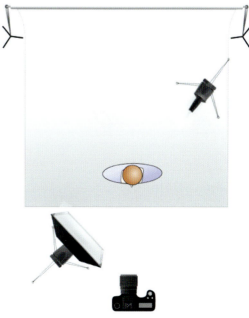

Wichtig ist, dass Sie unbedingt darauf achten, dass das Licht exakt ausgerichtet wird, damit es nicht auf andere Körperteile fällt, bei denen es dann unter Umständen zu Überstrahlungen kommt. Die zwingend erforderliche exakte Ausrichtung des Lichts führt uns schnell zum Lichtformer, den wir zu diesem Zweck einsetzen wollen. Der Snoot ist perfekt geeignet, das Blitzlicht zu bündeln und somit auszurichten.

Die Gruppeneinteilung beim Multiblitz-Betrieb

Ich empfehle Ihnen daher grundsätzlich, nur dem Hauptlicht die Gruppe A zuzuordnen und alle anderen Blitze, die Sie nachträglich integrieren, auf die anderen Gruppen (B und C) zu verteilen. Nur so erhalten Sie sich die Möglichkeit einer differen-

zierten Lichtverteilung, wie sie für spannende Bildergebnisse unerlässlich ist.

In unserem konkreten Fall bedeutet dies, dass wir dem Blitzgerät, das für das Akzentlicht verantwortlich ist, die Gruppe B zuordnen. Für das Hauptlicht habe ich keinen Korrekturwert eingestellt (Nullstellung). In der Regel ist dies eine gute Ausgangsbasis, da die TTL-Blitzsteuerung (normalerweise) für das Hauptlicht eine korrekte Belichtung liefert.

Anders sieht es beim Akzentlicht aus. Hier sind in aller Regel Korrekturwerte erforderlich, die aber sehr stark davon abhängen, welchen Effekt man erzielen will. Sie werden in der Praxis nicht umhinkommen, beim Akzentlicht ein wenig mit den Korrekturwerten zu spielen, bis Sie das gewünschte

Ergebnis erzielen. Zum einen hängt es immer etwas vom persönlichen Geschmack ab, zum anderen hat die Haarfarbe Ihres Models einen entscheidenden Einfluss auf die erforderliche Blitzleistung. Dunkle Haare erfordern grundsätzlich eine höhere Leistung für das Akzentlicht als blonde Haare.

In unserem Beispiel habe ich aufgrund der blonden Haare des Models einen Korrekturwert von –1,7 LW für Gruppe B eingestellt.

Das Hintergrundlicht

Das dritte Licht, das im Studio neben Haupt- und Akzentlicht regelmäßig verwendet wird, gilt dem Hintergrund.

Der Hintergrund ist bei unserer bisherigen Lichtsetzung grau, obwohl es sich um einen weißen Papierhintergrund handelt. Der Grund hierfür ist das Kernproblem bei jeder Ausleuchtung: Wegen der deutlichen Abnahme der Lichtintensität über die Entfernung (wir erinnern uns: die Lichtmenge reduziert sich im Quadrat zur Entfernung) kommt von unserem Hauptlicht zu wenig Lichtmenge am Hintergrund an.

Da wir das Hintergrundlicht in den meisten Fällen nicht mittig vor dem Hintergrund platzieren können, erzeugen die seitlich aufgebauten Blitze einen Verlauf der Helligkeit auf den Hintergrund. Dieses Problem entsteht immer, wenn der Hintergrund mit nur einer Lichtquelle ausgeleuchtet wird. Die naheliegende Idee, dann einfach auf die dunklere Seite zu belichten, führt zu einer Überstrahlung auf der anderen Seite und damit zu einer Fehlbelichtung, da sich die Überstrahlung auch auf das Modell auswirkt (siehe Kapitel 7.8).

Die einzige Möglichkeit, einen Helligkeitsverlauf zu vermeiden, ist der Einsatz von zwei Lichtquellen, die so positioniert werden, dass sich ihre jeweilige Lichtabnahme gegenseitig aufhebt. Dies

passiert durch eine gleichwinklige Ausrichtung auf den Hintergrund (siehe Abbildung). Wichtig ist es natürlich, dass beide Blitzgeräte die gleiche Leistungseinstellung haben.

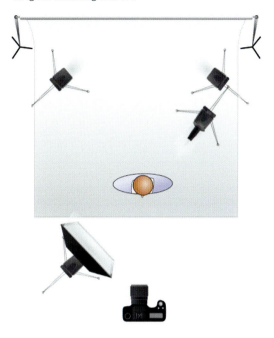

Die entscheidende Frage lautet: Wie hoch muss die Leistung der beiden Blitzlichter für den Hintergrund sein? Die Faustregel besagt, dass das Hintergrundlicht ca. 1,5–2 LW heller sein sollte als das Referenzlicht (Hauptlicht).

Das bedeutet in unserem Fall, dass wir den beiden Hintergrundblitzen die Gruppe C zuordnen und im TTL-Modus einen Korrekturwert von +1,7 eingeben.

Noch einmal kurz rekapituliert: Wir haben ein Hauptlicht in Gruppe A ohne Korrekturwert, ein Akzentlicht für das Haar in Gruppe B mit einem Korrekturwert von –1,7 und das Hintergrundlicht in Gruppe C mit einem Korrekturwert von +1,7. Das Ergebnis sehen Sie auf der nächsten Seite: drei Blitzgeräte, sinnvoll eingesetzt und mit einem überzeugenden Bildergebnis.

Mehrere Blitze in einer Gruppe?

In dem aktuellen Beispiel habe ich zwei Blitze einer gemeinsamen Gruppe zugeordnet, was Ihnen einerseits veranschaulicht, dass dies funktioniert, und mir andererseits die Vorlage gibt, auf diesen Aspekt noch einmal explizit hinzuweisen.

Immer dann, wenn Sie zwei oder mehrere Blitzgeräte in demselben Modus und mit dem gleichen Korrekturwert betreiben, können Sie diese in eine Gruppe stecken. Dadurch besteht die Möglichkeit einer komplexen Ausleuchtung mit mehr als drei Blitzgeräten, obwohl nur drei Gruppen (A bis C) zur Verfügung stehen.

Alternativer Hintergrund – Teil I

Selbstverständlich gibt es auch bei dem Thema Hintergrund noch Variationsmöglichkeiten. So ist es nicht erforderlich (und auch nicht immer sinnvoll), mit einem absolut weißen Hintergrund ohne Helligkeitsverlauf zu arbeiten. Das, was ich im letzten Abschnitt als Nachteil bei der Hintergrundbeleuchtung ausgeführt habe, nämlich den Helligkeitsverlauf von einer zur anderen Seite, können Sie auch als Stilmittel bewusst einsetzen. Dies geht besonders gut mit den Systemblitzen, wenn Sie einen Lichtformer wie Abschatter oder Snoot zur Hilfe nehmen.

Alternativ können Sie auch eine Farbfolie vor einen Blitz klemmen und diesen dann als Hintergrundlicht einsetzen. Die nachfolgende Aufnahme ist so entstanden:

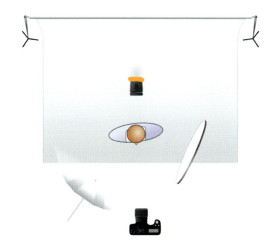

▼ *Nikon D3 | 85 mm | f8 | 1/100 Sek. | ISO 200 | SB-800 in Gruppe A (TTL ohne Korrektur) als Hauptblitz von vorn links (45°) mit Durchlichtschirm | Aufhellung von rechts mit Reflektor | SB-800 in Gruppe B (M-Modus/1/4-Leistung) mit orangem Effektfilter.*

Alternativer Hintergrund – Teil II: Schattenspiel

Eine Variante des alternativen Hintergrunds ist die bewusste Inkaufnahme von Schatten, die das Model unter bestimmten Umständen auf den Hintergrund wirft.

Bisher habe ich Ihnen in diesem Buch viele Tipps gegeben, wie Sie störende Schatten minimieren bzw. sogar vermeiden können. Ich habe auch erwähnt, dass eine komplett schattenfreie Ausleuchtung meist langweilig ist. Das Wissen um das Thema Schatten habe ich genutzt, indem ich

- mein Model bewusst in sehr kurzem Abstand (ca. 50 cm) vor dem weißen Hintergrund positioniert und
- den Abstand zwischen Blitzgerät und Model bewusst vergrößert habe (ca. 4 m).

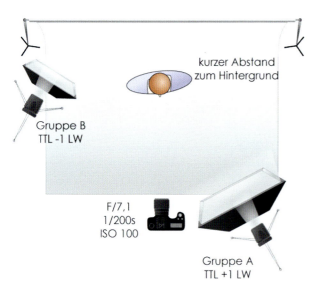

Da ich den Schatten links vom Model haben wollte, musste ich das Blitzgerät natürlich rechts vom Model platzieren. Da die Schattenkonturen nicht zu scharf werden sollten, habe ich als Lichtformer eine Softbox (50 x 70 cm, flash2softbox) eingesetzt.

Wichtig: Wenn Sie wie ich eine Softbox oder einen Durchlichtschirm einsetzen, müssen Sie penibel auf die Abstände achten, die ich oben benannt habe. Ist der Abstand zwischen Model und Hintergrund zu groß und/oder ist der Abstand zwischen Softbox und Model zu klein, erhalten Sie keine sauberen Schattenkonturen.

Um den Helligkeitsverlauf auf dem Hintergrund zu kompensieren (die Softbox von rechts verursacht logischerweise einen solchen nach links), habe ich ein zweites Blitzgerät mit kleiner Softbox für den linken Bereich des Hintergrunds eingesetzt.

Hierbei musste ich aufpassen, dass ich den Schattenwurf, den ich durch das Hauptlicht erhalten habe, nicht wegblitze. Daher war eine Minuskorrektur von 1 LW gegenüber dem TTL-Messwert erforderlich.

Das Hauptlicht dagegen hat eine Pluskorrektur von 1 LW gegenüber dem TTL-Messwert erhalten. Er wurde notwendig, da sich die TTL-Messung von dem großen Anteil an weißem Hintergrund hat irritieren lassen. Das Ergebnis ohne Korrektur brachte eine eher graue Hintergrundfarbe.

Das Ergebnis sehen Sie nachfolgend. Sie können erkennen, dass ich mein Model angewiesen habe, eine Pose einzunehmen, bei der die Arme nicht angelegt sind. Wäre das der Fall gewesen, hätte das Schattenbild eine gewisse Übergewichtigkeit des Models impliziert (und das wollte ich ihr nicht antun ...).

Übrigens: Zusätzliche Dynamik erhält das Bild dadurch, dass ich die Kamera während der Aufnahme leicht gekippt habe. Das Model steht nämlich eigentlich kerzengerade.

Nikon D3X | 70 mm | f7.1 |
1/200 Sek. | ISO 100.

Alternativer Hintergrund – Teil III: Gegenlicht (on Location)

Die dritte Variante, die ich Ihnen zeigen möchte, wird eher on Location als im Studio eingesetzt, wenngleich dies selbstverständlich kein Dogma sein soll. Durch den Einsatz eines „Gegenlichtblitzes" kann man mit ein wenig Ausprobieren zwei Fliegen mit einer Klappe schlagen. Einerseits bringt das Blitzlicht im Hintergrund einen gewissen Aha-Effekt – immer dann gut, wenn er förderlich für die Bildwirkung ist –, und andererseits eignet sich das Hintergrundlicht bei richtiger Positionierung auch gut dafür, das Umfeld des Hauptmotivs in Kombination mit dem Hauptlicht auszuleuchten. Dies ist vor allem dann sinnvoll, wenn uns hierfür kein Available Light zur Verfügung steht (siehe meine entsprechenden Ausführungen auf den vorangegangenen Seiten).

SB-800
Gruppe B
TTL + 2,0 LW

SB-800
Gruppe A
Softbox
TTL +0,3 LW

F/5,6
1/50s
ISO 200

Diese Art der kombinierten Ausleuchtung erkennt man ganz gut, wenn man das nächste Foto analysiert. Das Hauptmotiv (Model) ist von einer Softbox (in diesem Fall eine Ezybox 60 x 60 cm) weich ausgeleuchtet (keine harten Schatten im Hintergrund). Das sich hinter dem Model befindende schmiedeeiserne Gitter profitiert auch noch von diesem Hauptlicht – es leuchtet förmlich. Übrigens: So ein Gitter kann ziemlich tückisch sein, da es die unangenehme Eigenschaft hat, Licht ziemlich wild zu reflektieren. Das ist auch der Grund, warum Sie in solchen Fällen möglichst großflächiges, weiches Licht einsetzen sollten. Wie es im Übrigen auch in der professionellen Werbefotografie für die Ausleuchtung von Fahrzeugen gemacht wird.

Ohne ein zweites Licht würde die Treppe – mangels vorhandenen Umgebungslichts – nach oben hin immer dunkler werden. So aber habe ich in der Mitte der Stufen einen Lichtstreifen kreiert, der von oben nach unten sogar immer heller wird. Dieser Umstand mag Sie zunächst verblüffen, da das Licht von oben nach unten doch abnehmen sollte.

Das tut es auch, allerdings wird es durch das Licht des Hauptblitzes (mit Softbox) kompensiert. Es erfolgt eine partielle Addition der beiden Lichtquellen.

Neben der Ausleuchtung erkennt man bei der Aufnahme auf der rechten Seite, dass der Gegenlichteffekt positiv zur Bildwirkung beiträgt, da ansonsten der rechte Bildteil ein wenig „tot" wirken würde. Bei der Dosierung eines solchen rückwärtigen Blitzes müssen Sie unbedingt darauf achten, dass Sie die Blitzleistung hoch genug einstellen. In den meisten Fällen ist eine Pluskorrektur erforderlich, andernfalls würde man erkennen können, dass hier auf dem Treppenabsatz ein Blitzgerät stand – was durch die richtige Blitzdosierung und die daraus resultierende Überstrahlung bei dieser Aufnahme vermieden wurde.

Dem Hauptlicht habe ich im Übrigen ebenfalls eine Pluskorrektur mitgeben müssen, da die TTL-Messung aufgrund des dunklen Umfeldes und des schwarzen Kleides des Models zu keiner ausreichenden Belichtung geführt hätte.

Nikon D3 | 70 mm | f5.6 | 1/50 Sek. | ISO 200.

Exkurs: Studioblitzanlagen mit Systemblitzunterstützung

In Kapitel 2 habe ich bereits auf den SU-4-Modus hingewiesen, den der SB-800 und SB-900 neben TTL, AA/A und M unterstützen. Mittlerweile habe ich immer mindestens einen meiner Nikon-Systemblitze in der Tasche, wenn ich in mein Fotostudio fahre, da es in der Praxis ungeheuer praktisch ist, in schwierigen Situationen auf einen kleinen Aufsteckblitz auszuweichen.

Das hört sich jetzt erst einmal ziemlich merkwürdig an, schließlich sind die Studioblitze ja um einiges leistungsfähiger als die kleinen Systemblitze. Dennoch haben sie einen entscheidenden Nachteil: Sie sind nicht sonderlich kompakt, weshalb es manchmal etwas knifflig wird, sie richtig (und unsichtbar) zu positionieren.

Die Aufnahme auf der nächsten Seite ist mit einer Studioblitzanlage und einem digitalen Mittelformatsystem entstanden und hätte daher eigentlich überhaupt keine Daseinsberechtigung in diesem Buch – und trotzdem, ohne zwei gut versteckte SB-900 wäre die Aufnahme nicht so, wie sie ist.

Der eine steht für die Hintergrundbeleuchtung mittig hinter der Sitzbank (etwas, was mit dem Studioblitz angesichts seiner Größe nicht funktioniert hätte). Und der zweite gibt von rechts ein Effektlicht auf die Kante der Sitzbank (Blitzreflektor auf 200 mm).

Bei beiden Nikon-Blitzen wurde per Menü der SU-4-Modus aktiviert. Anschließend wurde in Remote-Stellung des ON-Schalters durch Drücken der MODE-Taste der M-Modus aktiviert, sodass ich die Blitzleistung am Blitz manuell einstellen konnte (siehe Abbildungen rechts).

Die passende Belichtung habe ich per Blitzbelichtungsmesser (siehe Kapitel 7) ermittelt. Für das Hintergrundlicht habe ich $1/4$ Leistung eingestellt und für das Akzentlicht von der Seite $1/8$ Leistung.

Hauptlicht war ein Studioblitz mit großer Softbox von vorn links (ca. 45°-Winkel). Den Gesamtaufbau können Sie gut anhand der Setup-Skizze nachvollziehen.

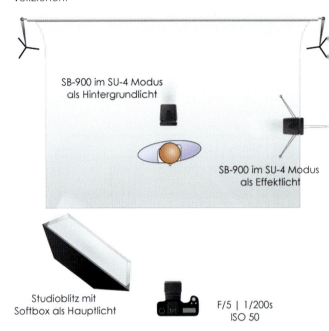

SB-900 im SU-4 Modus als Hintergrundlicht

SB-900 im SU-4 Modus als Effektlicht

Studioblitz mit Softbox als Hauptlicht

F/5 | 1/200s
ISO 50

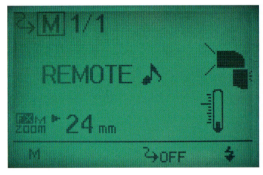

8.7 High-Key/Low-Key

Keine andere Technik in der Fotografie wird dermaßen auf breitester Front fehlinterpretiert wie die High-Key- bzw. Low-Key-Fotografie. In den meisten Publikationen wird diese Stilrichtung bestenfalls ungenau beschrieben, meist strotzen die beschriebenen Vorgehensweisen nur so von Falschinformationen. Bevor ich Ihnen erläutere, wie Sie ein High-Key- oder Low-Key-Foto durch Auswahl des Motivs und richtige Lichtsetzung umsetzen können, möchte ich kurz erklären, wo diese Begriffe (für die ich keine sinnvollen deutschen Übersetzungen kenne) eigentlich herkommen.

Beides sind Begriffe aus den frühen Stummfilmzeiten, als die Guten und die Bösen durch eine unterschiedliche Ausleuchtung kenntlich gemacht wurden. Der Held war oft weiß gekleidet und die Schurken trugen dunkle Gewänder. Gleichzeitig hängte man das Führungslicht („key") bei der Filmproduktion für die Helden eher hoch („high") auf und beleuchtete deren Umfeld in eher hellen Tönen. Das Führungslicht für die Schurken positionierte man eher tief („low") und deren Umfeld ließ man auch gern in dunklen Tönen „absaufen".

Tonwertverteilung

In der Fotografie bezeichnen die Ausdrücke High-Key und Low-Key die vorhandenen Tonwerte eines Fotos. Eine High-Key-Aufnahme weist vorwiegend helle bis mittlere Tonwerte auf, während die Low-Key-Aufnahme hauptsächlich schwarze und dunkelgraue Tonwerte besitzt.

Dies lässt sich sehr gut im Histogramm eines Fotos ablesen (siehe Abbildungen). Die Tonwertverteilung bei einer High-Key-Aufnahme verläuft rechts von der Mitte, und bei einer Low-Key-Aufnahme tut sie dies links von der Mittelposition. Bei den Beispielen, die ich Ihnen in der Folge zeige, habe ich

das jeweilige Histogramm dazu abgebildet, damit Sie ein Gefühl dafür entwickeln können.

▲ *Typische Tonwertverteilung in einem Histogramm bei einer High-Key-Aufnahme.*

▲ *Typische Tonwertverteilung in einem Histogramm bei einer Low-Key-Aufnahme.*

Lassen Sie mich kurz darauf hinweisen, was High-Key und Low-Key nicht ist, auch wenn dies in einschlägigen Foren oft genauso beantwortet wird.

High-Key hat nichts, aber auch gar nichts mit Überbelichtung zu tun. High-Key-Bilder haben zwar überwiegend helle und sehr helle Bildtöne – dies jedoch nicht aufgrund von Überbelichtung, sondern einfach weil das Motiv per se so ist.

Die richtige Wahl des Motivs

Das bringt mich zu einem wichtigen Thema: Nicht alle Motive sind für ein High-Key-Bild geeignet, der Schornsteinfeger ebenso wenig wie der Afroamerikaner oder der solariumgebräunte Schlagersänger. Das gilt natürlich umgekehrt in gleichem Maße: Die platinblonde Schönheit von nebenan eignet sich einfach nicht für eine Low-Key-Aufnahme. Simpel, aber wahr: Bereits die Wahl des Motivs entscheidet über die Machbarkeit einer High-Key- oder Low-Key-Aufnahme.

Nachdem dieser wichtige Punkt geklärt ist, kommt das zweite entscheidende Kriterium: die richtige Ausleuchtung des Motivs. Und spätestens hier schließt sich wieder der Kreis zu unserem Thema: der Blitzfotografie.

Hartes oder weiches Licht?

Bei der Ausleuchtung sind ein paar Spielregeln zu beachten. Zunächst möchte ich mit einem Vorurteil aufräumen, das besagt, dass für High-Key-Aufnahmen nur weiches Licht und für Low-Key-Aufnahmen möglichst hartes Licht eingesetzt werden sollte. Das ist in dieser Pauschalität ziemlicher Unsinn, wenngleich die jeweilige Zuordnung natürlich hilfreich sein kann.

Ein hartes Licht knapp oberhalb des Objektivs macht zwar auch einen harten Schatten, wenn der aber nur als dünne Linie unter Kinn und Nase zu sehen ist, wird er keinesfalls bildbestimmend, die hellen Töne bleiben vorherrschend. Oft ist es nämlich sehr wirkungsvoll, wenn High-Key-Aufnahmen zugleich einige Schwärzen und Low-Key-Aufnahmen auch einige Spitzlichter aufweisen. Durch diese Kontrastwirkung lässt sich oft die vorherrschende Tonwertabstimmung des Bildes sogar noch betonen.

Hintergrundbelichtung

Fakt ist, dass Sie mit einem einzelnen Blitzlicht sehr wohl eine Low-Key-Aufnahme realisieren können, aber kaum eine High-Key-Aufnahme. Dies liegt daran, dass bei High-Key neben der korrekten Belichtung des Motivs auch eine zusätzliche Belichtung des Hintergrunds erfolgen muss. Aufgrund des Lichtabfalls über die Entfernung ist dies mit

nur einer Belichtungsquelle schlicht nicht möglich, es sei denn, Ihr Motiv steht praktisch direkt vor dem Hintergrund.

Über das Wie der Belichtung des Hintergrunds gibt es in den Internetforen häufig die Empfehlung, diesen überzubelichten – „zwei Blenden mehr als für das Hauptmotiv" ist der populärste Ratschlag. Hören Sie nicht darauf. Das führt bei weißen Hintergründen (und die sind es normalerweise bei der High-Key-Fotografie) zu nichts anderem als zu einer heftigen Überstrahlung von hinten.

In der Regel reicht maximal $1/3$ Blende (LW) mehr Belichtung als für das Hauptmotiv aus, mehr Überbelichtung ist weder nötig noch sinnvoll. Das Gleiche gilt umgekehrt für Low-Key: Es reicht, wenn dunkle Töne dunkel wiedergegeben werden. Man sollte sie nicht zusätzlich unterbelichten, sonst bekommt man Tonwertabrisse, die als hässliche Klumpen und Treppchenbildung in Verläufen sichtbar werden.

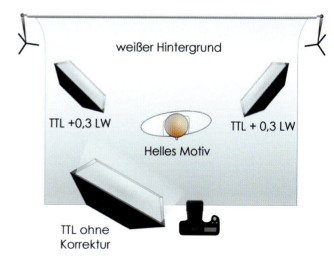

High-Key-Ausleuchtung

Nikon D2X | 170 mm | f6.3 |
$^{1}/_{200}$ Sek. | ISO 100 | SB-800
mit Softbox | TTL +0,3 LW.

High-Key – so wird's gemacht

Wählen Sie ein helles Motiv. Ein Model mit vornehmer Blässe und hellblonden Haaren wäre perfekt, dazu helle Kleidung und eine helle Umgebung.

Das Ganze beleuchten Sie so, dass entweder keine Schatten entstehen oder nur dort, wo sie nicht bildbestimmend sind. Denkbar hierfür ist weiches Licht von beiden Seiten (Durchlichtschirm, Softbox), aber auch hartes Licht, das knapp über der optischen Achse positioniert wird und somit nur geringen Schatten wirft.

Ein zweites Blitzlicht „verstecken" Sie entweder hinter dem Model oder Sie nehmen zwei Blitzlichter von rechts und links, um den Hintergrund gleichmäßig auszuleuchten. Model und Hintergrund sollten genau gleich viel Licht bekommen. Fertig. Mehr ist es nicht. Einen typischen Aufbau für eine High-Key-Aufnahme sehen Sie auf Seite 265.

Low-Key – so wird's gemacht

Im Prinzip geht das genauso wie High-Key, nur umgekehrt. Wählen Sie vorzugsweise gebräunte Personen mit dunklen Haaren und dunkler Kleidung. Schaffen Sie ein dunkles Umfeld (Studio mit schwarzem Hintergrund oder Räume mit dunklen Wänden). Belichten Sie so, dass Schwarz auch Schwarz bleibt, ohne dass bildwichtige Elemente „absaufen".

Sie können streng genommen sogar eher reichlicher belichten. (Aber Vorsicht: Es dürfen an keiner Stelle Spitzlichter ausbrennen. Ich empfehle Ihnen, die Spitzlichteranzeige auf Ihrem Display zu aktivieren, das Ihnen nach der Aufnahme anzeigt, dass es doch zu viel des Guten war.)

Sie können dann in der Nachbearbeitung die Tonwerte wieder drücken. Das führt zu einem höheren Tonwertreichtum im fertigen Bild und bringt schö-

nere Tonwertverläufe in den Schatten. Sie können so den vollen Dynamikumfang des Sensors ausnutzen – probieren Sie es einmal aus.

Übrigens: Wie in alten Stummfilmzeiten kann man bei Low-Key-Aufnahmen das Hauptlicht auch mal tiefer hängen und Unterlicht erzeugen – aber nur dann, wenn das Ergebnis bedrohlich erscheinen soll.

Das war's. Damit ist das Thema Low-Key auch beendet. Auf der nächsen Seite sehen Sie eine typische Low-Key-Aufnahme. Die Ausleuchtung war denkbar simpel (siehe Setup-Skizze).

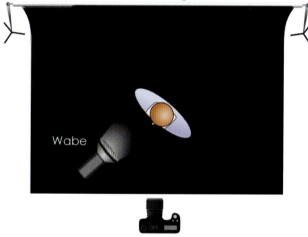

schwarzer Hintergrund

Wabe

Low-Key-Ausleuchtung

Das Histogramm zeigt die eindeutige Verteilung der Tonwerte in den Schatten (links von der Mitte) und einen kleinen Ausschlag bei den Lichtern (dies bezieht sich auf die Stirn-, Augen- und Wangenpartie im Bild auf der rechten Seite).

*Nikon D3 | AF-D 85
| f6.3 | 1/160 Sek. |
ISO 200 | SB-900
mit Wabenaufsatz.*

8.8 Tageslicht nachstellen

In Kapitel 1 hatte ich die unterschiedlichen Gründe für den Einsatz von Blitzlicht aufgeführt (mangelndes Umgebungslicht, Aufhellung zwecks Anpassung an den Dynamikumfang der Kamera und Effektsetzung). Zum letzten Punkt gehört das Thema, das ich Ihnen jetzt vorstellen möchte – gleichwohl in einer Durchführungsform, die Ihnen bei dem Begriff Effekt wahrscheinlich nicht in den Sinn gekommen wäre.

Es geht darum, vermeintliches Available Light nachzustellen – um es besonders schwierig zu machen, nicht irgendein Available Light, sondern Tageslicht. Was sich zunächst ein wenig verrückt

anhört (wie soll man schließlich mit einem kleinen Blitzgerät die Sonne nachbauen können), funktioniert in der Praxis ganz hervorragend – und das zumeist mit sehr viel weniger Aufwand, als Sie bisher angenommen haben.

Mein erstes Bildbeispiel zu diesem Thema (siehe unten) entstand als Werbeaufnahme für einen Brautmodenhersteller (*www.kuessdiebraut.de*), die mein Kollege Martin Krolop vor einigen Monaten in einer Kirche gemacht hat. Ich habe dieses Beispiel ausgewählt, da es aus mehreren Gründen besonders interessant für dieses Buch und für Sie sein dürfte.

▲ Foto: M. Krolop, Abdruck mit freundlicher Genehmigung der lindegger GmbH.

Erstens wurde die Aufnahme mit einem sehr geringen Aufwand umgesetzt, und zweitens hat Martin Krolop mir für dieses Buch noch ein wunderbares Making-of-Foto mitgeliefert, das für einen schönen Aha-Effekt sorgt.

Wenn Sie sich mit dem Thema „gefaktes (gefälschtes) Tageslicht" auseinandersetzen, müssen Sie zwingend wissen, wie echtes Tageslicht „funktioniert". Aus welcher Richtung kommt es typischerweise zu welcher Tageszeit? Wie verläuft es und wie verhält es sich, wenn es von Objekten reflektiert wird oder durch Glasflächen oder transparente Gegenstände gestreut wird? Und so weiter und so fort ...

Nichts ist schlimmer, als wenn man als Fotograf logische Fehler in ein Bild einbaut, nur weil man versucht hat, dem Tageslicht auf die Sprünge zu helfen. „Sonnenlicht" aus mehreren Richtungen gleichzeitig ist ein solches Negativbeispiel. In so einem Fall verkommt die Lichtsetzung zu einer reinen Effekthascherei, also das Gegenteil von dem, was ich Ihnen in diesem Kapitel näherbringen möchte.

„Unsichtbares" Blitzlicht

Es bleibt dabei: In 90 % aller Fälle sind die besten Blitzfotos die, bei denen man als Betrachter nicht (zumindest nicht auf den ersten Blick) erkennt, dass künstliches Blitzlicht eingesetzt wurde.

Das zuletzt dargestellte Foto ist ein exzellentes Beispiel für eine solche Umsetzung. Was denken Sie: Wie viele Blitzgeräte und welche Lichtformer kamen bei der Aufnahme zum Einsatz?

Wenn man sich das Foto anschaut, stellt man zunächst fest, dass es ganz offensichtlich eine Kirche der etwas helleren Art ist, da es direkt auf Höhe des Altars große Fenster gibt, durch die das Son-

nenlicht hereinfallen kann. Die Braut wurde so positioniert, dass das Tageslicht als Gegenlicht wirkt, was das Brautkleid und vor allem den Schleier besonders in Struktur und Transparenz hervorhebt. (Auf den nächsten Seiten zeige ich Ihnen ein Beispiel, bei dem ich mir diese Technik auch zunutze gemacht habe.)

Soweit ist die Ausleuchtung erst einmal ziemlich klar. Es ist zu vermuten, dass die Braut von vorn per Blitzlicht dezent aufgehellt wurde, da sie ja im Gegenlicht stand, das im Normalfall auf der dem Licht abgewandten Seite tiefe Schatten produziert.

Der Fotograf hat die Aufnahme leicht überbelichtet, um den luftigen Charakter der Szenerie zu unterstreichen. Die Kirche sollte das Hauptmotiv nicht „erdrücken", sondern einen würdigen Rahmen für das Model liefern.

Vorsicht Braut

Ganz wichtig für Ihre nächste Hochzeit, bei der die Braut ganz in Weiß heiratet: Denken Sie daran, bei allen Aufnahmen, bei denen die Braut einen Großteil des Bildes ausmacht, dezent überzubelichten. Eine Pluskorrektur von 0,7 LW ist ein ganz guter Basiswert, der dann gegebenenfalls noch feinjustiert werden kann. Der kamerainterne Belichtungsmesser möchte stets ein neutralgraues Ergebnis produzieren (siehe meine Ausführungen hierzu in Kapitel 2).

Inwieweit zusätzliche Blitzlichter bei diesem Foto eingesetzt wurden – zum Beispiel als Streiflicht von der Seite –, ist nicht auf Anhieb zu erkennen. Die Schattenverläufe um die Braut herum geben hierüber keinen Aufschluss. Vielmehr lassen sie den Schluss zu, dass hier keine zusätzlichen Lichter eingesetzt wurden.

Und das stimmt auch. Für die gesamte Szenerie kam lediglich ein einziges Blitzgerät zum Einsatz (SB-900) – und das auch nicht als Aufhellung von vorn, da eine Aufhellung aufgrund eines Fensters auf der Kirchenseite (im Bild nicht zu sehen) und der zusätzlichen leichten Überbelichtung nicht erforderlich war. Der Blitz wurde vielmehr am Fenster links vom Altar eingesetzt, um den auffälligen Lichtspot zu erzeugen, der die Gegenlichtsituation besonders plakativ darstellte. Das Foto unten zeigt dies, der Fotograf hat hier einen Teilbereich massiv unterbelichtet. Es ist auf einmal gut zu erkennen, dass unterhalb des Lichtkegels der Assistent steht, der das Blitzgerät bei der Aufnahme hochgehalten hat.

Auf die Logik achten

Wichtig bei dieser Aufnahme war es, den vermeintlichen Lichteinfall durch das Fenster logisch erscheinen zu lassen. Insofern waren Position und Winkel des Blitzgerätes natürlich entscheidend.

Als technische Maßnahme hat der Fotograf den SB-900 (der im Remote-Betrieb und TTL-Modus vom integrierten Blitzgerät der D700 von Nikon gesteuert wurde) um 3 LW nach oben korrigiert.

Er hat damit vermieden, dass es noch Zeichnung in dem Lichtkegel gibt, wodurch der Assistent zu erkennen gewesen wäre.

▲ *Nikon D700 | 50 mm | f1.4 | $^{1}/_{200}$ Sek. | ISO 500 | +0,7 LW | SB-900 (Gruppe A, TTL, +3 LW).*

Die typischen Blitzszenarien sicher meistern

Die Tatsache, dass für diese Aufnahme bei Offenblende f1.4 (die den luftigen Charakter zusätzlich unterstützt) und bei einer Verschlusszeit von $^1/_{200}$ Sek. eine Erhöhung des ISO-Wertes auf 500 erforderlich war, zeigt im Übrigen, dass es in der Kirche bei Weitem nicht so hell war, wie das Foto vermuten lassen würde.

Blitzen outside-in

Mit der gerade beschriebenen Technik können Sie auch an trüben Tagen eine angenehme, natürliche Ausleuchtung eines Innenraums mit vermeintlichem Tageslicht kreieren. Verfeinert werden kann dies dadurch, dass Sie die Blitzgeräte außerhalb des Gebäudes positionieren und durch das Fenster blitzen lassen. Wenn Sie die Fenster dann noch von außen mit weißen Bettlaken abhängen, wird kein Außenstehender erkennen, dass hier nachgeholfen wurde.

Diese Technik habe ich genutzt, als mich bei einer Fotoproduktion in einem Hotel das Sonnenlicht im Stich ließ. Kennen Sie das? Da wird alles für ein Outdoor-Shooting vorbereitet und das Einzige, das fehlt, ist die Sonne? Die Sonne im Freien mit Blitzlicht nachzubauen, ist extrem schwierig. In Gebäuden hilft ein Fenster, ein Bettlaken und ein Blitz von außerhalb des Fensters. Schon sind Sie unabhängig von der Wettersituation.

Das Bild unten zeigt Ihnen das Ergebnis dieses Aufbaus.

Das Blitzgerät, das die Sonne simuliert, stand auf der Fensterbank. Das Laken sorgt für eine gleichmäßige Ausleuchtung, die aufgrund der vorgenommenen Blitzleistungskorrektur von +2 LW bewusst sehr hell gesteuert wurde, um etwaige Helligkeitsverläufe zu vermeiden.

Damit die blonden Haare meines Models nicht komplett „ausfressen", habe ich einen Teil des blau transparenten Vorhangs auf die Höhe der Modelposition gezogen.

Können Sie an dem Foto nun erkennen, dass das gar nicht die Sonne war, die da durch das Fenster hereinschien?

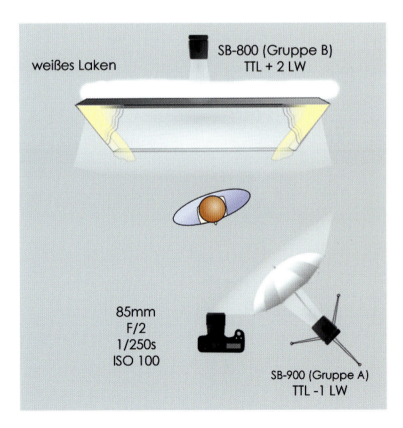

weißes Laken

SB-800 (Gruppe B)
TTL + 2 LW

85mm
F/2
1/250s
ISO 100

SB-900 (Gruppe A)
TTL -1 LW

Nikon D3X | 85 mm | f2 |
1/250 Sek. | ISO 100.

Künstliche Sonne

Die Makrofotografie ist neben der People-Fotografie das Genre, das am meisten von einem intelligenten Einsatz des Blitzlichts profitieren kann. Während spektakuläre Aufnahmen von Insekten im Ultranahbereich schon durch das Motiv an sich wirken, werden simplere Motive wie zum Beispiel Blumen oft erst durch das passende Licht so richtig interessant.

Da spektakuläres Licht in der Natur nicht auf Knopfdruck vorhanden ist, behelfen wir uns mit Systemblitzen, die – richtig eingesetzt – jedes Motiv aufwerten können.

Als Beispiel habe ich ein paar Hibiskusblüten aus unserem Garten ausgewählt, da sie selbst bei schönstem Sonnenschein im Schatten liegen und ich somit nie die Möglichkeit habe, mit Streiflicht oder sogar Gegenlicht zu spielen – eine Lichtform, die in der Nahfotografie eine wichtige Rolle spielt. Da dies so ist, habe ich beschlossen, mir das richtige Licht selbst zu basteln, um die schönen Blüten angemessen in Szene setzen zu können.

Ausgangssituation war eine Aufnahme ohne Blitzlicht. Die Aufnahme ist nicht schlecht (im Sinne von technisch gelungen). Es gibt keine zulaufenden Schattenpartien und keine ausreißenden Spitzlichter, wofür die Position der Blüten im Schatten verantwortlich ist. Ein Histogramm vom Feinsten ... und dennoch irgendwie langweilig. Die filigrane Struktur der Blütenblätter wird nur unzureichend abgebildet, alles wirkt irgendwie flach.

Als Nächstes habe ich einen entfesselten Blitz als Hilfe dazugenommen, den ich in einem Winkel von ca. 40° zum Motiv aufgestellt habe. Der Blitz (SB-800) wurde im Remote-Modus betrieben (Gruppe A) und von einem SU-800 auf der Kamera gesteuert. Den Aufbau sehen Sie in der nebenstehenden Skizze:

▲ *Nikon D3 | Zeiss 100mm Makro-Planar | f11 | $^1/_{200}$ Sek. | ISO 800.*

▲ *Nikon D3 | Zeiss 100mm Makro-Planar | f11 | 1/200 Sek. | ISO 800 | SB-800 (Gruppe A) | TTL –1 LW.*

Nachdem Sie in diesem Buch gelernt haben, dass vor allem Seiten- und Streiflicht die Strukturen sehr gut herausbilden, wäre es also naheliegend gewesen, das Hauptlicht in einem größeren Winkel zur Kamera zu stellen als bei dieser Aufnahme.

Dies hätte aber immer noch nicht den gewünschten Effekt gebracht.

Das Geheimnis ist es vielmehr, mit Gegenlicht zu arbeiten, wie es sich bei transparenten oder filigranen Gegenständen anbietet.

Vor allem dann erhält man einerseits eine gewisse Luftigkeit und andererseits die gewünschte Plastizität.

Der Skizze unten können Sie den Aufbau entnehmen. Das Bildergebnis auf der nächsten Seite spricht für sich.

Die Aufnahme hat schon etwas mehr „Punch", die zusätzlichen Licht-/Schattenverläufe geben etwas mehr Tiefe, allerdings wirken die Blütenblätter noch immer ziemlich flächig und platt und keineswegs filigran, was jedoch die Absicht gewesen ist.

Nikon D3 | Zeiss 100mm Makro-Planar | f11 | ¹/₂₀₀ Sek. | ISO 800 | SB-800 (Gruppe A), TTL −1 LW | SB-800 (Gruppe B), TTL ohne Korrektur.

Gegenlicht optimal nutzen

Die alte Fotografenweisheit „hab immer die Sonne im Rücken" hat für „einfaches" Fotografieren durchaus auch heute noch ihre Berechtigung. Aber erstens lässt sie sich in der Praxis nicht immer realisieren, und zweitens entstehen gerade in Gegenlichtsituationen mitunter die spannendsten Ergebnisse.

Ein Beispiel sind Silhouetten und ihre scherenschnittartige Wirkung. Hierbei steht bei sehr hohem Kontrast ein intensives Schwarz häufig einer überstrahlten weißen Fläche gegenüber. Die Konturen werfen die Schatten in Richtung des Fotografen. Die Farben treten bei hohen Kontrasten in den Hintergrund. Dabei können interessante Lichtsäume um die Konturen und Umrisse herum entstehen. Bei Porträts im Gegenlicht kann sich z. B. ein Lichtsaum in der Kopf- und/oder Körperbehaarung ergeben.

Bei Gegenlichtaufnahmen können aber auch zahlreiche Probleme auftreten. Die korrekte Belichtung ist oft schwer zu ermitteln, da die Kontraste zum Teil extrem sind. Dies führt dazu, dass entweder die Lichter oder die Schatten richtig belichtet sind – der volle Kontrastumfang lässt sich nicht darstellen. Und hier kommt der Systemblitz ins Spiel.

Er gleicht die Kontraste aus, da Sie durch die Gewissheit, die optimale Belichtung Ihres Motivs mithilfe des Blitzgerätes realisieren zu können, den Hintergrund belichtungstechnisch entkoppeln und die Belichtung darauf abstimmen können.

Die typischen Blitzszenarien sicher meistern

Mehrere Dinge waren entscheidend für die Aufnahme unten. Ich habe den Hintergrund um 1,7 Blendenwerte unterbelichtet, um trotz Gegenlichtsituation noch einen blauen Himmel zu erreichen. Gleichzeitig ergibt sich eine etwas bedrohlichere Kulisse im Hintergrund. Erreicht habe ich die Unterbelichtung durch ein starkes Abblenden auf einen Wert von f11. Diese kleine Blende sorgte für den angenehmen Nebeneffekt, dass die Sonne an der rechten Gebäudekante einen Strahlenkranz bekommen hat (klappt meist nur bei abgeblendetem Objektiv).

▼ *Nikon D3 | 17 mm | f11 | ¹/₂₅₀ Sek. | ISO 200 | Blitz mit Softbox | TTL –1,7 LW.*

Gegenlicht

17 mm (FX)
F/11
1/250s
ISO 200
-1,7 LW

SB-800
TTL ohne Korrektur
Durchlichtschirm

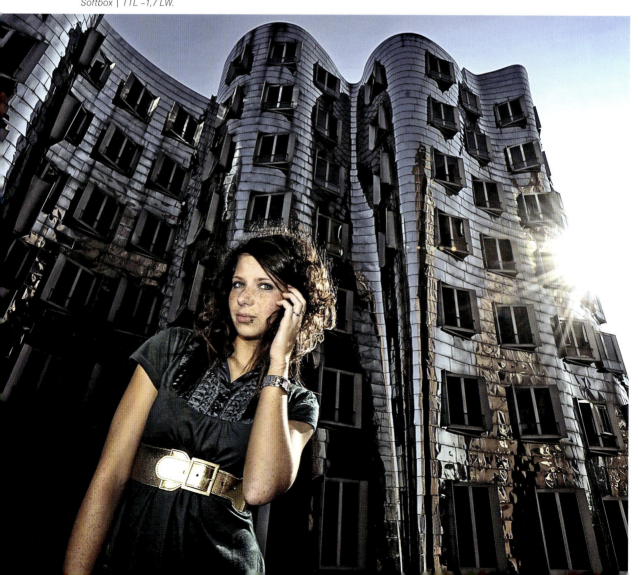

Sehr wichtig für eine ausgewogene Belichtung des Models war die Tatsache, dass es bei der Aufnahme weitgehend im Schatten gestanden hat. Andernfalls hätte ich großflächige Überstrahlungen riskiert, wie sie ansatzweise am linken Oberarm bereits zu erkennen sind. Die genaue Position des Models war entscheidend, da es auch nicht komplett im Schatten stehen sollte, weil ich das Gegenlicht als Akzent in seinem Haar haben wollte.

Gegen die Sonne = viel Blitzpower erforderlich

Eines der wesentlichen Probleme, die auftauchen, wenn man als Fotograf ein Motiv gegen die Sonne mithilfe von Blitzlicht perfekt belichten will, ist die große Blitzleistung, die hierfür erforderlich ist. Ein einzelnes Blitzgerät ist hierbei oft überfordert, weshalb die Bündelung mehrerer Systemblitze notwendig wird.

Für die Aufnahme auf der nächsten Seite kamen insgesamt sechs Aufsteckblitze zum Einsatz – je drei als Zangenlicht angeordnet, um eine gleichmäßige Ausleuchtung des Models in Aktion zu gewährleisten.

Wenn man ehrlich ist, befinden wir uns bei einem solchen Leistungserfordernis schon auf dem Niveau von großen Studioblitzköpfen mit entsprechenden Blitzgeneratoren. Ich wollte Ihnen aber mit diesem Beispiel zeigen, dass es auch mit den „Kleinen" geht. Und da es sich bei diesem Foto um ein weiteres Beispiel für das Blitzen im manuellen Modus handelt (die IR-Steuerung hat wegen der Sonne versagt), musste ich nicht auf die aktuellen CLS-kompatiblen Geräte zurückgreifen, sondern konnte Secondhand-Chinaware für 40 Euro das Stück verwenden. Somit war es dann unter dem Strich auch nicht teurer, als wenn ich einen CLS-Blitz von Nikon eingesetzt hätte.

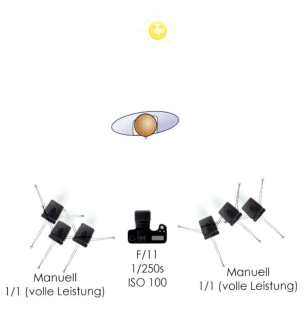

Manuell
1/1 (volle Leistung)

F/11
1/250s
ISO 100

Manuell
1/1 (volle Leistung)

Tipps zur Vermeidung von Blendenflecken (Lens Flare)

Ein Problem, das in Gegenlichtsituationen auftreten kann, ist das Phänomen der sogenannten Blendenreflexe (auch Lens Flare genannt), die in Form der Blende auf dem Bild sichtbar sein können. Je nach Blendenform können diese Flecken eckiger oder runder auftreten.

Wenn dieser Effekt nicht beabsichtigt ist, helfen zwei Dinge, diese Blendenflecken zu vermeiden bzw. zumindest zu minimieren:

Stets mit Gegenlichtblende (Streulichtblende) fotografieren: Dieser Objektivaufsatz reduziert einfallendes Streulicht und reduziert somit die Anfälligkeit des Objektivs für Blendenflecken.

Ohne Filter fotografieren: Jede zusätzliche Glasfläche vor dem Objektiv verstärkt die Neigung zu Reflexionen innerhalb des Objektivs und somit auch zu Blendenflecken.

Nikon D3X | 30 mm | f11 |
$1/250$ Sek. | ISO 100.

Aufgabenstellung: Regen

Ich möchte Ihnen nachfolgend eine besonders spannende Szenerie vorstellen: eine Ausleuchtung abseits dessen, was man zunächst erwarten würde, die aber aus gutem Grund so erfolgt ist.

Sie kennen sicher den Spruch „schlechtes Wetter gibt's für einen Fotografen nicht", und im Prinzip stimmt er auch, da gerade bei Regen oder gar Gewitter oft die stimmungsvollsten Bilder entstehen, was natürlich mit der ganz besonderen Lichtstimmung zu tun hat. Und dennoch ist es für den Fotografen (und das Model) in der Regel angenehmer, bei Sonnenschein zu fotografieren.

Um das Beste aus beiden Welten zu bekommen, habe ich für die nächste Aufnahme bei Sonnenschein fotografiert und mir den Regen selbst gebastelt. Am besten klappt das mit einem Schlauchsystem, das zur breitflächigen Bewässerung eingesetzt wird. Mit einem Gestell wurde es so positioniert, dass es nicht selbst im Bild ist.

Übrigens können Sie an dem Foto auf der nächsten Seite gut erkennen, dass die Wahrscheinlichkeit recht groß ist, dass es sich hierbei nicht um einen natürlichen Niederschlag gehandelt hat. Der Asphalt, der nur in einem recht scharf umrissenen Teilbereich nass ist (das wird ca. 10 m hinter dem Model schon deutlich anders), spricht entweder für einen regional eng begrenzten Niederschlag (soll es ja geben ...) oder eben für künstliche Bewässerung.

Kommen wir zum eigentlichen Thema. Vielleicht haben Sie ja bereits das ein oder andere Foto bei Regenwetter gemacht. Aber ist es Ihnen jemals gelungen, den Regen so gut sichtbar abzubilden, wie Sie dies auf dem Foto auf der nächsten Seite sehen? Nun, in der Regel gelingt das auch nicht. Was hilft, die Regentropfen sichtbar zu machen, ist, sie von der Seite oder von hinten anzublitzen.

Oder anders gesagt: Das Mittel der Wahl ist Streif- oder Gegenlicht.

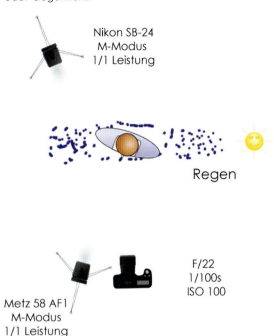

In der hier dargestellten Skizze können Sie den Aufbau erkennen, den ich Ihnen nachfolgend noch einmal kurz erläutere, da es zusätzlich ein paar Dinge zu beachten gab. Die Sonne stand relativ hoch am Himmel (die Aufnahme entstand an einem sonnigen Junitag gegen Mittag).

Um ein knackiges Bildergebnis zu erhalten, musste mein Hauptlicht eher hart sein und mit voller Leistung abgefeuert werden, um bei der Sonne überhaupt einen nennenswerten Effekt zu realisieren. Ich habe das Blitzgerät daher auf voller Leistung betrieben und von jeglichen Lichtformern Abstand genommen. Weiches Licht würde zu einem solchen Model schlicht nicht passen.

Das zweite Blitzgerät sorgt für die oben bereits angesprochene Streif-/Gegenlichtsituation, die wir für die Konturierung des „Regens" benötigen.

Nikon D3X | 50 mm | f22 |
1/100 Sek. | ISO 100 | Blitz mit
Softbox von vorn | Blitz ohne
Lichtformer als Gegenlicht.

Möglicherweise stellen Sie sich die Frage, warum die Verschlusszeit der Kamera überhaupt für das Aussehen der Regentropfen verantwortlich ist, schließlich wurden sie ja angeblitzt. Und bei einer Abbrenndauer eines Blitzes aus einem Systemblitzgerät von bis zu $1/10000$ Sek. sollte die Bewegung doch eigentlich eingefroren sein, oder?

Das ist zwar richtig, spielt in der Praxis jedoch nur dann eine Rolle, wenn kein (bzw. nur wenig) Umgebungslicht vorhanden ist. Dann wird das Blitzlicht zur primären Lichtquelle und alles, was durch diese primäre Lichtquelle beleuchtet wird, unterwirft sich quasi ihren Gesetzmäßigkeiten. In unserem Beispiel war das Blitzlicht jedoch nicht die primäre Lichtquelle, und dadurch werden die Regentropfen mit abnehmender Verschlussgeschwindigkeit immer länger.

Ich habe im M-Modus der Kamera etwa 1 LW unterbelichtet, um den Himmel trotz der hochstehenden Sonne noch leicht blau und nicht ausgefressen darzustellen. Hierzu musste ich auf einen Blendenwert von f22 abblenden. Bei der Belichtungszeit habe ich einen Wert von $1/100$ Sek. gewählt. Eine schnellere Zeit hätte aus den Regentropfen bereits zu kleine Punkte gemacht. Wäre die Verschlusszeit dagegen länger gewesen, wären die Tropfen bereits zu lang gezogen gewesen und hätten ausgesehen wie Fäden. Gerade beim Thema Verschlusszeit hilft bei Regen nur Ausprobieren, da der Effekt natürlich von der Heftigkeit und Geschwindigkeit des Niederschlags abhängig ist.

Übrigens: Wenn Sie in die Aufnahme hereinzoomen würden, könnten Sie erkennen, dass die verwischten Tropfen an einem Ende scharf abgebildet sind, und zwar am oberen, da die Kamera

auf den ersten Verschlussvorhang geblitzt hat (siehe hierzu auch meine Ausführungen zum Blitzen auf den ersten und zweiten Verschlussvorhang in Kapitel 1).

Schnelle Bewegungsabläufe einfrieren – Umgebungslicht minimieren

Wenn Sie umgekehrt versuchen wollen, einen sehr schnellen Bewegungsablauf wirklich einzufrieren, müssen Sie das Umgebungslicht minimieren und das Blitzlicht zur primären (möglichst zur einzigen) Lichtquelle machen. Dies passiert, indem Sie eine Unterbelichtung von 2 bis 3 Blenden (LW) vornehmen und die richtige Belichtung des Motivs dem Blitzlicht überlassen.

Ein populäres Beispiel ist eine Wasseroberfläche, auf die Wassertropfen fallen. Wenn Sie das zu Hause fotografieren wollen, stellen Sie eine dunkle Schüssel mit Wasser in eine schwarze Hohlkehle (alternativ auf schwarzem Untergrund und schwarzer Wand) und fotografieren dann auf Höhe des Wasserspiegels oder leicht darüber – angeblitzt von links und rechts. Das Wasser können Sie für besonders interessante Effekte einfärben. Sobald Sie das Umgebungslicht erhöhen, bekommen Sie keinen so schön runden Tropfen mehr hin. Probieren Sie es aus.

8.9 Exkurs: Blitzsteuerung per Funk

Ihnen wird nicht entgangen sein, dass ich bei dem Regenbild die Blitze nicht im TTL-Modus, sondern im M-Modus betrieben habe. Der Grund hierfür war, dass mich die IR-Steuerung des CLS-Systems im Stich gelassen hat. Hier muss ich jetzt leider die Grenzen des ansonsten wunderbaren **C**reative **L**ighting **S**ystems von Nikon ansprechen.

Die Grenzen der Infrarotsteuerung

Leider funktioniert die drahtlose Blitzsteuerung im AWL per Infrarot, und diese Art der Steuerung hat einen entscheidenden Nachteil: Sie benötigt stets Sichtkontakt zwischen dem Master- (Commander-) und dem Remote-Blitz. Ein Verstecken der Remote-Blitzgeräte ist somit nicht möglich, aber so weit müssen Sie gar nicht gehen, um mit der Infrarotsteuerung zu scheitern. Es reicht oft bereits, wenn das Blitzgerät hinter einem Durchlichtschirm oder einer Softbox befestigt ist.

Ein weiteres Problemfeld: Immer dann, wenn sich das Blitzgerät hinter Ihnen befindet und Sie das Ganze mit dem integrierten Blitzgerät Ihrer Kamera oder dem SU-800 ansteuern wollen, geht dies in den meisten Fällen schief. (Wird dagegen ein SB-800 oder SB-900 als Master betrieben, können Sie den Reflektor einfach in Richtung Remote-Blitz verschwenken.)

Mit all dem könnte man sich als Fotograf noch zähneknirschend arrangieren, indem man Master und Remotes sorgsam aufeinander ausrichtet, aber eine Einschränkung ist in der Praxis ärgerlich und nicht heilbar: Sobald Sie bei Sonnenschein fotografieren und die IR-Sensoren der Remote-Blitzgeräte nicht im Schatten liegen, sind Sie aufgeschmissen. Die Reichweite der IR-Steuerung bricht komplett ein, und selbst mit größten Anstrengungen löst der Blitz maximal jedes zweite Mal aus.

So war es auch bei dem Fotoshooting, bei dem das Foto mit dem „Rain Man" entstanden ist. Abhilfe schuf das Ausweichen auf die Blitzsteuerung per Funksignal. Eine entsprechende Funksteuerung habe ich Ihnen in Kapitel 7 vorgestellt. Sie ist sehr einfach zu handhaben, hat im Freien eine Reichweite von bis zu 100 m und benötigt dabei noch nicht einmal Sichtkontakt zwischen Sender und Empfänger.

Funksteuerung = manuelle Blitzsteuerung

Den Komfort der unkomplizierten Funksteuerung erkaufen sich alle Nikon-Fotografen allerdings mit einem (vermeintlichen) Nachteil: Die TTL-Blitzsteuerung funktioniert bei Nikon nicht per Funk.

Dies erfordert bei den Blitzgeräten das Umschalten in den manuellen Modus. Achtung: Die als Remotes fungierenden Blitzgeräte arbeiten dann nicht im Remote-Modus, sondern müssen in den Normalbetrieb zurückgeschaltet werden. Weitere Informationen zur manuellen Blitzsteuerung finden Sie in Kapitel 2.

Da ich mich somit sowieso auf den manuellen Betrieb der Blitzgeräte beschränken musste, war ich nicht gezwungen, CLS-Blitzgeräte einzusetzen, sondern konnte wild alles mischen, was meine Fototasche hergab. Neben einem Metz-Blitz kam für die Aufnahme eines meiner alten „Schätzchen" zum Einsatz – ein mittlerweile ziemlich betagter SB-24, der mich seit den analogen Zeiten begleitet und immer noch brav seine Leistung abliefert.

Wie ich bereits in Kapitel 5 erwähnt habe, können Sie für diese Art der Blitzfotografie (man spricht in diesem Zusammenhang vom Blitzen nach Strobisten-Art) praktisch jedes Blitzgerät nehmen, solange es im manuellen Modus betrieben werden kann und in mehreren Stufen schaltbar ist.

www.strobist.com

Hierbei handelt es sich um die Website des amerikanischen Fotografen und Blitzpioniers David Hobby. Ich empfehle seinen Blog jedem, der sich ein wenig intensiver mit der Blitzfotografie auseinandersetzen will und der englischen Sprache einigermaßen mächtig ist. Aber Achtung: Bei David Hobby wird ausschließlich im manuellen Modus geblitzt.

Zur Vorgehensweise bei der manuellen Blitzsteuerung kann ich Folgendes sagen: Sie unterscheidet sich in keiner Weise vom üblichen Vorgehen im Studio und ist mir daher sehr vertraut.

Arbeiten Sie mit einem Handbelichtungsmesser, wie ich es ausführlich in Kapitel 7 beschrieben habe, oder verfahren Sie nach der Methode Trial & Error. Sie werden schnell feststellen, dass das Arbeiten im manuellen Modus manchmal sogar schneller zum Ziel führen kann.

Das Einzige, das wirklich lästig ist: Arbeiten im manuellen Blitzmodus bedeutet, dass Sie bei jeder Korrektur zum Blitzgerät gehen müssen, da die Anpassungen – anders als beim AWL – nicht über einen zentralen Master/Commander erfolgen können.

Kein High-Speed-Blitzen mit Funk

Übrigens gibt es noch eine Einschränkung der Blitzsteuerung per Funk, die aber bei dem Regenfoto nicht von Relevanz war. Anders als bei der TTL-Steuerung funktioniert die FP-Kurzzeitsynchronisation nicht mit der Funksteuerung. Das heißt, dass Sie keine Verschlusszeiten jenseits $1/250$ Sek.

(bzw. der Synchronisationszeit Ihrer Kamera) verwenden können.

Und genau das war das Dilemma bei der nachfolgenden Aufnahme, auf das ich in der Folge kurz eingehen möchte, da es ein klassisches Problem beinhaltet, das jeder kennt, der draußen bei Sonnenschein mit offener Blende fotografieren möchte, um mit selektiver Schärfe arbeiten zu können.

Das Problem ist nämlich, dass für die Offenblende schlicht zu viel (Sonnen-)Licht vorhanden ist, wenn man als Fotograf nicht gleichzeitig auf extrem kurze Verschlusszeiten zurückgreifen kann.

Wegen der fehlenden Unterstützung der Kurzzeitsynchronisation durch die Funksteuerung konnte ich an der Kamera nicht die Verschlusszeit einstellen, die ich bei Blende 2 benötigt hätte (gemessen hatte ich $1/1600$ Sek. bei Blende 2 und ISO 200).

Die Alternative, auf Blende 5.6 abzublenden, habe ich verworfen, da der Hintergrund dann aufgrund der halbwegs scharf abgebildeten Bäume zu unruhig geworden wäre. Und die Steuerung per IR, die es mir erlaubt hätte, mit der FP-Kurzzeitsynchronisation zu arbeiten, schied aus, weil sie wegen des Sonnenlichts schlicht nicht funktionierte.

Sie erkennen jetzt das Dilemma. Und hier hilft tatsächlich nur eines: der Einsatz eines Graufilters.

Graufilter

Graufilter oder auch Neutraldichtefilter kommen immer dann zum Einsatz, wenn mehr Licht zur Verfügung steht, als man als Fotograf gebrauchen kann, weil man entweder mit Offenblende oder mit langer Verschlusszeit arbeiten will.

Ersteres ist ein allgegenwärtiges Thema bei der Porträtfotografie bei Sonnenschein, und Letzte-

Die typischen Blitzszenarien sicher meistern

res ist der klassische Einsatz bei der Fotografie von fließendem Wasser. Wenn Sie dies mit sehr langer Verschlusszeit fotografieren (Stativ selbstverständlich vorausgesetzt), entsteht diese watteartige Textur, die die Aufnahmen oft so spektakulär macht.

Um beide Maßnahmen unabhängig vom vorhandenen Licht in nahezu unbeschränktem Rahmen umsetzen zu können, schraubt man einen Graufilter vor das Objektiv, der de facto das einfallende Licht verringert.

Filterfaktor	Blendenstufen	Dichte
2	1	0,3
4	2	0,6
8	3	0,9
64	6	1,8
1000	10	3,0

▲ Zusammenhang zwischen Filterfaktoren bzw. Dichte und den Blendenstufen.

In dem Bildbeispiel rechts war ein Graufilter mit der Stärke ND8 erforderlich. Er hat es mir erlaubt, die Verschlusszeit von $^1/_{1600}$ Sek. auf $^1/_{200}$ Sek. zu verlängern. Damit lag ich innerhalb der maximalen Blitzsynchronisationszeit meiner Kamera und konnte somit mit der gewünschten Offenblende fotografieren.

Gegenlicht

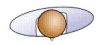

▲ Graufilter von B&W in unterschiedlichen Stärken.

Graufilter gibt es in unterschiedlichen Stärken, wobei auf den Filtern meist der Filterfaktor (= Verlängerungsfaktor der Verschlusszeit) angegeben ist. ND2 (ND steht für engl. **N**eutral **D**ensity = Neutraldichte) gibt eine Verdopplung der Verschlusszeit durch den Filter an, was 1 Blendenstufe (LW) entspricht. ND4 verringert das Licht somit um 2 Blendenstufen und ND8 um 3 Blendenstufen.

Ein Filter mit der Bezeichnung ND1000 verringert das Licht um 10 Blendenstufen und wird somit eher schon für die extreme Langzeitfotografie (zum Beispiel bei bewegtem Wasser) eingesetzt.

Blitz SB-80 DX
M-Modus
1/4 Leistung

85 mm
F/2
1/200s
Graufilter ND8
ISO 200

Nikon D3 | 85 mm | f2 | $^1/_{200}$ Sek. | ISO 200 |
Graufilter ND8 | Blitz (SB-80 DX) entfesselt mit
Durchlichtschirm per Funk (M $^1/_4$).

8.10 Nachtfotografie

Zu meinen erfolgreichsten Veranstaltungen gehören regelmäßig die im Spätsommer stattfindenden Flash@Night-Workshops, die sich mit dem Thema Nachtfotografie auseinandersetzen. Die Nachtfotografie übt ganz offensichtlich auf die meisten Fotografen eine große Faszination aus und ich will mich da keinesfalls ausnehmen. Die Nachtfotografie an sich ist in vielen Fällen schon spektakulär, wenn mithilfe von Langzeitbelichtungen das meist dürftige Restlicht „zusammengekratzt" wird – oft mit überraschenden Ergebnissen, da die Kamera dann mehr Licht sammelt, als wir vorher ahnen, weil unsere Augen eine trügerische Dunkelheit vorgaukeln.

Die Kombination der vielen Lichter in der Stadt mit dem Blitzlicht, das für eine angemessene Belichtung des Motivs im Vordergrund sorgt, ist die Herausforderung des „Blitzens bei Nacht". Auch wenn es hier ein paar Dinge zu beachten gilt, ist die Nachtfotografie mit Blitzunterstützung viel trivialer, als viele Einsteiger in dieses Thema vermuten.

Eigentlich ist die Herangehensweise an dieses Thema nicht anders, als ich es bereits im Abschnitt 8.4, „Blitzlicht mit vorhandenem Licht kombinieren", beschrieben habe. Übertragen auf die Nachtfotografie kann ich das Thema auf drei Regeln reduzieren, die Sie sich einprägen sollten. Dann werden Sie viel Freude an der Nachtfotografie haben.

Keine Angst vor hohen ISO-Werten

Lichter der Stadt hin oder her – nachts ist es dunkel. Tragen Sie dem Rechnung, indem Sie die ISO-Werte an Ihrer Kamera angemessen erhöhen. Nur so haben Sie die Möglichkeit, das spärliche Umgebungslicht adäquat zu berücksichtigen. Sie können die Straße nicht mit dem Blitzlicht ausleuchten, nutzen Sie stattdessen die Lichter, die aus den Fenstern auf die Straße fallen. Die Aufnahme auf der nächsten Seite ist mit ISO 2000 entstanden.

Keine Angst vor langen Belichtungszeiten

Aus dem gleichen Grund wie bei den hohen ISO-Werten (Umgebungslicht einfangen): Trauen Sie sich, auch deutlich längere Verschlusszeiten als die 1/60 Sek. einzusetzen, die Ihnen die Kamera in den Werkseinstellungen als längste Synchronzeit anbietet. Die Aufnahme auf der nächsten Seite ist mit 1/15 Sek. entstanden.

Aufpassen, wo das Model steht

Besonders wichtig bei der Nachtfotografie ist die Position des Models, da die richtige Ausleuchtung dem Blitzlicht zu verdanken sein soll. Stellen Sie Ihr Model immer in den Schatten und auf keinen Fall in den Lichtkegel einer Laterne oder anderen Lichtquelle, die das nächtliche Stadtbild bietet.

Zwei Probleme würden dadurch entstehen: Erstens ist eine partielle Überbelichtung des Models relativ wahrscheinlich, da sich die vorhandene Lichtquelle und das Blitzlicht addieren. Und zweitens riskieren Sie eine mögliche Verwacklung bzw. Doppelkonturen aufgrund der langsamen Verschlusszeit, die Sie für die Nachtfotografie benötigen.

 Model im Schatten

Nikon D3 | 50 mm
F/2 | 1/15s | ISO 2.000

SB-800 mit
Flash2Softbox
TTL-Modus
Korrektur -1 LW

*Nikon D3 | 50 mm | f2 | ¹/₁₅ Sek. |
ISO 2000 | SB-800 im TTL-Modus |
Korrektur –1 LW.*

8.11 Actionfotos

Eine besonders hilfreiche Funktion im Creative Lighting System, die ich bereits in Kapitel 4 detailliert vorgestellt habe, ist die FP-Kurzzeitsynchronisation, die es ermöglicht, auch mit deutlich schnelleren Verschlusszeiten als der normalen Synchronzeit zu blitzen. Leider geht diese Funktion wie beschrieben deutlich zulasten der Blitzleistung, weshalb sie in der Regel eher für Outdoor-Porträts bei Sonnenschein eingesetzt wird (Beispiele finden Sie an verschiedenen Stellen in diesem Buch). Und dennoch gibt es hier und da die Möglichkeit, die Kurzzeitsynchronisation für das einzusetzen, wofür sie ursprünglich einmal konzipiert wurde: die Sport- und Actionfotografie.

FP-Kurzzeitsynchronisation

In der Regel werden Sie bei der Sportfotografie nicht nah genug an die Protagonisten herankommen, um die reduzierte Blitzleistung bei der Kurzzeitsynchronisation zu kompensieren – hier möchte ich Ihnen ein Beispiel präsentieren, bei dem dies mit ein wenig Geschick möglich war.

Es geht ums Mountainbiking, das naturgemäß nicht auf freiem Feld, sondern überall dort betrieben wird, wo relativ unwegsames Gelände herrscht. Für unsere Zwecke haben wir ein Waldstück mit stark abfallendem Gelände ausgesucht, das relativ eng zwischen den zahlreichen Bäumen verläuft.

Dieses enge Gelände macht es einerseits nicht leicht, die richtige Position zu finden. Andererseits erhalten wir hier gute Möglichkeiten, unser Licht zu positionieren. Das fertige Bild sehen Sie auf der rechten Seite.

Gut zu erkennen ist, dass die Mountainbikerin trotz der hohen Geschwindigkeit superscharf abgebildet ist. Die (düstere) Atmosphäre im Wald ist trotz Blitzlicht erhalten geblieben und dennoch wird die Mountainbikerin durch den durch das Blitzlicht geschaffenen Lichtkegel hervorgehoben. Diese Art der Freistellung wurde erreicht durch eine leichte Unterbelichtung des Hintergrunds bzw. des Umgebungslichts bei gleichzeitig korrekter Belichtung der Fahrerin. Für Letzteres war der Blitz (SB-800) im TTL-Modus zuständig. Welche Kameraeinstellungen sind aber erforderlich, um die Lichtstimmung wie auf dem Foto zu erzielen?

Wie gehabt müssen Sie zunächst einmal das Umgebungslicht messen, um sich einen Überblick über die richtige Belichtung der Szenerie ohne Blitzlicht zu verschaffen. Hierfür empfehle ich wie immer den M-Modus an der Kamera, da wir hiermit besser die beiden unabhängig voneinander agierenden Belichtungssysteme (Kamera und Blitz) koordinieren können.

Im Prinzip wissen Sie bereits vorher, welche Werte Sie für Blende und Verschlusszeit benötigen, um ein Foto wie das in unserem Beispiel zu realisieren, und zwar vor dem im Folgenden dargestellten Hintergrund.

Wichtig für die Actionfotografie – der richtige Mix aus Blende und Verschlusszeit

Die Verschlusszeit muss schnell genug sein, um einen Mountainbiker, der mit einer Geschwindigkeit von ca. 40 km/h unterwegs ist, einzufrieren. Hierfür reicht die Synchronisationszeit (bei der D700 $1/250$ Sek.) bei Weitem nicht aus – unsere Mountainbikerin würde im fertigen Ergebnis „verschmiert" dargestellt werden. Der passende Wert liegt bei $1/1000$ Sek., weshalb Sie (sofern nicht bereits eingestellt) die FP-Kurzzeitsynchronisation in Ihrem Kameramenü aktivieren müssen. Jetzt können Sie im M-Modus $1/1000$ Sek. als Verschlusszeit einstellen.

*Nikon D700 | 35 mm | f4 | ¹/₁₀₀₀ Sek.
| ISO 2000 | SB-800 | TTL −1,7 LW |
Foto: M. Krolop | Fahrerin: Lissy Garthe.*

Die Blende wiederum darf nicht zu weit geöffnet sein (auch wenn das geringe Umgebungslicht im Wald dazu verführt), weil die Schärfentiefe für eine zuverlässige Scharfstellung eines sich schnell bewegenden Objekts einfach zu klein ist. Zu weit schließen sollten Sie die Blende aber auch nicht, da Sie ansonsten zu viel Licht (und auch zu viel Blitzleistung) verlieren. Blende 4 hat sich in unserem Beispiel (das mit einer Brennweite von 35 mm aufgenommen wurde) als guter Kompromiss entpuppt.

Jetzt, da die erforderlichen Werte für Verschlusszeit und Blende feststehen, müssen Sie den ISO-Wert der Kamera so lange erhöhen, bis Ihnen die Lichtwaage der Kamera eine Unterbelichtung von ca. 1 LW anzeigt. (Zur Erinnerung: Die leichte Unterbelichtung des Hintergrunds ist zur Hervorhebung der Mountainbikerin geplant gewesen.) In unserem Beispiel sind wir (aufgrund des doch ziemlich dunklen Waldes) bei einem ISO-Wert von ISO 2000 gelandet.

Nachdem die Kameraeinstellungen erledigt sind, kam der Blitz ins Spiel, und das war im Prinzip das Trivialste bei der ganzen Geschichte. Als Blitz kam ein SB-800 zum Einsatz, der in den Remote-Betrieb geschaltet (Gruppe A) und in einem Winkel von etwa 45° zur Mountainbikerin aufgestellt wurde. Der Blitzreflektor wurde manuell auf eine stärkere Weitwinkelposition gestellt, damit neben der Fahrerin auch noch etwas von ihrem Umfeld ausgeleuchtet wurde. Als Master wurde das eingebaute Blitzgerät der D700 im Commander-Modus eingesetzt (das selbst nicht mitgeblitzt hat; Einstellung *M* auf --).

Dem als Remote-Blitz in Gruppe A fungierenden SB-800 musste eine Minuskorrektur von –1,7 LW mitgegeben werden. Aufmerksame Leser dieses Buches werden bereits wissen, warum dies notwendig war ...

Nicht nur, dass der Wald an sich sehr dunkel war, auch die Mountainbikerin ist komplett in dunklen Farben gekleidet. Hiervon lässt sich die TTL-Messung irritieren (wie ich dies bereits in Kapitel 2 ausführlich erläutert habe). Man kann das Erfordernis der Minuskorrektur somit bereits im Vorfeld erahnen. Zur Ermittlung des exakt passenden Korrekturwertes müssen Sie gegebenenfalls zwei bis drei Testaufnahmen machen, die Sie dann an dem Kameramonitor kontrollieren können.

Action mit Langzeitsynchronisation

Nachdem ich die Vorgehensweise bei der Actionfotografie beschrieben habe, bei der die Kurzzeitsynchronisation zum Einsatz kommt, gehe ich jetzt anders an die Sache heran. Und zwar ausgehend von der Erkenntnis, dass man als Betrachter die Geschwindigkeit oft deutlich besser illustriert bekommt, wenn man als Fotograf nicht mit einer schnellen Verschlusszeit agiert (und die Geschwindigkeit praktisch einfriert), sondern im Gegenteil eine langsame Verschlusszeit mit einem Verwischungseffekt wählt. Dabei sind ein paar Dinge zu beachten.

Mitziehen und Blitz

Wenn Sie mit einer langsamen Verschlusszeit eine schnelle Bewegung aufnehmen, ist die Bewegung verwischt und im schlimmsten Fall ist gar nicht zu erkennen, was da gerade abgebildet ist. Wenn Sie dagegen gleichzeitig mit der Bewegung die

Kamera mitziehen, ist der Hintergrund verwischt und das Hauptmotiv, das sich in Bewegung befindet, einigermaßen scharf abgebildet. Unterstützen können Sie diesen Effekt, wenn Sie während des Mitziehens das Hauptmotiv anblitzen.

Der Hintergrund wird über die Hintergrundbelichtung verwischt und der Blitz zündet dann im letztmöglichen Augenblick, um das Objekt scharf einzufrieren. Wichtig dabei ist, dass der Blitz auf den zweiten Verschlussvorhang auslöst, damit etwaige Wischeffekte hinter dem Hauptmotiv und nicht davor auftreten (was den Eindruck des Rückwärtsfahrens erwecken würde; siehe hierzu auch die Erläuterungen in Kapitel 1.4).

Zeit und Blende beim Mitziehen

Die richtige Verschlusszeit für einen Mitzieher ist abhängig von der Geschwindigkeit des abgebildeten Motivs. Bei der hier vorliegenden Geschwindigkeit von ca. 40 km/h hat sich ein Wert von $1/20$ Sek. als passend herausgestellt. Aufgrund der langen Verschlusszeit haben wir diesmal noch deutliche Reserven bei dem Blendenwert. Wir haben daher auf f11 abgeblendet und hatten somit eine spürbar größere Schärfentiefe, für die man gerade bei der Actionfotografie meist sehr dankbar ist. Der notwendige ISO-Wert für eine leichte Unterbelichtung des Hintergrunds (analog zum letzten Bildbeispiel) belief sich auf ISO 100.

Bei einem Mitzieher ist eine Sache besonders wichtig, und das ist die Hervorhebung des Motivs aus dem Hintergrund heraus. Wenn man nun direkt auf das Objekt vor dem Hintergrund blitzt, wird das Bild flach, da die Ausleuchtung eben keine Tiefe herausarbeitet. Das Licht formt das Objekt sozusagen zu wenig dreidimensional.

Was also fehlt, ist eine weitere Lichtquelle, die uns die Tiefe des Bildes zeigt und die die Fahrerin noch mehr vom Hintergrund abhebt. Dort, wo der erste

Blitz nicht hinkommt, muss eine weitere Lichtquelle die Fahrerin ebenfalls erwischen und einfrieren.

Zu diesem Zweck haben wir einen zweiten SB-800 gegenüber vom Hauptlicht positioniert, und zwar per Gorillapod (*www.joby.com*), das wir an einen Ast gehängt haben. Dem Blitz wurde Gruppe B zugeordnet, damit er unabhängig vom Hauptlicht eingestellt werden konnte. Als passender Korrekturwert für den Blitz in Gruppe B hat sich durch ein paar Testaufnahmen ein Wert von +1 LW herausgestellt.

Ergänzender Tipp: Fokussieren Sie vorher auf den Boden oder einen anderen Referenzpunkt, der die gleiche Entfernung hat, und lösen Sie dann die Kamera aus, wenn der Fahrer die Stelle passiert. Die meisten AF-Systeme sind beim Nachführautofokus gerade bei schlechten Lichtverhältnissen oft überfordert.

Nikon D700 | 35 mm | f11 | $^1/_{20}$ Sek. |
ISO 100 | Sync auf zweiten Verschluss-
vorhang, mitgezogen | SB-800 (Gruppe
A) –1,7 LW plus SB-800 (Gruppe B) +1 LW.

Bewegungen bei Nacht

Nicht jeder von Ihnen wird sich regelmäßig der Sportfotografie widmen, aber die Systematik der Actionfotografie, wie ich sie bereits beschrieben habe, kann auf viele andere Teilbereiche des Fotografenlebens ausgeweitet werden. Insbesondere die Langzeitsynchronisation setze ich regelmäßig ein.

Vor allem bei sehr schlechten Lichtbedingungen kann man mit ihr aus der Not eine Tugend machen, indem man die langen Verschlusszeiten, auf die man aufgrund unzureichender Lichtverhältnisse zurückgreifen muss, als Stilmittel einsetzt. In Kombination mit Blitzlicht entstehen so häufig reizvolle Bildergebnisse. Und da schadet es auch nicht, wenn man nur mit Kamera und Aufsteckblitz (nicht entfesselt) unterwegs ist.

Sinnvoll eingesetzt, spielt das in einem solchen Fall keine Rolle, da die Lichtstimmung dann in der Regel nicht durch das Blitz-, sondern durch das Umgebungslicht geschaffen wird.

Die nächsten beiden Aufnahmen entstanden bei einem Kirmesausflug, bei dem ich zu später Stunde nur mit Kamera, Zoomobjektiv und SB-900 unterwegs war.

Verschlusszeit als entscheidender Parameter

Die obere Aufnahme vom Kettenkarussell auf der nächsten Seite vermittelt trotz des eingesetzten Blitzgerätes, das die beiden Hauptprotagonisten in ihrer Bewegung eingefroren hat, eine hohe Dynamik. Dies liegt an der Verschlusszeit von $1/60$ Sek., die ich gewählt habe und die bei der gesamten Kamerakonfiguration die entscheidende Stellschraube ist.

In der Praxis hilft oft nur Ausprobieren, da die richtige Verschlusszeit von der Bewegungsgeschwindigkeit und Bewegungsrichtung des Motivs abhängt. Ich habe zwei oder drei Fahrtrunden benötigt, um den Wert von $1/60$ Sek. als den passenden festzulegen.

Eine schnellere Verschlusszeit hat bereits einiges von der Dynamik weggenommen und schlimmer noch: Ich hätte damit das Umgebungslicht, das hier einen Großteil des Reizes ausmacht, zu stark unterdrückt. Eine langsamere Verschlusszeit hingegen hätte bei den angeblitzten Models für Doppelkonturen gesorgt, die ich hier als nicht passend erachtete.

Anders bei dem zweiten Bildbeispiel (siehe nächste Seite unten). Hier habe ich die Verschlusszeit ein wenig verlängert und die Kamera während der Aufnahme bewusst bewegt. Dies führt im Hintergrund zu einer ziemlich surrealen Bildwirkung – die anderen Autoscooter-Fahrer sind nicht mehr zu erkennen.

Somit habe ich den Scooter mit meinen beiden Models wunderbar aus der Szenerie herauslösen können. Die Doppelkonturen (insbesondere an den Beinen) stören meines Erachtens nicht.

Abschließend ein Wort zu Blende und ISO-Wert. Bei Actionaufnahmen sollten Sie stets eine Blende im mittleren Bereich (f5.6 bis f8) wählen, da dies einen vernünftigen Kompromiss zwischen ausreichender, aber nicht zu großer Schärfentiefe darstellt. Und der ISO-Wert muss schlicht so groß sein, dass er in Kombination mit Blende und Verschlusszeit eine ausreichende Berücksichtigung des Umgebungslichts gewährleistet, wobei eine Unterbelichtung bis 1 LW durchaus statthaft ist.

▲ *Nikon D3 | 35 mm | f6.3 | $^1/_{60}$ Sek. | ISO 3200 | SB-900 (on Cam) | TTL –1 LW.*

▼ *Nikon D3 | 105 mm | f5.6 | $^1/_{40}$ Sek. | ISO 1600 | SB-900 (on Cam) | TTL –1 LW.*

8.12 Special: Ringblitz SX-1

Im Rahmen meiner Recherche für dieses Buch bin ich über eine interessante Hardware gestolpert, die zunächst wie ein schlechter Witz ausschaut. Ich rede vom Prototypen eines Ringblitzes mit dem Namen SX-1, ein Gemeinschaftsprojekt von Dennis Kielhorn, Peter Doskocil und Stephan Diekmann.

Nun würde ich das in diesem Buch nicht thematisieren, wenn es nicht in irgendeiner Weise mit dem Creative Lighting System von Nikon zu tun hätte. Und bereits auf den ersten Blick erkennt man eine gewisse Verwandtschaft zu dem Makroblitzsystem von Nikon mit der Bezeichnung R1. (Informationen hierzu finden Sie in Kapitel 5, in dem ich mich mit den Blitzgeräten des CLS auseinandergesetzt habe.)

Selbstverständlich kommt die Ähnlichkeit nicht von ungefähr, denn schließlich basiert der SX-1 auf der Grundidee des R1 von Nikon. Letzteres ist als Zangenblitzsystem ausgelegt, in dem zwei SB-R200-Blitzgeräte über einen Adapterring am Objektiv befestigt und so ausgerichtet werden, dass man als Fotograf die gewünschte Ausleuchtung erhält. Die auf der nächsten Seite gezeigte Makroaufnahme ist ein schönes Beispiel dafür, was mit diesem System möglich ist.

Rein theoretisch kann man bis zu acht Blitzgeräte vom Typ SB-R200 an dem Haltering des R1-Systems von Nikon befestigen. Allerdings ist die Befestigung am Objektiv dann nicht mehr wirklich empfehlenswert – Nikon gibt nicht umsonst keines seiner Objektive für eine derartige Last (die acht Blitzgeräte wiegen inklusive Adapter und Haltering ca. 1,1 kg) am Filterring frei.

Um das R1-System also zu einem echten Ringblitz umbauen zu können, musste eine andere Lösung her. Wer sich für Details dieser handwerklich ausgezeichnet gefertigten Halteschiene interessiert, dem empfehle ich einen Besuch der Webseite des Fotografen Dennis Kielhorn, der die Idee zu dieser Konstruktion hatte (*www.kielhorn-photo.de/ sx-1.html*).

Ich hatte Dennis vor Kurzem in mein Studio eingeladen, damit ich dieses „Wunderwerk", das bisher nur als Prototyp existiert, einmal persönlich in Augenschein nehmen konnte. Und so hatte ich die Gelegenheit, ein paar Aufnahmen mit dem SX-1 zu machen.

▲ *Nikon D50 | 105 mm | f16 | 1/60 Sek. | ISO 400 | Nikon R1C1 | TTL ohne Korrekturwert | Foto: D. Kielhorn.*

Vorab: Das Fotografieren mit dem SX-1 ersetzt locker den wöchentlichen Besuch im Fitnessstudio. Spätestens nach 20 Minuten kommt der Wunsch auf, das Ganze doch besser vom Stativ aus zu betreiben. Ich sehe hier aber keinen Nachteil gegenüber anderen professionellen Ringblitzsystemen auf dem Markt, die zudem noch das Problem haben, in der Regel mit einem extra Generator/Batteriepack betrieben werden zu müssen.

Sinnvoll oder pure Protzerei?

Man mag auch die kritische Frage aufwerfen, ob so ein Ringblitz, der aufgrund der Kosten für den SB-R200 (die ja achtmal anfallen) preislich bei über 1.000 Euro anzusiedeln ist, nicht bereits die Grenze zur Absurdität überschritten hat. Das ist sehr viel Geld, aber wer die Preise von professionellen Ringblitzsystemen kennt, weiß, dass sich der

SX-1 damit in guter Gesellschaft befindet. Andere Ringblitze sind zwar leistungsstärker als der SX-1, der mit der eher geringen Leitzahl der SB-R200 auskommen muss, aber eines hat der SX-1 allen seinen Konkurrenten voraus: Die Flexibilität und freie Konfigurierbarkeit aller acht Blitze sucht ihresgleichen. Sie können die SB-R200 einzeln in ihrer Leistung steuern, mehrere Geräte zu einer Gruppe zusammenfassen und bei Bedarf einzelne Blitzgeräte ausschalten, um Schattenverläufe nach Ihrem Geschmack zu produzieren. Zudem sind die einzelnen SB-R200 frei schwenkbar, was für eine punktgenaue Ausleuchtung im Nahbereich ein großer Vorteil ist. Hinzu kommt natürlich die superbequeme und sehr zuverlässige Blitzsteuerung per TTL, die wie gewohnt mit Korrekturwerten von +/−3 LW feinjustiert werden kann.

Ein letzter Aspekt sollte nicht verschwiegen werden. Ich möchte es nicht Nachteil nennen, aber es ist natürlich schon eine gewisse Einschränkung, dass der SX-1 ausschließlich mit Nikon-Kameras funktioniert. Da die SB-R200 leider keinen manuellen Modus mitbringen, können sie ausschließlich mit dem i-TTL-Protokoll von Nikon angesteuert werden.

Unten sehen Sie eine Aufnahme, die ich beim Besuch von Dennis auf die Schnelle gemacht habe – ein Motiv, das Sie bereits aus diesem Buch kennen. Mit einem Ringblitz haben Sie natürlich überhaupt keine Probleme, Schatten zu vermeiden, die sich durch eine Hutkrempe o. Ä. ergeben können. Die Ausleuchtung ist sehr gleichmäßig, da ich bei dieser Aufnahme alle Blitze auf gleicher Leistung abgefeuert habe (siehe das Making-of rechts), aber selbstverständlich kann man hier wie bereits beschrieben variieren. Typisch für die Aufnahme mit Ringblitzen sind die kreisförmigen Reflexionen in den Pupillen des Models. Bei der nächsten Aufnahme können Sie dies noch besser beobachten.

▲ Oben: der SX-1 in Aktion.　▼ Unten das Ergebnis.

Ringblitz im Verbund mit weiterem Blitzlicht

Weitere Variationsmöglichkeiten ergeben sich, wenn Sie den Ringblitz mit weiterem Blitzlicht kombinieren. Wie Sie bei der Aufnahme auf der letzten Seite gut erkennen können, ist der Lichtabfall hinter dem Motiv immanent, was sich einerseits durch den geringen Abstand des Blitzlichts zum Motiv und andererseits durch die relativ geringe Leistung des Blitzlichts ergibt. In diesem Fall war das in Ordnung und auch so von mir gewünscht. Selbstverständlich können Sie aber auch ganz wunderbare High-Key-Aufnahmen mit dem Ringblitz machen, wie ich das bereits beschrieben habe.

Der Ringblitz mit seiner weichen, gleichmäßigen Ausleuchtung ist geradezu prädestiniert für diese Aufnahmen, braucht dann aber Unterstützung im Hintergrund (was für High-Key-Aufnahmen ja grundsätzlich gilt).

Nachfolgend sehen Sie eine solche High-Key-Aufnahme mit Ringblitz, die mir Dennis freundlicherweise für dieses Buch zur Verfügung gestellt hat. Den Aufbau können Sie der Setup-Skizze entnehmen.

Neben dem Ringblitz in Gruppe A kamen ein SB-600 für die Hintergrundbeleuchtung (in Gruppe B) und zwei zangenförmig angeordnete SB-800 als Streiflicht (leicht nach hinten versetzt) in Gruppe C zum Einsatz. Zur Unterstützung des High-Key-Effekts wurde dem Ringblitz in Gruppe A eine Korrektur von +1 LW mitgegeben. Die Streiflichter in Gruppe C wurden um 1 LW nach unten korrigiert, da sie ansonsten (in Kombination mit dem Hauptlicht) ein partielles Ausbrennen des Schulter-Wangen-Bereichs verursacht hätten. Das Hintergrundlicht wurde um 0,3 LW nach oben korrigiert, um den reinweißen Look des Hintergrunds zu erzielen.

▲ *Nikon D300 | 70 mm | f2.8 | 1/60 Sek. | ISO 200 | Foto: D. Kielhorn.*

Glossar

Advanced Wireless Lighting (AWL)
-> *Entfesseltes Blitzen*

Aufhellblitz
Der Aufhellblitz ist ein schwacher Blitz, von dem Gebrauch gemacht wird, wenn es darum geht, starke Hell-Dunkel-Kontraste zu mildern. Er eignet sich besonders gut zum Aufhellen von Schlagschatten, die bei starkem Sonnenlicht auftreten. Durch das Aktivieren des Aufhellblitzes erhalten die Schattenbereiche mehr Licht; folglich werden die Hell-Dunkel-Kontraste in der Aufnahme besser ausgeglichen. Auch bei diesigem Wetter erweist sich der Aufhellblitz als nützlich. Im Vordergrund befindliche Objekte erhalten so das notwendige Licht und die Farben auf der Aufnahme erscheinen dann klarer und reiner.

Available Light
Das Arbeiten mit „verfügbarem Licht" bedeutet, dass auf die Unterstützung zusätzlicher Beleuchtung verzichtet wird. Seine Anwendung findet es unter anderem bei der Fotografie im Freien, im Theater, in dem ein Blitz stören würde, oder bei Sportaufnahmen. Um die verfügbare Lichtmenge optimal zu nutzen, muss man verschiedene Punkte beachten.

Dies beginnt mit der Entscheidung, ob „frei Hand" oder mit Stativ fotografiert werden soll. Stativaufnahmen ermöglichen Belichtungszeiten von im Extremfall mehreren Stunden. Bei Schnappschüssen in der Dämmerung muss man einen gelungenen Kompromiss zwischen ausreichend langer Belichtungszeit und einem möglichst unverwackelten Bildergebnis finden.

Zu diesem Zweck wählt man eine große Blendenöffnung, die eine kürzere Verschlusszeit erlaubt.

Weiterhin verhelfen ein lichtstarkes Objektiv (mit großer maximaler Blendenöffnung) und die Wahl einer hohen Empfindlichkeit, das heißt Filme mit einer hohen ISO-Zahl oder die Einstellung eines hohen ISO-Wertes an der Digitalkamera, zu ausreichend belichteten Bildern.

Wenn das verfügbare Licht einmal nicht ausgereicht haben sollte, lässt sich bei der Nachbearbeitung noch etwas tricksen. In vielen Bildbearbeitungsprogrammen ist es möglich, die Gradationskurve (die Schwärzung des Fotos) nachträglich zu manipulieren. In der realen Dunkelkammer sorgt die forcierte Entwicklung für ein ähnliches Ergebnis.

AWB
Abkürzung für engl. **A**uto **W**hite **B**alance (= automatischer -> *Weißabgleich*).

Balanced Fill (BL)
-> *Aufhellblitz*

Barn Doors
Flügeltore (Klappen), mit denen die Abstrahlwinkel eines Blitzes/Strahlers horizontal und/oder vertikal eingegrenzt werden.

Beauty Dish
Ein großflächiger Reflektor, der flächiges brillantes Licht mit weichen Schatten und definierten Konturen vereint.

Belichtung
Die Belichtung einer Aufnahme wird durch die klassischen Kameraparameter Blende, Verschlusszeit und ISO-Wert (Empfindlichkeit) gesteuert. Bei der Blitzfotografie kommt als zusätzlicher Parameter für die Belichtung einer Aufnahme noch die Blitz-

▲ *Nikon D2X | 28 mm | f8 | 28 Sek. | ISO 100. Die Lichtkringel kommen von einer Taschenlampe, die mein Kollege geschwenkt hat, als er von weit hinten auf mich zukam ...*

leistung hinzu. Als korrekt und ausgewogen gilt eine Aufnahme, bei der sowohl in den Lichtern als auch in den Schatten noch Tonwertdetails zu erkennen sind.

Belichtungsautomatik (engl. AE = Automatic Exposure)

Sämtliche -> *DSLR* auf dem Markt sind mit mehreren Belichtungsautomatiken ausgestattet, die für eine mehr oder weniger automatisierte korrekte Belichtung bei den Aufnahmen sorgen. Standardmäßig vorhanden sind die -> *Programmautomatik* (P), die -> *Zeitautomatik* (A) sowie die -> *Blendenautomatik* (S).

Belichtungskorrektur

Die bewusste Abweichung von den (vom kamerainternen Belichtungsmesser) als „korrekt" ermittelten Belichtungsparametern nennt man Belichtungskorrektur. Dabei weicht der Fotograf vom Nullwert der Lichtwaage ab, um eine Über- bzw. Unterbelichtung zu erzielen. Die meisten Kameras bieten eine manuelle Regelung in $1/3$-Schritten von +3 bis –3 LW an. Belichtungskorrekturen werden bei Fehlmessungen des kcamerainternen Belichtungsmessers erforderlich; da dieser auf die Ausgabe eines Neutralgrauwertes geeicht ist, führen deutlich hellere oder dunklere Motive zu Fehlmessungen. Sie können aber auch aus gestalterischen Gründen bewusst vom Fotografen eingesetzt werden (z. B. bewusste Unterbelichtung bei Landschaftsaufnahmen, um den Himmel dramatischer darzustellen).

Belichtungsmesser

Der Belichtungsmesser ist im Wesentlichen ein Bauteil, das die Intensität des Lichts in ein elektrisches Signal umsetzt. Während externe Belichtungsmesser ermittelte Ergebnisse auf einem Display ablesbar machen, nutzen die modernen Kameras die Ergebnisse des internen Belichtungsmessers, um die Belichtungsdauer und Blendeneinstellung vorzunehmen. Es gibt dabei verschiedenste Arten der Belichtungsmessung. Man unterscheidet die Spotmessung, die mittenbetonte Integralmessung sowie die Mehrfeld- oder Matrixmessung.

Belichtungsmessung

Mit der Belichtungsmessung werden die erforderlichen Kameraeinstellungen für eine optimale Belichtung (auf Basis der vom Fotografen vorgegebenen ISO-Empfindlichkeit) ermittelt. Man unterscheidet grundsätzlich zwei Methoden der Belichtungsmessung: die -> *Objektmessung* und die -> *Lichtmessung*. Der kamerainterne Belichtungsmesser arbeitet stets nach dem Prinzip der Objektmessung, bei der das vom Motiv reflektierte Licht gemessen wird. Hierfür stehen bei den DSLR von Nikon drei Messmethoden zur Verfügung: die -> *Matrixmessung*, die -> *mittenbetonte Integralmessung* sowie die -> *Spotmessung*. Die -> *Lichtmessung*, bei der das beim Motiv ankommende Licht gemessen wird, ist Handbelichtungsmessern vorbehalten.

▼ *Nikon D80 | 40 mm | f8 | 1/250 Sek. | ISO 100 | integriertes Blitzgerät | TTL/BL.*

Belichtungsreihe (Bracketing)

Von einer Belichtungsreihe wird gesprochen, wenn von einem Motiv automatisiert mehrere Aufnahmen mit unterschiedlichen Belichtungseinstellungen gemacht werden. Die Belichtungsreihe ist gerade bei schwierigen Lichtbedingungen ein probates Mittel, sich an die richtige (weil stimmige) Belichtung heranzutasten.

Belichtungssteuerung

Die meisten Kameras bieten diverse Programme für die Belichtungssteuerung. Neben der Vollautomatik, bei der die Kamera automatisch Belichtung und Blendeneinstellung vornimmt, stehen auch oftmals ein Modus zur manuellen Blendeneinstellung bzw. einer für die Belichtungszeit zur Verfügung. Je nachdem, welcher Modus gewählt wurde, erledigt die Kamera automatisch die Einstellung für Blende oder Belichtung. Bei einem rein manuellen Betrieb stellt der Fotograf die Belichtungsdauer und Blendenzahl jeweils per Hand ein.

Belichtungszeit

Der Bildsensor (bei analogen Kameras: der Film) wird durch einen mechanischen Verschluss vor Lichteinfall geschützt, der aus mehreren Lamellen besteht. Die Belichtungszeit ist exakt die Zeitdauer, in der der Verschluss den Bildsensor für das einfallende Licht freigibt, wodurch es zur -> *Belichtung* der Aufnahme kommt. Eine Halbierung der Verschlusszeit (z. B. $1/250$ Sek. statt $1/125$ Sek.) führt zu einer Reduzierung der Belichtung um einen -> *Lichtwert*.

Die Belichtungszeit kann als kreatives Gestaltungsmittel genutzt werden. Kurze Verschlusszeiten frieren schnelle Bewegungen ein, lange Verschlusszeiten führen zu Bewegungsunschärfen, wodurch Bewegungsabläufe fotografisch besser dargestellt werden können.

In der Blitzfotografie kommt der Belichtungszeit eine entscheidende Bedeutung zu. Sie steuert das Belichtungsverhältnis aus Umgebungs- und Blitzlicht. Je länger die Belichtungszeit, desto mehr Umgebungslicht trägt zur Belichtung der Aufnahme bei.

Blende

Die Blende ist ein wesentlicher Bestandteil der Objektive, mit deren Hilfe die Menge des einfallenden Lichts gesteuert wird. Sie besteht aus mehreren (meist zwischen sieben und neun) Lamellen, die eine verstellbare Kreisöffnung ergeben.

Die Größe der Blendenöffnung wird mittels der sogenannten Blendenzahl angegeben, wobei jede Blendenstufe eine Verdopplung/Halbierung der Lichtmenge bedeutet, die auf den Sensor fällt (eine Blendenstufe = ein Lichtwert). Die Blendenreihe beginnt bei dem Wert 1 und wird dann Stufe für Stufe mit dem Faktor aus Wurzel 2 (= 1,414) multipliziert: 1.4 | 2 | 2.8 | 4 | 5.6 | 8 | 11 | 16 | 22 | 32. Was häufig zu Irritationen führt: Je kleiner der Blendenwert, desto größer die Blendenöffnung (desto mehr Licht fällt auf den Bildsensor).

Die Blende wird in der Fotografie als kreatives Stilmittel eingesetzt, da die Schärfentiefe (Ausdehnung des Bereichs, der in einem Foto scharf abgebildet wird) von der verwendeten Blende abhängig ist. Je kleiner die Blendenöffnung (je größer der Blendenwert!), desto größer ist die Schärfentiefe und umgekehrt.

Für eine selektive Schärfe, wie sie oft in der Porträtfotografie eingesetzt wird (scharfe Person vor unscharfem Hintergrund), ist somit eine große Blendenöffnung (kleiner Blendenwert!) erforderlich. In der Blitzfotografie steuern Sie mit der Blende die Belichtung der Aufnahme.

Blendenautomatik (S)

Bei der Blendenautomatik stellen Sie die Verschlusszeit Ihrer Wahl an der Kamera ein und die Kameraautomatik wählt die den Lichtverhältnissen entsprechende passende -> *Blende* (im Bereich des Möglichen) aus. Bei Nikon wird die Blendenautomatik mit S (für engl. **S**hutter) gekennzeichnet.

Blitzbelichtungs-Messwertspeicher

Der Blitzbelichtungs-Messwertspeicher ist das Pendant zum normalen Belichtungs-Messwertspeicher und Bestandteil des Creative Lighting Systems von Nikon. Mit seiner Hilfe ist es möglich, die für eine korrekte Belichtung erforderliche Blitzleistung vor der Aufnahme zu messen und zu speichern. Dies ist immer dann relevant, wenn das Hauptmotiv außermittig vor einem dunklen oder hellen Hintergrund positioniert ist. Fehlbelichtungen lassen sich somit vermeiden, da zunächst das Motiv anvisiert und die Blitzbelichtungsmessung aktiviert wird (meist durch Drücken der FUNC-Taste).

Nach der Speicherung der richtigen Belichtung können Sie anschließend die Kamera verschwenken und somit die Bildgestaltung nach Ihrem Gusto vornehmen. Der Nebeneffekt des Blitzbelichtungs-Messwertspeichers: Durch die einmal gespeicherte Blitzbelichtung werden vor der endgültigen Aufnahme keine Messblitze mehr vom Blitzgerät ausgesendet. Dies ist immer dann von Vorteil, wenn Personen mit empfindlichen Augen fotografiert werden, da somit die Gefahr der geschlossenen Augen minimiert ist.

Blitzgeräte-Gruppen

Im kabellosen (entfesselten) Multiblitz-Betrieb werden die ferngesteuerten Remote-Blitzgeräte (Slaves) bis zu drei unterschiedlichen Gruppen (A, B, C) zugeordnet, damit sie unabhängig voneinander (u. a. hinsichtlich ihrer Blitzleistung) angepasst werden können.

Die Fernsteuerung sämtlicher Remote-Blitzgeräte erfolgt zentral durch einen Commander (Master). Hierfür geeignet sind entsprechende Aufsteckblitze (SB-800 und SB-900), einige kcamerainterne Blitzgeräte (wobei diese lediglich zwei verschiedene Gruppen ansteuern können) und die Commander-Einheit SU-800.

Blitzlichtsteuerung

Die Blitzlichtsteuerung synchronisiert das Blitzlicht mit dem Kameraverschluss und regelt die Blitzleistung. Sie erfolgt automatisch über die Kamera (-> *i-TTL*-Modus) oder das Blitzgerät (-> AA/A-Modus) bzw. manuell (am Blitzgerät). Sonderformen, die nur einigen Blitzgeräten vorbehalten sind, sind das Stroboskopblitzen (RPT) und die -> *FP-Kurzzeitsynchronisation*, ein Feature der i-TTL-Blitzsteuerung.

Blitzsynchronisation

Zur Belichtung eines Bildes öffnet die Kamera den Verschluss für einen genau definierten Zeitraum und lässt damit das Licht auf den Bildsensor fallen. Bei der Verwendung eines Blitzgerätes muss die Leuchtdauer des Blitzes (mit bis zu $1/10.000$ Sek. ein Vielfaches kürzer als die Verschlusszeit) zeitlich exakt auf das Öffnen des Verschlusses abgestimmt (= synchronisiert) werden. Die kürzeste Dauer, die die Kamera synchron mit dem Blitz arbeiten kann, wird als Blitzsynchronisationszeit bezeichnet (bei aktuellen DSLR maximal $1/250$ Sek.).

Bouncen

-> *Indirektes Blitzen*

Bracketing

-> *Belichtungsreihe*

Commander

Als Commander (oder auch Master) wird im -> *Advanced Wireless Lighting* ein Blitzgerät (oder eine Fernsteuereinheit) bezeichnet, mit deren Hilfe die -> *Remote-Blitze* (oder Slaves) drahtlos ferngesteuert werden. Die Commander-Blitzgeräte tragen in der Regel selbst nicht aktiv zur Ausleuchtung des Motivs bei. Commander-Blitzgeräte können externe Systemblitze, aber auch einige kcamerainterne Blitze sein.

Diffuses Licht

Diffuses Licht entsteht durch Streuung bzw. Auffächerung des Lichts und wird oft auch als Synonym für „weiches" Licht verwendet. Diffuses Licht sorgt für eine Kontrastreduzierung – Schatten haben weiche Verläufe und Spitzlichter werden vermieden. Dies ist der Grund, warum in der Porträtfotografie häufig mit diffusem Licht gearbeitet wird, da es dafür sorgt, dass Falten kaschiert werden.

Systemblitzgeräte liefern erst bei der Verwendung von geeigneten Lichtformern diffuses Licht. Die bekanntesten Vertreter unter den Lichtformern sind Schirme und Softboxen. Aber auch weiße Gardinenstoffe oder Bettlaken eignen sich gut als Diffusoren.

▼ *Nikon D3X | 70 mm | f22 | 1/100 Sek. | 2x SB-900 an Softbox (60 x 60 cm Ezybox) von vorn rechts (45°).*

DSLR

Abkürzung für **D**igital **S**ingle **L**ens **R**eflex; englische Bezeichnung für digitale einäugige (= mit einem Objektiv bzw. Objektivanschluss versehene) Spiegelreflexkameras.

D-TTL

Erste Generation der digitalen TTL-Blitzsteuerung von Nikon, die erstmals mit Messblitzen arbeitete und somit Vorläufer der -> *i-TTL*-Blitztechnik war Die D-TTL-Technik wurde nicht nur in den DSLR-Modellen von Nikon (1999–2002) eingesetzt, sondern auch bei einigen Kameramodellen von Kodak (DCS Pro 14n/x sowie DCS Pro SLR/n) und Fuji (S3 Pro) genutzt.

Dynamikumfang

Der Dynamikumfang beschreibt den Helligkeitsumfang, den eine Kamera in einer Aufnahme darstellen kann. Darüber bzw. darunter liegende Lichtmengen werden weiß bzw. schwarz abgebildet. Der durchschnittliche Dynamikumfang aktueller Digitalkameras von ca. 8–9 Blendenstufen liegt unter dem Spektrum an Helligkeitsstufen, die das menschliche Auge auf „einen Blick" wahrnehmen kann.

Aus diesem Grund verschwinden bei Fotos oftmals Bilddetails im schwarzen Schatten oder auf überbelichteten weißen Flächen, die der Fotograf noch wahrnehmen konnte. Durch das Verstellen der Belichtungsparameter kann der von der Kamera aufnehmbare Helligkeitsumfang nach oben oder unten verschoben werden.

Um diesem Phänomen entgegenzuwirken, wird in viele neue Kameras eine Dynamikerweiterung eingebaut. Alternativ kommen Bildbearbeitungsprogramme mit HDR-Technologie (**H**igh **D**ynamic **R**ange) zum Einsatz.

Einstelllicht

An den Systemblitzgeräten kann zur Kontrolle der Ausleuchtung ein sogenanntes Einstelllicht aktiviert werden. Um die Sache beim entfesselten Blitzen komfortabler zu gestalten, kann das Einstelllicht alternativ zentral von der Kamera aus – durch Drücken der Abblendtaste – aktiviert werden. Dies gilt auch beim Einsatz mehrerer Blitzgeräte. Das Einstelllicht wird beim Drücken der Abblendtaste an allen Blitzgeräten gleichzeitig aktiviert.

Entfesseltes Blitzen

Für die räumliche Trennung des Blitzgerätes von der Kamera hat sich der Begriff entfesseltes Blitzen durchgesetzt, da er ziemlich treffend den Umstand beschreibt, dass der Blitz erst durch eine Befreiung sein wahres Potenzial zeigen kann. Solange der Blitz auf der Kamera sitzt, sind die Bildergebnisse oft flach und kaputtgeblitzt – das kreative Spiel mit Licht und Schatten ist nur unzureichend möglich. Auch in früheren Zeiten gab es schon die Möglichkeit der Entkopplung des Blitzgerätes von der Kamera, allerdings nur durch eine Kabelverbindung (und somit nicht wirklich entfesselt) oder drahtlos ohne jede Automatikfunktion.

Mit dem Advanced Wireless Lighting als Bestandteil des Creative Lighting Systems ermöglicht Nikon nicht nur die kabellose Verwendung der Systemblitzgeräte. Vielmehr haben es die Ingenieure geschafft, dass trotz räumlicher Trennung die komplette i-TTL-Blitzsteuerung durch die Kamera weiterhin funktioniert – und das auch im Multiblitz-Betrieb, das heißt bei der Ansteuerung mehrerer Blitzgeräte. Siehe auch -> *Blitzgeräte-Gruppen.*

Farbtemperatur

Die Farbe des Lichts ist nur augenscheinlich weiß. Tatsächlich hat jede Lichtquelle ihre ganz spezifische Farbtemperatur in einem (für Menschen sichtbaren) Spektrum von 2.800 (Glühlampe) bis ca. 11.000 K (wolkenloser Himmel kurz nach Sonnenuntergang). Der Referenzwert für die Fotografie ist ein Kelvin-Wert von 5.500, der Tageslicht bei „mittlerem Sonnenschein" entspricht. Dies ist auch der Grund, warum Nikon-Blitzgeräte auf diesen Wert abgestimmt sind. Siehe auch -> *Weißabgleich*.

FP-Kurzzeitsynchronisation

Die -> *Blitzsynchronisations*zeit der DSLR ist auf einen Wert von maximal $^1/_{250}$ Sek. begrenzt. Einige Kameras bieten die Option der Kurzzeitsynchronisation an (bei Nikon mit dem Vorsatz FP = Abkürzung für **F**ocal **P**lane Shutter = engl. Schlitzverschluss), mit der das Blitzen auch bei kürzeren Verschlusszeiten möglich ist (wobei dies zulasten einer deutlich geringeren Blitzleistung geht).

Das Systemblitzgerät sendet bei der FP-Kurzzeitsynchronisation bereits vor dem Öffnen des Verschlusses eine Serie von Blitzimpulsen aus, die erst beendet wird, nachdem der Kameraverschluss wieder geschlossen ist. Durch diese dauerlichtähnliche Blitzbelichtung ist stets gewährleistet, dass eine ausreichende Blitzbelichtung am Sensor ankommt.

FV-Messwertspeicher

-> *Blitzbelichtungs-Messwertspeicher*

Flags

Lichtschlucker, um unerwünschten Lichteinfall/ Reflexionen zu vermeiden. Auch Abschatter genannt.

Funkauslöser

Wird statt eines Blitzes in den Hotshoe der Kamera gesteckt und löst andere Blitze per Funk aus. Alternative zum IR-Auslöser.

GN-Modus

Manueller Blitzsteuerungsmodus mit Distanzvorgabe – von Nikon auch Entfernungsprioritätenmodus genannt. Der Systemblitz stimmt die Blitzleistung auf Basis der manuell eingegebenen Entfernung zum Motiv ab. Die Werte für Blende und ISO-Empfindlichkeit werden von der Kamera automatisch übertragen. Der Berechnung der Blitzleistung nach Eingabe der Motiventfernung liegt die Formel für die Leitzahl (Leitzahl = Entfernung zum Objekt / Blendenwert) zugrunde. GN steht für engl. **G**uide **N**umber (= Leitzahl).

Gobos

Wie Flags und Abschatter Teile, mit denen Sie unerwünschte Reflexionen oder direkte Beleuchtung unterdrücken können.

Gruppen

-> *Blitzgeräte-Gruppen*

Histogramm

Eine grafische Darstellung der Tonwertverteilung in einem Bild in Form eines Balkendiagramms. Die horizontale Achse entspricht den möglichen Tonwerten (Helligkeitsstufen), die vertikale Achse der Anzahl der Pixel. Die Balken veranschaulichen die Anzahl der Pixel einer bestimmten Helligkeitsstufe im Bild.

Auf der linken Seite sieht man die schwarzen Anteile des Fotos und auf der rechten Seite die weißen. Dazwischen liegen die Grauwerte. Je mehr das Histogramm nach links ausschlägt, desto dunkler ist das Bild und umgekehrt. Sämtliche Nikon-DSLR zeigen auf Wunsch ein Histogramm der gemachten Aufnahme an.

Hotshoe

Blitzschuh

Indirektes Blitzen (Bouncing)

Beim indirekten Blitzen wird der Blitzkopf nicht direkt in Richtung des Motivs gerichtet, sondern auf eine Reflexionsfläche geschwenkt, was zu einer Streuung des Lichts führt, was wiederum Schlagschatten und Spitzlichter auf reflektierenden Flächen reduziert. Geeignete Reflexionsflächen sind Zimmerwände oder -decken und alle sonstigen neutralfarbenen Gegenstände.

IR-Filtervorsatz

Wird der kamerainterne Blitz als -> Commander-Blitz eingesetzt, kann es vor allem im Nahbereich zu störenden Reflexen kommen, die von den Steuerblitzen des Commanders resultieren. Der IR-Filtervorsatz, der im Blitzschuh der Kamera befestigt und vor den integrierten Blitz geklappt wird, verhindert diesen Effekt.

ISO-Empfindlichkeit

Abk. für **I**nternational **O**rganization for **S**tandardization; internationales Gremium zur Festlegung weltweiter Standards. Zur Zeit des analogen Films wurde mit dem ISO-Wert die Filmempfindlichkeit bezeichnet. Digitalkameras dagegen können die ISO-Empfindlichkeit über die Eingangsspannung der Sensoren regeln. Eine Verdopplung des ISO-Wertes entspricht bei sonst gleichen Gegebenheiten einer Verdopplung der Lichtempfindlichkeit. Das kann dazu genutzt werden, um bei einer

▼ *Nikon D3 | f11 | 1/250 Sek. | ISO 200 | SB-900 mit Wabe (Honl) von links (60°) | TTL ohne Korrektur.*

Verdopplung des ISO-Wertes die Verschlusszeit zu halbieren oder die Blende um eine Stufe zu verringern, um die gleiche Belichtung zu bekommen. Gängige ISO-Empfindlichkeiten reichen von ISO 50 bis etwa ISO 6400. Hohe ISO-Werte haben den Nachteil, dass das Rauschen im Bild ebenfalls verstärkt wird.

i-TTL

Nikons zweite Generation der DSLR-tauglichen TTL-Steuerung von Blitzgeräten (das i steht für intelligent) und wesentliches Feature des Creative Lighting Systems von Nikon. Die i-TTL-Blitzsteuerung kam erstmals 2003 in der D2H zum Einsatz und löste 2005 mit Vorstellung der D70 endgültig den Vorgänger -> *D-TTL* ab.

Kurzzeitsynchronisation

-> *FP-Kurzzeitsynchronisation*

Langzeitsynchronisation

Die Langzeitsynchronisation beschreibt eine besondere Blitztechnik, die bei längeren Verschlusszeiten angewandt wird. Hierbei wird entweder vor dem Erreichen der eingestellten Verschlusszeit (Blitzen auf den ersten Verschlussvorgang) oder nachher (Blitzen auf den zweiten Verschlussvorhang) geblitzt. Da die Verschlusszeit länger ist als die Blitzdauer, entstehen so recht effektreiche Fotos, die besonders den originalen Lichtverhältnissen gerecht werden, wobei das Hauptmotiv gut beleuchtet wird und sich eventuelle Bewegungen festhalten lassen.

Leitzahl

Die Leitzahl beschreibt die Leistung eines Blitzgerätes. In früheren Zeiten war die Leitzahl genormt auf eine Brennweite von 50 mm bei einem ISO-Wert von 100. Heute halten sich die Kamerahersteller nicht mehr an diese Vorgabe. (Canon gibt für seine Blitzgeräte die Leitzahl bei einer Brenn-

weite von 85 mm an; Nikon für eine Brennweite von 35 mm.) Die Leitzahl ermöglicht die Berechnung der maximalen Entfernung zum Motiv unter Berücksichtigung der ausgewählten Blende. Die Formel ergibt sich dabei wie folgt: Leitzahl = Blende x Entfernung (in Metern).

Lichtformer

Unter diesem Sammelbegriff versteht man alle Hilfsmittel, die die Charakteristik des (Blitz-)Lichts verändern. Eingeteilt werden die unterschiedlichen Lichtformer in die Kategorien Lichtbündler und Lichtstreuer. Letztere machen das Licht weicher und diffuser. Die Lichtbündler fokussieren das Licht und machen es härter und akzentuierter.

Lichtmessung

Die Lichtmessung ist eine Methode der Belichtungsmessung, bei der das beim Motiv ankommende Licht gemessen wird. Da im Gegensatz zur -> *Objektmessung* das einfallende Licht nicht durch die unterschiedlichen Reflexionswerte des Objekts verfälscht werden kann, ist sie oft deutlich genauer als die Objektmessung. Allerdings ist sie auch aufwendiger und nur mithilfe eines Handbelichtungsmessers umzusetzen.

Lichtwert (engl. Exposure Value = EV)

Die Belichtungskorrektur an Kameras erfolgt stets in Lichtwerten, auch wenn dies nicht explizit benannt ist, und vielfach besteht die (falsche) Auffassung, dass die Belichtungskorrektur auf Blendenwerten basiert. Die Veränderung der Blende ist aber nur eine Möglichkeit, die Belichtung zu korrigieren. Alternativ können Sie auch die Verschlusszeit ändern oder die ISO-Empfindlichkeit anpassen. Die Veränderung des Lichtwertes um den Wert 1 erfolgt a) durch die Veränderung einer Blendenstufe, b) durch die Verdopplung/Halbierung der Verschlusszeit oder c) durch die Verdopplung/Halbierung des ISO-Wertes.

Diese drei Parameter stehen in einer Wechselwirkung zueinander. Wird die Blende um einen Wert geöffnet und die Verschlusszeit gleichzeitig halbiert (schneller), bleibt der Lichtwert unverändert. Ausgehend von einem Lichtwert 0, der als die Belichtung zu einem Blendenwert von 1 und einer Belichtungszeit von 1 Sek. (bei einem ISO-Wert von 100) definiert ist, gilt, dass jede Erhöhung des Lichtwertes um 1 einer Halbierung der -> *Belichtung* entspricht, jede Verringerung um 1 einer Verdopplung. Je höher der Lichtwert, desto heller ist das für eine Belichtung zur Verfügung stehende Licht.

Louver

Ein aus horizontalen und vertikalen Lamellen bestehender Vorsatz für Softboxen. Er erhält das diffuse Licht auf das Motiv, verhindert aber eine unkontrollierte Abstrahlung, z. B. auf den Hintergrund oder als Streulicht auf die Kamera.

Manuelle Belichtungssteuerung (M)

Die manuelle Belichtungsregelung ist mit M gekennzeichnet. Hier hat der Benutzer die Möglichkeit, Blende und Verschlusszeit beliebig einzustellen. Der Fotograf kann die Belichtung mittels der Sucheranzeige (Lichtwaage) bestimmen.

Master-Blitz

-> *Commander*-Blitz

Matrixmessung

Bei der Matrixmessung wird das vom Objektiv eingefangene Bild in mehrere Felder unterteilt, die einzeln ausgemessen werden. Einfache Mehrfeldmesssysteme berechnen aus den einzelnen Messungen einen Durchschnittswert. Moderne Matrixmesssysteme analysieren die Verteilung der Helligkeit und die Helligkeitswerte selbst und versuchen, diese mit auf einem Chip vorprogrammierten Szenarien (z. B. Sonnenuntergang oder Gegenlichtsituation) zu vergleichen.

Dadurch ist die Kamera in der Lage, bestimmte Aufnahmebedingungen wiederzuerkennen und entsprechende Belichtungskorrekturen vorzunehmen. Die Matrixmessung ist die für den Anfänger zuverlässigste und am wenigsten fehleranfällige Art der Belichtungsmessung.

Mittenbetonte Integralmessung

Eine Methode zur Festlegung der richtigen Belichtung, bei der der Lichtmessung in der Mitte des Bildes mehr Bedeutung zugeordnet wird als der Messung in den Randbereichen. Diese Methode wird häufig als den Fotografen zu stark einschränkend kritisiert.

Mittenkontakt

Der Mittenkontakt ist mittig des Blitzschuhs angebracht und leitet beim Fotografieren mit Blitz das Zündsignal von der Kamera zum aufgesteckten Blitzgerät. Der Mittenkontakt ist das größte ersichtliche Bauteil im Blitzschuh und aufgrund der mittigen Anordnung immer leicht auszumachen.

Motivprogramm

Bei einem Motivprogramm stellt die Kamera automatisch Verschlusszeit, Blende und andere Parameter (Blitzeinstellung, Bildtransport, Schärfe etc.) einer vorgegebenen Aufnahmesituation (z. B. Nachtaufnahme, Landschaftsaufnahme, Porträt- oder Nahaufnahme) entsprechend ein.

Objektmessung

Die Objektmessung ist eine Variante der Belichtungsmessung, bei der das vom Motiv reflektierte Licht als Grundlage zur Belichtung gemessen wird. Die Objektmessung ist die vom kamerainternen Belichtungsmesser genutzte Messmethode.

Octobox

Eine Unterart der Softboxen. Sie erzeugt ein noch flächigeres Licht als rechteckige Softboxen. Durch

▲ *Nikon D3 | 50 mm | f5.6 | $^1/_{200}$ Sek. | ISO 200 | SB-900 mit Softbox von oben | TTL ohne Korrektur.*

ihre annähernd runde Form erzeugt sie runde Reflexe in den Augen.

Programmautomatik P

Die Programmautomatik von Digitalkameras übernimmt die Einstellung von Blende und Verschlusszeit völlig automatisch und kann somit einen Geschwindigkeitsvorteil beim Fotografieren bedeuten (Schnappschüsse). Bei den meisten Kameras wird die Programmautomatik durch den Buchstaben P kenntlich gemacht.

Reflektor

1. Der Reflektor am Blitzkopf. 2. Vorrichtung zur Aufhellung. Es eignet sich fast alles, was Licht reflektiert, also z. B. Karton, Spiegel, Bettlaken, Styroporplatten, aber vor allem die Faltreflektoren, die es in Weiß, Gold und Silber gibt.

Remote-Blitz

Ein Blitz, der im -> *Advanced Wireless Lighting* vom -> *Commander*-Blitz (Master) ausgelöst wird.

Ringblitz

Ein Ringblitz hat seinen Namen von seiner besonderen Bauweise. Eine oder mehrere Blitzlampen sind dabei ringförmig um das Objektiv positioniert. Durch die frontale Positionierung des Blitzes ist das Ergebnis eine schattenfreie Ausleuchtung. Zudem produziert ein Ringblitz weicheres Licht. Ringblitze werden vorwiegend in der Makrofotografie eingesetzt.

Rote Augen

Rote Augen ist der Begriff, der den Effekt beschreibt, der auftreten kann, wenn auf Fotos die Pupillen der Augen rot dargestellt werden. Die roten Augen treten auf, wenn die Pupille geweitet ist. Das ist üblicherweise bei dunklen Umgebungen der Fall, wenn das Blitzlicht die Retina im Augenhintergrund ausleuchtet und das Licht durch die weit geöffnete Pupille reflektiert wird.

Rote-Augen-Reduzierung

Ein System, das dazu führt, dass die Pupillen einer Person durch einen Vorblitz verengt werden, bevor das Foto mit Blitzlicht aufgenommen wird. Dadurch wird der Rote-Augen-Effekt verhindert.

Slave-Blitz

-> *Remote-Blitz*

Slow-Sync

-> *Langzeitsynchronisation*

Softbox

Meist rechteckige oder achteckige Stoffvorrichtung mit innen liegendem Diffusor und großer Frontfläche, erzeugt ein diffuses, weiches Licht.

Speedlight

Ein Markenname, der Blitzgeräte von Nikon bezeichnet.

Spotmessung

Die Spotmessung ist eine besondere Art der Belichtungsmessung, wobei ein kleiner Ausschnitt in der Bildmitte als Grundlage für die Belichtung des ganzen Fotos genutzt wird. Im Gegensatz zur Selektivmessung liegt der Messwinkel zwischen 0° und 5° und fällt damit geringer aus. Häufig kommt die Spotmessung bei Gegenlicht oder Bühnenaufnahmen zum Einsatz.

Striplight

Schmale, meist zwischen 15 cm und 30 cm breite Softbox.

Synchronzeit

-> *Blitzsynchronisation*

Triggerspannung

Die Spannung, die bei Kompaktblitzen am Blitzgerätefuß zwischen Mittenkontakt und Masse bzw. bei Studioblitzen und einigen Kompaktblitzen an der Synchronbuchse anliegt.

TTL

TTL steht als Abkürzung für die englische Bezeichnung **T**hrough **t**he **L**ens, übersetzt „durch das Objektiv". Es bezeichnet die Messtechnik für die Belichtung und/oder die Fokussierung einer Kamera. Die entsprechenden Sensoren zur Belichtungsmessung befinden sich also innerhalb der Kamera und messen tatsächlich das Bild aus, das durch das Objektiv zu sehen ist. Gleiches gilt für die Fokussierung: Die meisten Digitalkameras setzen eine TTL-Scharfeinstellung ein, bei der das auf dem CCD erfasste Bild einer Kontrastmessung unterzogen wird, um die Einstellung der Schärfe vorzunehmen. Je höher der Kontrast – je stärker also zum Beispiel schwarze und weiße Linien zu unterscheiden sind –, desto höher fällt die Schärfe des Bildes aus.

TTL-Blitzsteuerung

Bei der TTL-Blitzsteuerung wird das Blitzlicht (genauso wie das Dauerlicht durch das Objektiv) in der Kamera gemessen – die Messung von Blitzlicht und Dauerlicht erfolgt jedoch über getrennte Messzellen. Danach übernimmt die Kamera auch die Dosierung der vom Blitzgerät abzugebenden Lichtmenge. Das Blitzgerät braucht deshalb über keine eigene Messzelle und Steuerschaltkreise zu verfügen; die Kamera übernimmt die gesamte Arbeit. Da die Kamera mit dem Blitzgerät kommuniziert, brauchen auch keine Einstellungen vom Blitzgerät auf die Kamera (und umgekehrt) per Hand übertragen zu werden.

Vorblitz

Vor dem eigentlichen Blitz kann es zwei Varianten geben: 1. der Vorblitz zur Vermeidung roter Augen bei Porträtaufnahmen, die durch die Reflexion des Lichts durch die Blutgefäße der Netzhaut entstehen; 2. der Messvorblitz, der bei digitalen TTL-Systemen die Motivsituation bewertet und die richtige Intensität für den späteren Hauptblitz ermittelt (Grundlage der i-TTL-Blitzsteuerung von Nikon).

Wabe (engl. Grid)

Ein Gitter vor dem Blitz, das die Lichtstreuung reduziert und dadurch ein gerichtetes, hartes Licht erzeugt. Je nach Größe der Waben ergibt sich ein Austrittswinkel von etwa 10° bis 40°.

Weißabgleich

Licht besitzt unterschiedliche Farbtemperaturen, die abhängig von der Lichtquelle und der Beleuchtungssituation dafür sorgen, dass die Szenen sehr unterschiedlich aussehen können. Während bei abendlichem Kerzenschein rötliche Töne dominieren, sorgt das strahlende Licht der Mittagssonne für eine „kühlere" Farbgebung.

Die Aufnahme eines weißen Blatts Papier würde also im ersten Fall zu einem gelblichen Ergebnis führen, während es bei mittäglicher Aufnahme eher bläulich wirken würde.

Digitalkameras besitzen zur Korrektur dieses Effekts einen sogenannten Weißabgleich, der dafür sorgen soll, dass Weiß auch Weiß bleibt und damit alle Farben neutral dargestellt werden. Bei allen Kameras kann dies per Automatik erfolgen, in vielen Fällen ist die manuelle Einstellung für Standardsituationen wie Tageslicht, Neon-Kunstlicht oder Glühlampen wählbar.

Hochwertige Systeme können sogar stufenlos auf die Beleuchtung eingestellt werden. Dazu wird eine weiße Vorlage, meist ein Blatt Papier, vor das Objektiv gehalten und eine Funktionstaste zur Festlegung des Weißabgleichs gedrückt. Dann nimmt die Kamera das Bild mit einem exakt auf die Situation abgestimmten Weißabgleich auf.

Zeitautomatik (A)

Bei dieser Belichtungsautomatik stellen Sie die gewünschte Blende ein, und die Kamera wählt automatisch die (für eine korrekte Belichtung) passende Verschlusszeit.

Schlusswort

Ich danke Ihnen, liebe Leser, für Ihre Ausdauer und Ihr Interesse, dass Sie sich bis hierhin durch dieses Buch durchgearbeitet haben. Ich danke aber auch allen Lesern, die Bücher grundsätzlich von hinten nach vorn lesen – Ihnen sei gesagt: Sie haben das Beste noch vor sich! :)

Ich habe das Angebot des Verlags, ein Buch über das Creative Lighting System von Nikon zu schreiben, damals mit Freuden angenommen, da ich mich bereits bei meinen Workshops gern mit diesem Thema auseinandergesetzt habe. Leider gibt es aber beim Schreiben eines Buches einen großen Unterschied zu einem Workshop: die fehlende Interaktion mit dem Leser.

Während man bei einem Workshop sehr kurzfristig Fragen und Wünsche aufgreifen kann, schreibt man so ein Buch erst einmal ganz allein vor sich hin – immer in der Hoffnung, all die Wünsche und Erwartungen der Leser befriedigen zu können. In dieser „Not" hat mir die Kommunikation mit den Teilnehmern des Nikon-Fotografie-Forums (*www.nikon-fotografie.de*) sehr geholfen.

Unter der Schirmherrschaft von Klaus Harms, der diese größte Nikon-Community in Europa vor über sechs Jahren gegründet hat, gab es einen regen Austausch zu den Themen „Was soll rein in das Buch?" und „Was ist entbehrlich?".

Auch wenn man es natürlich niemals allen Menschen recht machen kann, wusste ich so relativ schnell, dass ich mit meiner Grundausrichtung richtig lag.

Die erste Fragestellung ergab sich für mich nämlich bereits in einem sehr frühen Stadium des Schreibens: Wo fange ich an, was kann ich an Wissen bei meinen Lesern voraussetzen und wie detailliert muss ich zum Beispiel die Bedienung eines Blitzgerätes erläutern?

All diese Fragen habe ich mir gestellt, weil ich festen willens war, das Buch so praxisorientiert wie möglich zu gestalten, da ich der Überzeugung bin, dass ich meine Leser so am besten motivieren kann, sich mit dem Thema intensiver zu beschäftigen.

Dieses Buch soll daher nicht die Handbücher von Kamera und Blitzgerät ersetzen – es soll Ihnen vielmehr zeigen, was mit den kleinen Aufsteckblitzen möglich ist.

Ich würde mich freuen, wenn Ihnen dieses Buch hilft, (noch) mehr Spaß an der Blitzfotografie zu bekommen, und kann Ihnen versichern, dass es sich lohnt, sich ein wenig mit dem Thema auseinanderzusetzen. Die Ergebnisse in Form von vielen interessanten Fotos werden nicht lange auf sich warten lassen!

Danksagung

Ich möchte mich bei allen bedanken, die mir bei der Arbeit an diesem Buch (direkt oder indirekt) geholfen haben. Hierbei will ich insbesondere alle Modelle erwähnen, die dafür gesorgt haben, dass ich dieses Buch mit vielen schönen Fotos ausstatten konnte.

Schlusswort

Ein besonderer Dank geht an Martin Krolop, von dem nicht nur drei Fotos in diesem Buch enthalten sind – er war es auch, der mich vor einiger Zeit ermunterte, mein Wissen zum Thema CLS zu publizieren. Was mit ein paar Beiträgen für seinen (übrigens sehr lesenswerten) Blog (*blog-krolopgerst.com*) begann, gipfelte schließlich in diesem Buch.

Mein Dank gilt darüber hinaus Klaus Harms und den vielen Teilnehmern im NF-F für ihre Unterstützung bei der Themenfindung für dieses Buch. Danken möchte ich auch allen Firmen, die mich mit Informationsmaterial und Produktfotos unterstützt oder mir wie Nikon Leihgeräte zur Verfügung gestellt haben. Nur dadurch war ich in der Lage, wirklich fundiert über die Dinge zu schreiben.

Bedanken möchte ich mich auch beim Verlag im Allgemeinen, der den Mut und das Vertrauen hatte, mich mit dem Projekt zu beauftragen, und bei Herrn Schlömer im Besonderen für seine Unterstützung.

Mein größter Dank geht abschließend an meine Frau, die mir während der Arbeiten an dem Buch den Rücken freihielt und akzeptiert hat, dass unsere Tagesrhythmen in dieser Zeit nicht sonderlich parallel verliefen.

Andreas Jorns (*www.ajorns.com*)

Andreas Jorns ist professioneller People-Fotograf mit den Schwerpunkten Porträts und Hochzeiten und arbeitet seit ca. 20 Jahren mit dem Nikon-System. Seit einigen Jahren beschäftigt er sich mit den Möglichkeiten der entfesselten Blitzfotografie und veranstaltet regelmäßig Workshops und Events zu diesem Thema.

Darüber hinaus greift er das Thema regelmäßig auch in seinem Blog unter *www.ajorns.com* auf.

Stichwortverzeichnis

Stichwortverzeichnis